住房和城乡建设领域新时期创新与实践培训教材

U0566890

建筑装饰工程施工管理与实践

——幕墙

石　雨　董亚兴　朱天送　季愿军　编著

机械工业出版社
CHINA MACHINE PRESS

本书讲解了从建筑幕墙行业现状与趋势、定义与分类到幕墙深化设计、材料加工与质量控制的相关参数和规范、幕墙的施工工艺与质量检查要点、结合现场使用的常用措施、BIM技术应用的实际现场案例再到工程的验收以及保养维护、建筑幕墙在双碳环境下的节能环保趋势。书中深入剖析了建筑幕墙的基础知识、施工管理、技术质量控制等方面，将理论知识与实际施工经验相结合，为读者提供了全方位的学习和实践指导。通过学习本书，可以使从业人员将理论知识充分地结合到实际工作中，有效地提高工作效率，更好地开展实际工作。

本书可供从事建筑幕墙设计、施工、检测等工作的从业人员、科研人员以及高校及高职高专院校相关专业在校大、中专师生参考使用。

图书在版编目（CIP）数据

建筑装饰工程施工管理与实践. 幕墙 / 石雨等编著. 北京 : 机械工业出版社, 2025. 4. -- (住房和城乡建设领域新时期创新与实践培训教材). -- ISBN 978-7-111-78142-4

Ⅰ. TU767

中国国家版本馆CIP数据核字第2025Q70K18号

机械工业出版社（北京市百万庄大街22号　邮政编码100037）

策划编辑：李　艳　　责任编辑：李　艳　范秋涛

责任校对：任婷婷　张雨霏　景　飞　　封面设计：张　静

责任印制：单爱军

北京瑞禾彩色印刷有限公司印刷

2025年7月第1版第1次印刷

184mm×260mm · 18.75印张 · 336千字

标准书号：ISBN 978-7-111-78142-4

定价：149.00元（含图册）

电话服务

客服电话：010-88361066

010-88379833

010-68326294

网络服务

机　工　官　网：www.cmpbook.com

机　工　官　博：weibo.com/cmp1952

金　书　网：www.golden-book.com

机工教育服务网：www.cmpedu.com

编 委 会

主　　　编：石　雨　董亚兴

副 主 编：朱天送　季愿军

编委会主任：石　雨

编委会副主任：董亚兴　李海清

编委会成员：安　棋　杨瑞增　唐雷明　李　飞　张雪峰　黄　巢　郑玉斌　贾　筱

参 编 人 员：朱天送　季愿军　张桂旺　吴　凯　赵　巍　贾　筱　李炳琦　陈富鹏　张　迷　张洋洋　邓　威　黄小磊　范伟立　郝少鹏　马闰泽　刘纯鑫　沙振兴　王　田　张　铭　王添翼

序

建筑幕墙作为建筑围护结构或建筑装饰性结构，不仅要实现建筑美学和建筑功能要求，还要达到建筑的安全性、适用性和耐久性要求。随着经济社会的不断发展进步和人民对美好生活的更高追求，建筑业需要转型升级并实现高质量发展。建筑幕墙作为建筑的重要组成部分，其质量安全和品质对实现高品质建筑显得尤为重要，而施工技术与施工管理又是实现高品质建筑幕墙的关键环节之一。

建筑幕墙在我国起步于20世纪80年代，相对于发达国家是比较晚的。伴随着我国经济社会的快速发展进步，建筑业和房地产业得到了空前、蓬勃发展，建筑幕墙的技术研发、标准规范研编以及工程实践也应运而上，已经发展成为全世界建筑幕墙生产和使用大国。与此同时，建筑幕墙的专业书籍也出版了不少，但对于施工技术和施工管理这个相对薄弱而对于幕墙品质影响较大的重要环节，专业著作还是较少的。《建筑装饰工程施工管理与实践——幕墙》及其配套的三维图解著作，恰为从业者和预备从业者提供了一套较为系统、实用的建筑幕墙施工管理与实践的参考工具书。

本书从建筑幕墙概念、分类以及材料、设计、施工技术和组织管理、质量控制和质量验收、使用和维护等全过程、多维度出发，系统地总结了建筑幕墙建造管理的关键要点，并结合标准规范、实际工程案例等进行了深入分析和图解，图文并茂。同时，结合建筑幕墙工业化、标准化、装配化的特点以及建筑业高质量发展需求，本书还专门论述了BIM等数字化技术应用以及光伏幕墙、节能幕墙、生态幕墙等新型幕墙形式的应用。

建筑幕墙专业表面看起来不大，但涉及建筑、结构、材料、机械、施工、建筑环境与节能等多个专业领域的技术，其设计文件包罗万象，节点构造复杂。值得强调的是，本书配套的《图解建筑幕墙专业施工与技术质量控制》图册，以三维图解的形式为读者展示了更加直观、清晰的建筑幕墙施工管理要点。通过图解，复杂的建筑幕墙节点构造和施工工艺细节得以清晰呈现，极大地方便了读者的理解和应用。

总之，本书是一部集技术性、实用性于一体的专著，可供从业者及有关高等院校、职业学校学生学习参考。相信本书的出版，将对提升建筑幕墙工程技术质量水平起到积极的促进作用。同时，也向本书作者的辛勤耕耘和奉献表示感谢，对本书的出版表示祝贺。

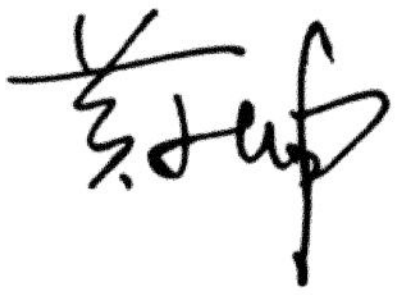

2025年4月于中国建筑科学研究院

前 言

随着宏观经济环境的变化，建筑业发展也面临着转型升级的问题，需要持续健康的高质量发展。从1984年建筑幕墙在北京长城饭店出现至今四十余年，建筑幕墙在我国经历了从无到有的飞速发展时期。如今我国已成为世界建筑幕墙生产和使用大国。但由于行业起步晚，大专院校相关专业课程设置较少，尤其是行业从业的技术人员大部分是从土木、建筑和机械类专业转行过来，对建筑幕墙缺乏系统的认识，缺乏工程案例的分析以及实际幕墙施工应用的经验，导致行业高层次、专业化人才紧缺。

为适应行业的需求，我们组织编写了《建筑装饰工程施工管理与实践——幕墙》一书及所附《图解建筑幕墙专业施工与技术质量控制》图册。书籍、图册结合了幕墙理论知识与幕墙实际案例应用解析，有利于读者快速、直观了解建筑幕墙项目应用的重点，其中既包含了幕墙设计施工需要的实用、基本的内容，又涵盖了建筑幕墙发展的新技术、新材料、新工艺、新系统。可以作为大专院校相关专业的课程教材，建筑设计院幕墙设计以及深化的参考用书，同时也可以作为施工现场技术质量管控的依据与工具书。

本书讲解了从建筑幕墙行业现状与趋势、定义与分类到幕墙深化设计、材料加工与质量控制的相关参数和规范、幕墙的施工工艺与质量检查要点、结合现场使用的常用措施、BIM技术应用的实际现场案例再到工程的验收以及保养维护、建筑幕墙在双碳环境下的节能环保趋势。书中深入剖析了建筑幕墙的基础知识、施工管理、技术质量控制等方面，将理论知识与实际施工经验相结合，为读者提供了全方位的学习和实践指导。

所附图册通过图解的形式解析幕墙体系、幕墙施工工艺、幕墙材料质量控制、幕墙安装质量控制。读者可以更加直观地了解幕墙的结构、材料、性能等方面的知识，并掌握施工过程中的质量控制要点和难点。

通过学习本书，可以使从业人员将理论知识充分地结合到实际工作中，有效地提高工作效率，更好地开展实际工作。

目 录

第一章　建筑幕墙行业现状与趋势

本章概述

建筑幕墙是融合建筑技术、艺术为一体的建筑外围护系统，在国际上有着近200年的发展历史。建筑幕墙源于现代建筑理论中自由立面的构想。本章主要针对国内外幕墙行业的发展历程进行阐述，并简要论述建筑幕墙的未来发展趋势。

第一节　国外建筑幕墙发展历程

近现代建筑史上第一个完整的建筑幕墙是1851年为伦敦世界博览会建造的“水晶宫（Crystal Palace）”，该建筑采用钢结构与玻璃面板组合而成，为建筑外围护系统新材料的应用做出了重要探索。在不断的探索中，人们进一步改进了玻璃的品种、质量和安装构造，重点解决了防雨、隔声、隔热和安全等问题，为建筑幕墙的发展奠定了重要基础。

1854年，詹姆斯·博加杜斯（James Bogardus）为哈珀兄弟（Harper&Brothers）出版社设计了由预制铸铁元件组成的5层沿街立面，金属材料正式在建筑外立面领域开始应用。

1906年，德国冶金专家威尔姆在铝中加入了少量的镁和铜，制成了硬度极高的铝合金，其具有重量轻、防腐性强、加工性好等优势，快速被人们认可，并在20世纪中期逐渐成为主流金属建筑材料。

1917年，建于美国旧金山的哈里德大厦是最早应用玻璃作为建筑外围护的建筑。

20世纪中叶，国外采用一系列新技术和新材料：利用雨幕原理、压力平衡体系设计出各种截面的铝型材，通过高分子技术研制的硅酮结构胶，通过熔融技术、控制冷却速度、镀膜等技术大量开发新品种玻璃，提升玻璃质量；不断尝试新的合金金属，解决合金面板抗腐蚀、刚性等问题。截至20世纪末，一大批具有代表性的幕墙建筑拔地而起，如美国旧金山哈里德大厦、纽约联合国总部大楼、芝加哥威利斯大厦（表1-1）等。

21世纪以来，建筑幕墙的推广应用范围不断拓宽，新技术应用日渐增多，建筑幕墙技术含量不断增加，建筑幕墙已经不仅仅是满足建筑造型与建筑本身功能性的诉求，而是逐渐向着满足工业化生产、智慧城市、社会需求、生态需求的方向发展。

目前，各种幕墙建造技术已趋成熟，单元式幕墙实现工厂预制，并被大量推广应用。设计人员更多地开始考虑光学污染、能源浪费等问题，逐渐出现了根据外界气候环境变化，自动调节幕墙的遮阳、通风、颜色等功能的幕墙系统，达到最大限度降低建筑所需的一次性能源的目的。

表1-1　代表性幕墙建筑

 哈里德大厦	1917年建成，位于美国旧金山的哈里德大厦，是美国历史上第一座运用玻璃作为建筑外围护系统的建筑
 联合国总部大楼	1952年建成，位于美国纽约曼哈顿区的联合国总部大楼，是第一座真正意义上的玻璃幕墙建筑
 威利斯大厦	1974年建成，位于美国芝加哥的威利斯大厦，是1998年以前世界最高的玻璃幕墙建筑

第二节 国内建筑幕墙发展现状

图1-1 北京长城饭店

我国建筑幕墙起步于20世纪70年代。在初期幕墙使用的主要材料，如铝合金型材、镀膜玻璃、门窗五金件等大部分采用进口，由于当时国内门窗、幕墙产业没有相关规范和标准，技术质量和水平偏低。80年代和90年代随着改革开放，开始吸引外资和技术引进，加速了幕墙产业的发展，国内企业开始建立铝合金型材、玻璃、门窗等生产线，随着行业标准的制定和完善，我国幕墙施工技术越来越成熟，这一时期全隐框玻璃幕墙、半隐框玻璃幕墙、单元式玻璃幕墙、点支承玻璃幕墙、石材幕墙以及金属幕墙等幕墙形式，得到了快速发展。

最先在我国应用和施工的幕墙形式是明框玻璃幕墙。于1984年建成的北京长城饭店是我国第一个采用玻璃幕墙的建筑，如图1-1所示。

进入21世纪后我国建筑幕墙得到飞速发展，涌现出一大批优质幕墙工程，如国家大剧院、杭州市民中心、中央电视台总部大楼、上海中心大厦（表1-2）等。在这一时期，高科技幕墙系统逐渐出现并得到应用，如通风式双层玻璃幕墙、光电幕墙、生态幕墙等幕墙系统。

表1-2 国内典型建筑幕墙案例

 国家大剧院	国家大剧院外部为半椭球形壳体，壳体由钛金属板拼接而成，是我国金属幕墙建筑史上典型建筑之一
 杭州市民中心	杭州市民中心是杭州市钱江新城的标志性建筑，采用主楼与裙房适度分散的布局方式，主楼分六片围合，以“天圆地方”为立意，是我国当代双层玻璃幕墙的标志性建筑之一

（续）

 中央电视台总部大楼	中央电视台总部大楼幕墙大量采用玻璃材料，运用高度模块化的设计和制造方式让施工更加高效、质量更易控制，是我国当代明框玻璃幕墙最具代表性的建筑之一
 上海中心大厦	上海中心大厦，建成于2016年，总高度632m。幕墙系统采用双层外立面，由内侧高性能玻璃幕墙和外侧金属网格、玻璃幕墙组成，是我国目前最高的幕墙建筑

经过近半个世纪的不断探索，我国建筑幕墙建造技术得到了全方位的发展。目前国内幕墙行业趋于成熟稳定，整体行业发展逐渐呈现多元化、工业化、智慧化、生态化的方向。

第三节　建筑幕墙发展趋势

建筑幕墙行业标准化与定制化逐渐融合，绿色材料、可再生材料的应用逐渐加大，新材料、新技术不断开发应用，是未来建筑幕墙发展的主题。

从行业统计数据来看，玻璃幕墙建筑仍旧是幕墙行业中的主力军，特大型城市都市圈和城市集聚群将是幕墙市场的主战场，中西部城市市场增量增长较快；从市场结构上看，商业化项目比例不断增加，高档写字楼、酒店、体育场馆、机场、车站、会展中心、商场、企事业单位或政府办公大楼等公共建筑对建筑幕墙的需求不断增大。

满足绿色消费需求，发展高性能、高技术的生态节能幕墙，将幕墙的整体设计与生态环境相联系，减少环境污染和能源消耗，营造舒适的环境，建筑幕墙从业人员要深挖低碳创新型技术、强化零碳先进型技术，在绿色设计、绿色材料、绿色制造、绿色施工和绿色验收等环节加快实现转型升级，提高幕墙节能设计水平，加强材料的循环利用。

从区域上来讲，2021年至2023年上半年，国内幕墙工程项目主要市场区域来自以大湾区、长三角为中心的城市圈和中西部核心城市群；建筑形式以大型场馆、超高层为主，凸显更为复杂的形状、更高的节能性能、光伏一体化、智能化动态幕墙和自洁幕墙，以及动态更大的面材尺寸、更透明的建筑立面、高平整度面材等。

从材料上来讲，为凸显更为复杂的建筑造型，双曲金属板、金属网帘、曲面玻璃、GRC、柔性仿石材料备受青睐；更高的节能性能业态下，Low-E玻璃和真空玻璃仍旧是主要的幕墙材料；铝板、陶板、铝塑复合板和蜂窝铝板是最为常见的外立面遮阳材料；超白玻璃是实现更透明的建筑立面的主要面材；保温一体板、光伏玻璃等逐步在幕墙工程中得到较大推广，以实现建筑节能性能的突破；自洁玻璃、KMEW光触媒陶瓷板等可实现自洁幕墙要求。

幕墙行业的发展不仅需要关注材料的革新和设计的创新，更需要关注其对环境和社会的影响。未来更多绿色、智慧、工业化的幕墙产品将出现在我们的生活中，为我们的生活带来更多的便利和舒适，行业的整体发展趋势呈现以下几点：

（1）以光伏幕墙为代表的绿色低碳化。随着科技的进步和材料技术的发展，新材料在幕墙施工中得到了广泛应用。例如，薄膜太阳能电池、可变透光度玻璃和光伏幕墙等技术的应用，透明导电材料、光伏材料、自清洁材料等的使用，不仅提高了幕墙的功能性能，还增添了建筑的科技感和环保性。同时，随着节能和环保意识的增强，幕墙的节能设计成为施工的重要方面。采用高效的隔热材料、低辐射玻璃和智能控制系统等，实现了幕墙的良好的隔热性能和能源利用效率。在注重环保和可持续发展的背景下，绿色施工理念在幕墙施工中得到了广泛应用。通过优化材料选择、减少能源消耗、提高节能性能等措施，实现了幕墙的绿色设计和施工。

（2）以数字化建造为代表的智慧建造模式。通过建立数字模型可以在施工前预测和曲面设计，提高施工的效率和质量，减少施工风险。通过三维建模、碰撞检测和材料优化等技术，提高了设计的精度和效率。

（3）以装配式为代表的工业化生产模式。采用预制构件、模块化设计和装配化施工的方式，实现了幕墙材料的批量生产和标准化设计，提高了施工效率和质量控制。同时，自动化施工技术在幕墙施工中得到了广泛应用。

第二章　建筑幕墙的定义与分类

本章概述

建筑起初是围绕着居住、遮风挡雨等功能为核心。随着社会的发展，建筑功能也越来越丰富。从高层商业办公楼到居住公寓，从图书馆到剧院，越来越多的建筑趋于简单的几何外形，具备高度理性的功能主义特征，现代建筑都有非常相似的外在面貌，采用玻璃、金属板等组成的外立面围护墙，像帷幕一样的“衣装”。人们对建筑的感知往往从建筑外立面开始，建筑幕墙的表现形式呈现出多样化，成为表达建筑美学的重要载体。

第一节　幕墙的定义

建筑幕墙是由面板与支承结构体系组成，相对于主体结构有一定位移能力，具有规定的承载能力、变形能力，除向主体结构传递自身所受荷载外，不承担主体结构所受作用的建筑外围护体系，如图2-1所示。

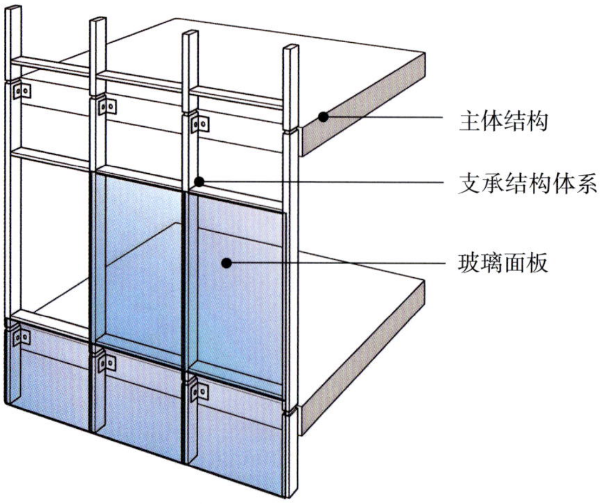

图2-1　幕墙构造示意图

1）斜幕墙是与水平方向夹角大于等于75° 且小于90° 的建筑幕墙。

2）采光顶是由透光面板与支承结构组成，与水平方向夹角小于75°，且不承担主体结构所受作用的建筑围护结构。

3）构件式幕墙是在主体结构上依次安装支承框架和面板的建筑幕墙。

4）单元式幕墙是将由面板与支承框架在工厂制成的完整基本结构单元，直接安装在主体结构上的建筑幕墙。

5）全玻璃幕墙是由玻璃面板和玻璃肋构成的建筑幕墙。

6）点支承玻璃幕墙是由玻璃面板、点支承装置及其支承结构构成的建筑幕墙。

7）双层幕墙是由外层幕墙、空气有序流动的空气间层和内层幕墙构成的建筑幕墙。

8）窗式幕墙是安装在楼板之间或楼板和屋顶之间的金属框架支承玻璃幕墙，是层间玻璃幕墙的常用形式，窗式幕墙与带形窗的区别在于：窗式幕墙是自身构造具有横向连续性的框支承玻璃幕墙；带形窗是自身构造不具有横向连续性的单体窗，通过拼樘构件连接而成的横向组合窗。

9）光伏幕墙是含有光伏构件并具有太阳能光电转换功能的幕墙。

10）可开启部分是幕墙中可进行开启和关闭操作的部分。

11）消防救援部分是幕墙中可采用消防工具打开或破坏，能够实施救援的部位。

第二节 幕墙的分类

根据不同的分类方式，建筑幕墙可以分为不同的类型。

一、按面板材料分类

建筑幕墙按面板材料不同可分为玻璃幕墙、石材幕墙、金属板幕墙、金属复合板幕墙、人造板幕墙和组合（面板）幕墙等。

1）玻璃幕墙是指面板材料为玻璃的幕墙（图2-2），常用玻璃有超白玻璃、中空玻璃、钢化玻璃、半钢化玻璃、夹层玻璃、镀膜玻璃。

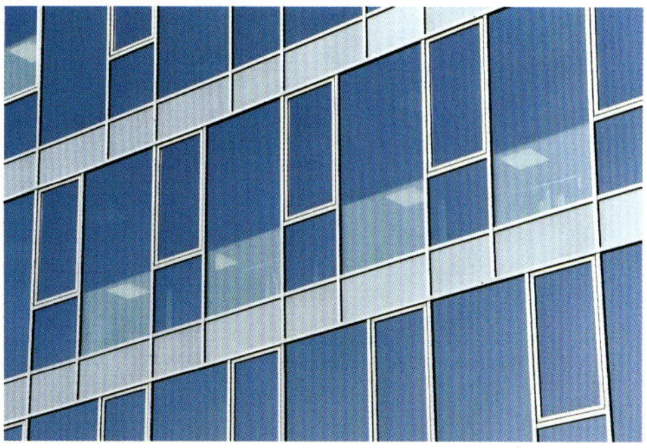

图2-2 明框玻璃幕墙局部实景

2）石材幕墙是指面板材料为天然石材的幕墙，石材幕墙常用花岗石石材，部分也使用大理石、石灰石、石英砂岩等石材。

3）金属板幕墙是指面板材料为金属板的幕墙，通常使用铝板或蜂窝铝板，其他常用材料还有彩色钢板、搪瓷钢板、不锈钢板、锌合金板、钛合金板、铜合金板等。

4）金属复合板幕墙是指面板材料（饰面层和背衬层）为金属板材并与芯层非金属材料（或金属材料）经复合工艺制成的复合板幕墙，通常使用铝塑复合板、铝蜂窝复合板、钛锌复合板、金属保温板等。

5）人造板幕墙是指面板材料采用人造材料或天然材料与人造材料复合制成的人造外墙板（不包括玻璃和金属板材）的幕墙，如瓷板幕墙、陶板幕墙、微晶玻璃幕墙、石材蜂窝板幕墙、木纤维板幕墙、纤维增强水泥板幕墙、玻璃纤维增强水泥板幕墙等。

6）组合（面板）幕墙是由不同材料面板（如玻璃、石材、金属、金属复合板、人造板等）组成的建筑幕墙。

二、按面板支承形式分类

建筑幕墙按面板的支承形式分为框支承幕墙、肋支承幕墙、点支承幕墙。

1）框支承幕墙是指面板由立柱、横梁连接构成的框架支承幕墙。一般包括构件式幕墙、单元式幕墙。

①构件式幕墙是指在现场依次安装立柱、横梁和面板的框支承幕墙。

②单元式幕墙是指将由面板与支承框架在工厂制成的不小于一个楼层高度的幕墙结构基本单位，直接安装在主体结构上组合而成的框支承幕墙。单元式幕墙一般分为插接型单元式幕墙、连接型单元式幕墙、对接型单元式幕墙，如图2-3所示。

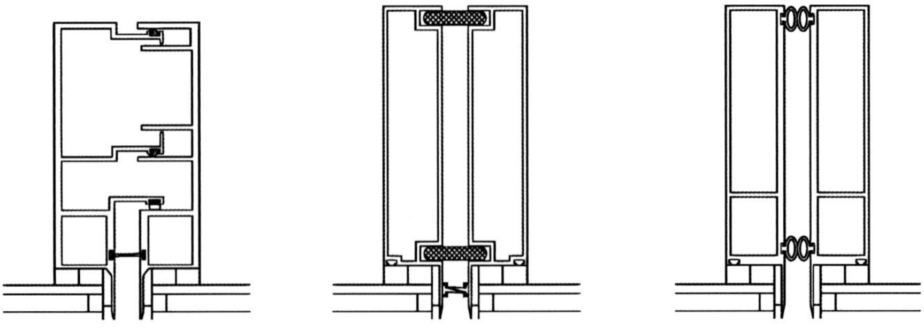

a）插接型单元式幕墙　b）连接型单元式幕墙　c）对接型单元式幕墙

图2-3　单元式幕墙类型示意图

2）肋支承幕墙是指面板支承结构为肋板的幕墙。肋板及其支承的面板均为玻璃的称全玻璃幕墙，全玻璃幕墙还分为吊挂玻璃肋支承玻璃幕墙、坐地玻璃肋支承玻璃幕墙。肋板材料为金属的肋支承幕墙称为金属肋支撑幕墙。

3）点支承幕墙是指以点连接方式（或近似于点连接的局部连接方式）直接承托和固定面板的幕墙。连接件或紧固件穿透面板的点支承幕墙称为穿孔式点支承幕墙。采用非穿孔式面板夹具，在面板端部以点连接或局部连接方式承托和固定面板的点支承幕墙称为夹板式点支承幕墙。面板背部非穿透性孔洞中采用背栓承托和固定面板的点支承幕墙称为背栓式点支承幕墙。在面板端部侧面或背面沟或槽中采用短挂件承托和固定面板的点支承幕墙称为短挂件点支承幕墙。

三、按面板接缝构造形式分类

建筑幕墙按面板接缝构造形式可分为封闭式幕墙和开放式幕墙。

1）封闭式幕墙是指幕墙板块之间接缝采取密封措施，具有气密性和水密性的建筑幕墙。封闭式幕墙又可分为注胶封闭式（采用密封胶密封）幕墙和胶条封闭式（采用胶条密封）幕墙。

2）开放式幕墙是指幕墙板块之间接缝不采用密封措施，不具有阻止空气渗透和雨水渗入功能的建筑幕墙。开放式幕墙又可分为开缝式幕墙、搭接式板缝幕墙、嵌条式板缝幕墙，如图2-4所示。

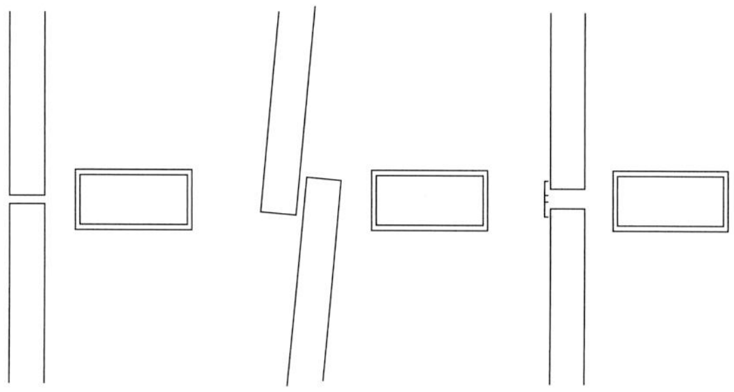

a）开缝式幕墙　b）搭接式板缝幕墙　c）嵌条式板缝幕墙

图2-4　开放式幕墙示意图

四、按面板支承框架显露程度分类

建筑幕墙按面板支承框架显露程度可分为明框幕墙、隐框幕墙和半隐框幕墙。

1）明框幕墙是指横向和竖向框架构件都显露于面板室外侧的幕墙，如图2-5所示。

2）隐框幕墙是指横向和竖向框架构件都不显露于面板室外侧的幕墙。

3）半隐框幕墙是指横向或竖向框架构件不显露于面板室外侧的幕墙，如图2-6所示。

图2-5　明框幕墙结构示意图

图2-6　半隐框幕墙结构示意图

五、按立面形状分类

建筑幕墙按立面形状分类如下：

1）平面幕墙是指立面为一个平面的建筑幕墙。

2）折面幕墙是指立面为两个及两个以上平面相交，形成折面的幕墙。

3）曲面幕墙是指立面为曲面的幕墙。

①单曲面幕墙是指立面只有一个方向为曲面的幕墙。

②双曲面幕墙是指立面两个垂直方向均为曲面的幕墙。

六、双层幕墙按空气间层通风方式分类

1）外通风双层幕墙是指通风口设于外层面板，采用自然通风或混合通风方式，使空气间层内的空气与室外空气进行循环交换的双层幕墙。

2）内通风双层幕墙是指通风口设于内层面板，采用机械通风方式，使空气间层内的空气与室内空气进行循环交换的双层幕墙。

3）内外通风双层幕墙是指内、外层均设有通风口，空气间层内的空气可与室内或室外空气进行循环交换的双层幕墙。

第三节　幕墙的基本组成

本节以构件式幕墙、单元式幕墙为例简单阐述幕墙的特点与基本构造。

现代化建筑，特别是现代化高层建筑与传统建筑相比大量采用建筑幕墙。幕墙具

有采光、保温、遮风、挡雨、装饰等功能，将建筑功能和建筑美学融为一体。幕墙的特点主要有：

1）良好的建筑美学效果，玻璃、金属制品等材料的应用使建筑具有通透的采光、良好的保温、实现不同的几何外形的同时，还表达不同的建筑风格。

2）与传统建筑的砖墙、混凝土墙相比，幕墙减轻了基础承重。

3）幕墙自身能承担风荷载，能承受较大的自身平面外和平面内的变形，并具有相对于主体结构较大的变位能力。

4）抵抗温差作用能力强，如同给建筑物穿了一件外衣，幕墙系统通过自身的保温遮阳功能使建筑物主体的温度变化大幅度缩小。

5）抵抗地震灾害能力强，相对于主体结构，幕墙本身有较大的变位能力，允许较大位移的特点，可避免局部产生过大的应力集中或塑性变形。

6）可用于旧建筑的更新改造，因幕墙是单独连接在主体结构上的构件，可在不影响结构及内部装饰的情况下进行外墙的更新换代。

7）工业化、装配化，预制幕墙的装配组件可以在工厂中进行加工组装，实现快速施工，提高施工效率和装配质量，同时降低了现场安装难度和危险系数。

一、构件式幕墙的基本构造

构件式幕墙是指在工程现场依次安装立柱、横梁和面板的幕墙。幕墙的立柱（或横梁）先安装在建筑主体结构上，再安装横梁（或立柱），立柱和横梁组成框格，面板材料在工厂内加工成组件，再固定在立柱和横梁组成的框格上。面板材料组件所承受的荷载要通过立柱（或横梁）传递给主体结构，如图2-7所示。

构件式幕墙具有系统配置简单灵活、适应性强、经济性好等特点。尤其适用于异形、复杂的建筑立面，如三角形及不规则多边形、空间折面形、凹凸、曲面等幕墙。可灵活采用玻璃、金属板材、石材及人造板材等多种饰面材料。

构件式幕墙横梁与立柱通常采用活动连接，具有很高的平面内变形性能和抗震能力，且在层间变位、温度变形等作用下，可自由伸缩。

构件式幕墙的转接系统可实现三维调整，安装方便，消化土建偏差能力强，精度和质量易于保证。幕墙构件在现场进行安装方便灵活、易于更换、便于维修和维护，是目前采用较多的幕墙结构形式。

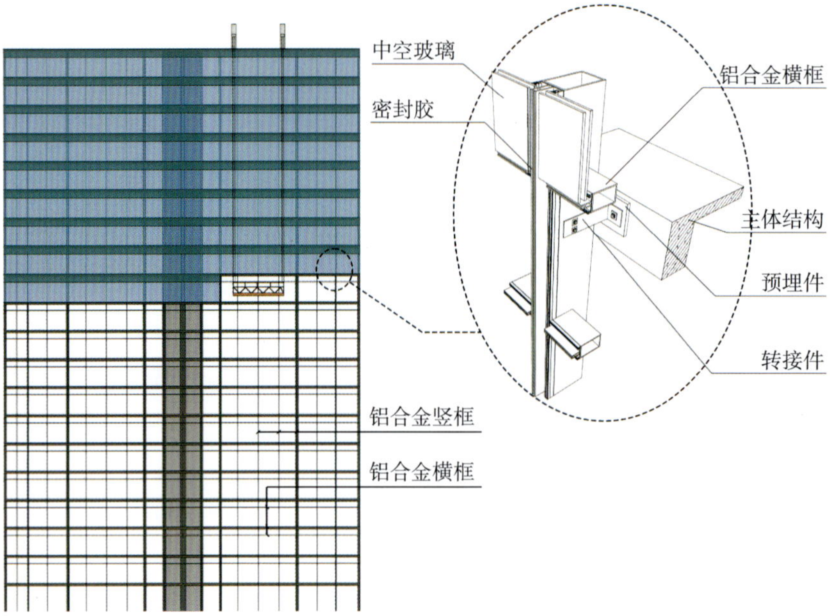

图2-7 构件式幕墙示意图

1. 构件式玻璃幕墙

（1）构件式半隐框玻璃幕墙构造

构件式半隐框玻璃幕墙是玻璃通过隐藏在玻璃缝隙中的连接件固定在横向和竖向框架上面，部分扣盖不可见。幕墙玻璃通过结构密封胶粘接在玻璃附框上或在中空玻璃内嵌入U槽等，附框或U槽通过专用压块及螺钉固定在铝合金框架上，玻璃与玻璃之间的缝隙通过耐候密封胶进行密封处理，如图2-8所示。

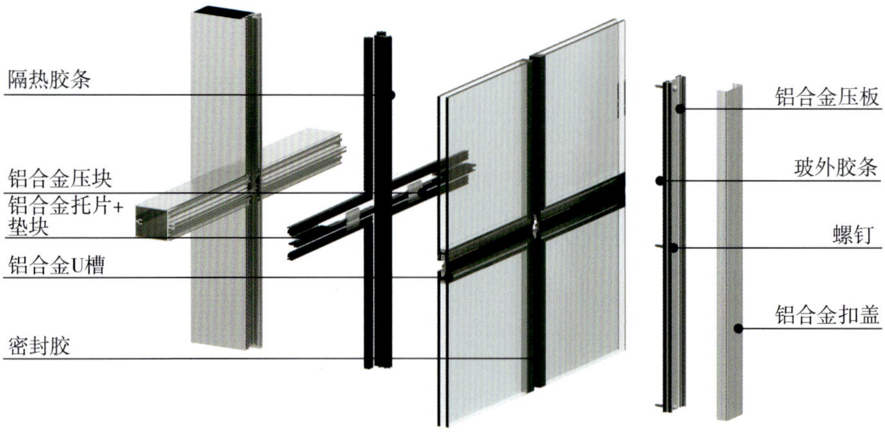

图2-8 构件式半隐框玻璃幕墙构造示意图

（2）构件式明框玻璃幕墙构造

构件式明框玻璃幕墙是玻璃通过压板进行固定，外侧与压板接触处分别设置连续完整的密封构造，形成两道密封，确保系统密封性能和防水可靠性，如图2-9所示。玻璃压板通过螺栓与主龙骨可靠连接，将玻璃固定在主龙骨上，有效控制玻璃安装的平整度，且不产生安装应力。玻璃压板与主龙骨连接处设置隔热措施，隔断室内外热量的传递，有效提高系统的热工性能。玻璃压板与装饰盖板扣接可靠，安装方便。室外侧效果相当于幕墙的龙骨显露在玻璃外侧，且可通过装饰盖板外观形式的变化，增强立面外观效果。

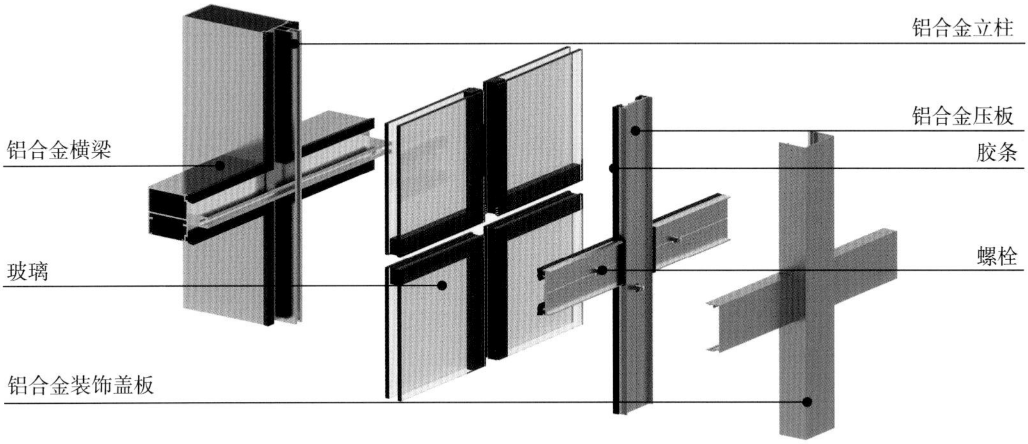

图2-9 构件式明框玻璃幕墙构造示意图

2. 构件式金属板幕墙

构件式金属板幕墙包括铝单板幕墙、铝复合板幕墙、铝蜂窝板幕墙、铜板幕墙、不锈钢板幕墙等。构件式金属板幕墙的各类面板均通过连接构件与主龙骨固定。

目前常用的是封闭式金属板幕墙，外立面金属面板接缝处采用注胶密封做法，幕墙内部不再设置密封构造。金属板四周带有折边角码或板周边带有附框，金属板附框连接在金属板周边的折边部位，可显著提高其抗风压性能，如图2-10所示。

金属板通过螺钉固定在主龙骨上。采用金属压块定位安装，定距式压紧，保证连接安全可靠，保证金属板面的平整度、安装精度和质量。采用附框固定金属板的优势是在产生温度变形时，可以在其平面内自由伸缩，不致产生挠曲变形，进而保证板面的外观平整度。

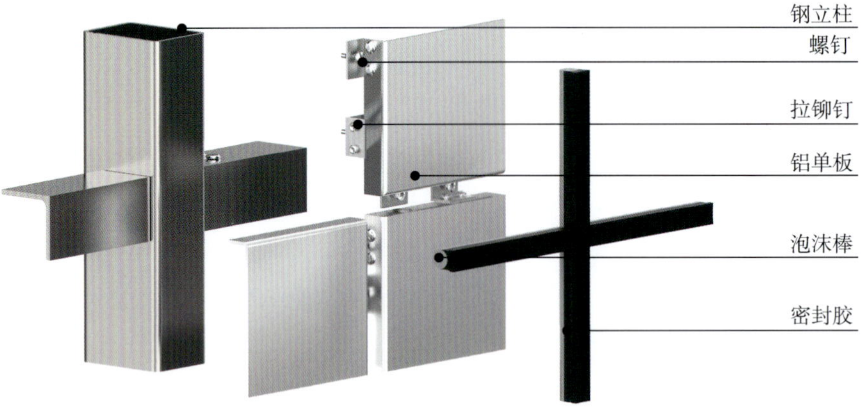

图2-10　构件式封闭铝单板幕墙构造示意图

开缝式幕墙的做法一般采用不注胶密封，在幕墙内部设有独立完整的密封构造。这种做法的优点是金属板分格线清晰，接缝处立体感强，外视效果美观。面层金属板可起到雨屏作用，防止大量雨水进入幕墙内部，加上内部的密封层及排水系统，可确保系统密封性能和防水可靠性。

3. 构件式石材幕墙

构件式石材幕墙采用石材（包括天然花岗石、洞石、砂岩以及人造石材等）作为面板材料。石材的固定方式主要包括背栓式和托板式，托板式又分为通长槽托板式和短槽托板式。背栓式石材幕墙是在石材面板背面开背栓孔，将背栓植入背栓孔后在背栓上安装连接件，通过连接件与幕墙结构体系连接，如图2-11所示。背栓式石材幕墙受力合理、抗震性能好，更换和维修方便，应用越来越多。短槽托板式幕墙采用石材侧边中间开短槽，用金属挂件支承石板的做法。

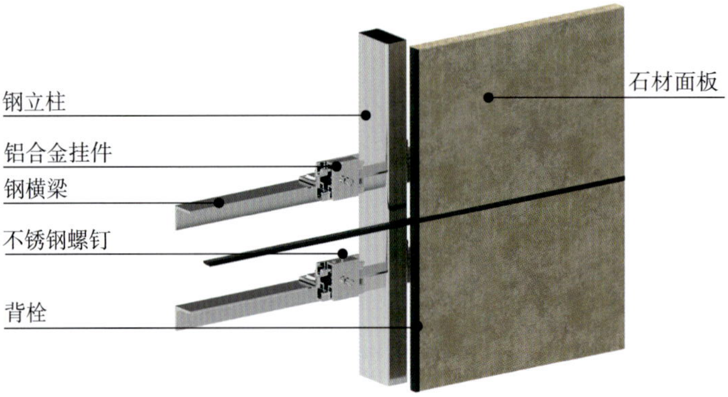

图2-11　背栓式石材幕墙构造示意图

4. 构件式人造板材幕墙

构件式人造板材幕墙采用人造板材作为面板材料。各类人造板材需采取专门的固定方式与幕墙龙骨连接，如图2-12所示。除可制成条状板材外，还可制成其他截面形状，用作幕墙上的装饰构件。人造板材幕墙接缝的构造多采用开缝形式。

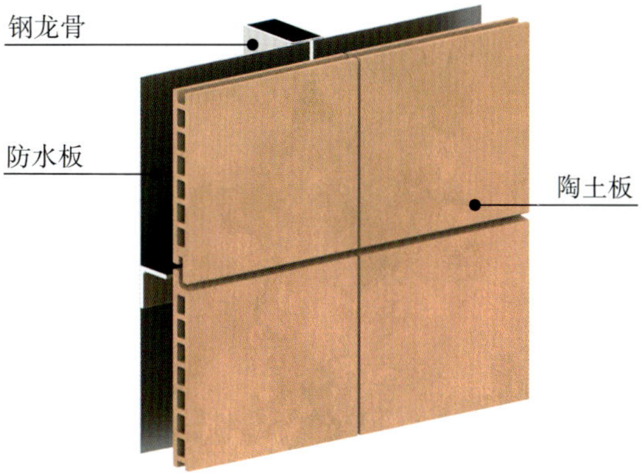

图2-12　陶土板幕墙构造示意图

二、单元式幕墙的基本构造

单元式幕墙是由各种面板与支承框架在工厂制成完整的幕墙结构基本单元，直接安装在主体结构上的建筑幕墙，如图2-13所示。以工厂化的组装生产，高标准化的技术，大量节约施工现场安装时间及场地等综合优势，成为超高层建筑优选的幕墙形式。

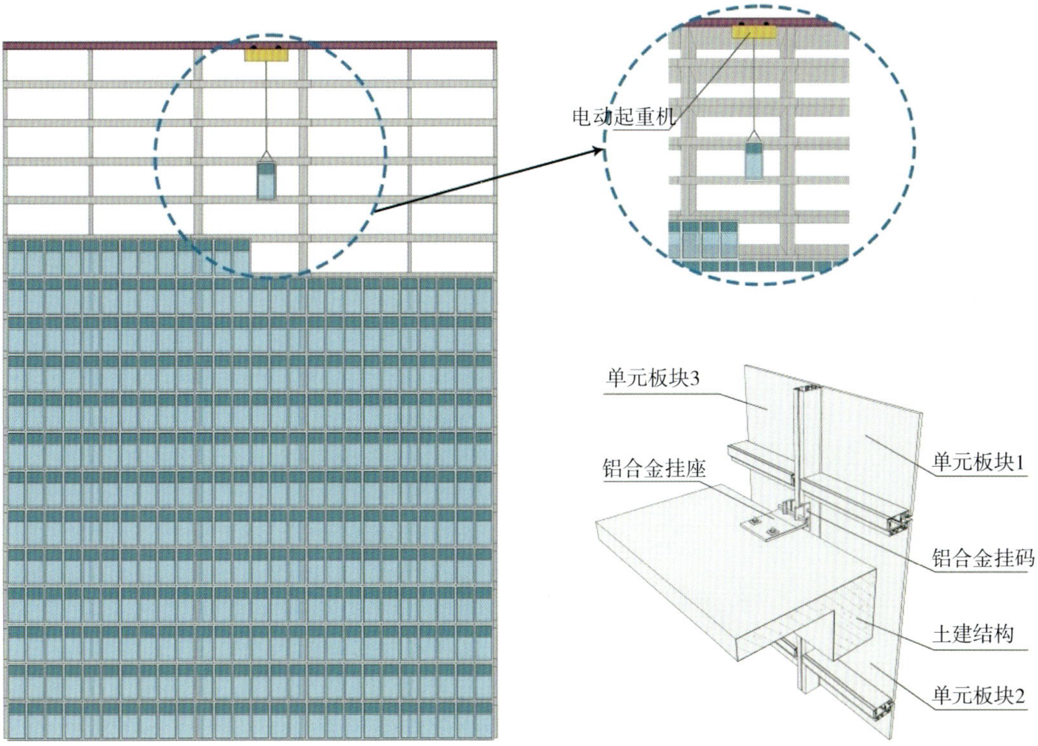

图2-13　单元式幕墙示意图

单元式幕墙在工厂制作完成单元组件。立柱与横梁组成支承框架，面板安装在支承框架上，形成一个楼层高度的单元组件，然后将这些单元组件运至施工现场，进行整体吊装，通过转接挂件直接安装在主体结构上。

相邻两单元组件之间通过单元组件框的插接、对接或连接等方式完成组合。

按照单元组件间接口形式不同，单元式幕墙可分为插接型单元式幕墙、对接型单元式幕墙和连接型单元式幕墙。目前，比较常用的是插接型单元式幕墙（图2-14）。

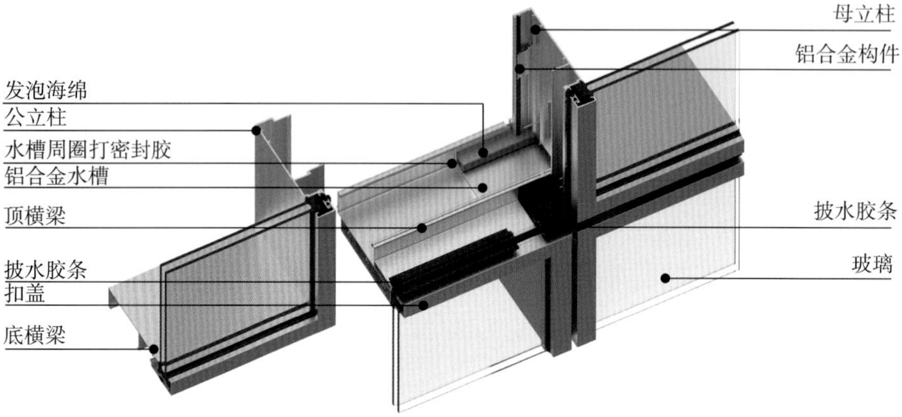

图2-14　插接型单元式玻璃幕墙示意图

插接型单元式幕墙根据上下左右四个相邻单元组件之间接缝处封堵方式的不同，又可分为横滑型和横锁型。

单元式幕墙根据面板材质不同可分为单元式玻璃幕墙（图2-15）、单元式石材幕墙、单元式金属幕墙等。

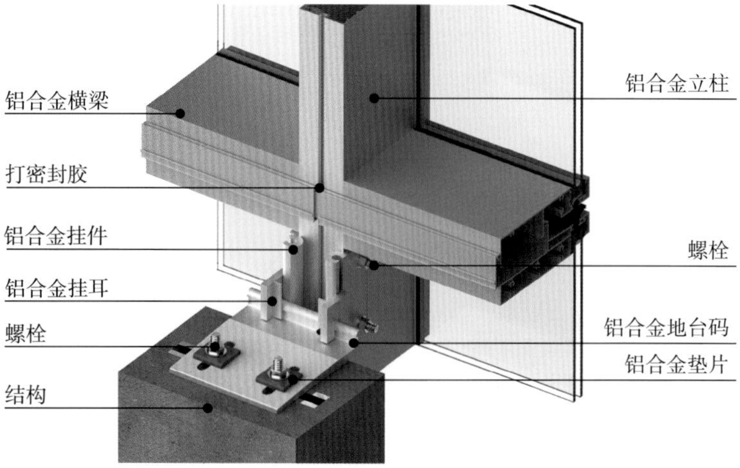

图2-15　单元式玻璃幕墙示意图

单元式幕墙的单元组件可通过转接件固定在楼层预埋件上，安装方便。单元组件在工厂内加工制作，可以把玻璃、铝板或其他材料在加工厂内组装在一个单元组件上，促进了建筑的工业化。有利于保证单元体整体质量，保证了幕墙的工程质量。单元式幕墙从楼层下方向上方安装能够和土建配合同步施工，大幅缩短了工程周期。幕墙单元组件安装连接接口构造设计能吸收层间变位及单元变形，通常可承受较大幅度的建筑物移动，更适用于高层建筑和钢结构建筑。

第三章　建筑幕墙设计

本章概述

建筑幕墙设计不仅要考虑建筑物立面的新颖、美观，而且还要考虑建筑的使用功能、造价、环境、能耗、施工条件等诸多因素，经综合分析，选择其形式、构造和材料。

第一节　幕墙系统设计基本原则

幕墙从设计阶段通常可以从两个方面考虑：立面效果和幕墙性能。一般由建筑设计单位和幕墙设计单位相互配合、协调完成。建筑设计单位的主要任务是确定幕墙立面的线条、色调、构图，确定幕墙与建筑整体和环境协调关系，对幕墙的类型、性能、材料和制作提出设计意图和要求。幕墙的深化设计工作则由幕墙设计单位或具有幕墙设计资质的施工单位完成。

幕墙立面效果设计的主要内容：设计时不仅要考虑与周围环境相协调，还须综合考虑室内空间组合、功能和视觉、建筑尺度、加工条件等多方面的要求。建筑幕墙立面的分格宜与室内空间组合相适应，不应妨碍室内功能和视觉。在确定板块尺寸时，应考虑板材利用率，同时应适应生产设备的加工能力。

一、建筑幕墙外立面分格设计原则

幕墙的分格综合了建筑美学、人体工程学、施工工艺、材料特性、外墙性能和功能要求、结构设计等以及同其他专业的配合等因素。

1. 满足建筑设计效果要求

原则上不修改原建筑设计的风格，幕墙设计师在不破坏整体建筑设计风格、尊重建筑师的意愿和认可下才能对幕墙分格进行改动。分格比例尽量对称协调。竖明横隐幕墙，竖大横小；竖隐横明幕墙，竖小横大。细而高的建筑，横向线条可较少，竖向线条可稍多一些，显得挺拔；矮而粗的建筑则相反，分格要兼顾立面的丰富性以及遮阳采光等。横向分格的布置应与层高相协调，并考虑窗台及踢脚板返台位置，开启扇高度，室内吊顶高度等；纵向分格的布置要考虑主体结构轴网、柱、门洞及室内隔墙的位置；转角及异形位置，考虑立柱自身长度及两边分格是否对称。建筑的伸缩缝处，必须设置分格，且不宜过大，应结合节点做特殊处理。

2. 满足幕墙的安全性要求

1）分格设计应与结构设计计算相结合。幕墙分格设计不是简单的分格，要考虑结构的安全性、可靠性，在满足结构安全性、可靠性要求的前提下做到美观大方。

2）满足防火的要求。在幕墙设计中，必须对防火分区之间实行“横向、竖向”的防火封堵。同一幕墙单元不宜跨越建筑物的两个防火分区。

3）幕墙在跨层有梁的位置应设置横向分格，以方便设置竖向防火层；在同层横向结构分区处（隔墙、柱位处）应设置竖向分格，以方便设置横向防火层。

4）当石材幕墙为水平或倾斜倒挂式构造时，应在板背设置防止石材坠落的安全措施； 石材幕墙外装饰线条应采用机械锚固连接。

5）单个幕墙外开窗的开启面积不宜大于1.5m^2，幕墙采用外平开窗、外平推窗和下悬外开窗时，应有防窗扇坠落措施 。

3. 满足幕墙的使用功能要求

1）在玻璃幕墙分格设计时，要考虑开启扇的位置、大小等。开启扇的位置应满足使用功能和立面效果要求，启闭方便，避免设置在梁、柱、隔墙等位置。开启扇高度根据栏杆的高度确定，一般离地面800~1200mm比较适宜，幼儿园及小学的建筑幕墙设计要更多考虑到安全因素，可以考虑幕墙的开启扇位置偏高些。开启扇应注意重量，保证启闭灵活方便。

2）幕墙开启窗大多数为外开上悬窗，开启扇面积不宜大于1.5m^2，超高层幕墙应采用通风换气装置，不宜设置开启扇。

3）保证室内视线良好。离室内地面1400~1800mm的位置尽量不要设置横向分格，因为此高度正好是人的眼睛离地面的高度，在这个高度设置横向分格会影响人在室内观察室外的效果。

4）采光的合理性。为了保证公共场所的良好视线效果，玻璃分格应尽可能加大。

应特别注意公共场所的功能性，与室内空间组合相适应。在柱、墙的位置设立柱，在房间隔墙的位置设置竖向分格，这样有利于室内装修，可以很好地把两个房间分开，隔声效果好。

5）高度超过50m的幕墙工程宜设置满足幕墙清洗、更换和围护要求的装置。

4. 满足幕墙的经济性

1）分格大小应充分利用材料的常用规格，尽量提高原材料的利用率，最大限度地发挥材料的力学性能，物尽其用（分格不宜太大，但也不是越小越好，非标材料应该详细询问材料厂家）。各种板材常规尺寸如下：

①玻璃原片的常规尺寸为2440mm×3660mm，分格时尺寸应向1200mm或1800mm靠近（分格大小必须同时考虑能适应钢化、镀膜、夹层等生产设备的加工能力）。

②铝单板的宽度尺寸通常在1400mm以内。长度方向可以定尺，超宽板尺寸等也可以加工制作但供货周期变长、价格高；考虑经济性，尽量保证短边方向的尺寸小于1500mm。超大尺寸的铝板，厂家可以进行铝焊加工。

③石材短边尺寸在600mm以内价格较为经济；短边尺寸为600~800mm的价格是比较适中的；当短边尺寸大于800mm，其价格将会上升，尺寸越大则价格越高，短边尺寸优先选用600~800mm。花岗石单块面板的面积宜不大于1.5m^2，其他石材面板宜不大于1.0m^2。

④陶土板常规宽度为300mm、450mm、600mm，常规长度为300mm、600mm、900mm、1200mm；陶土棒常规尺寸为40mm×40mm、50mm×50mm。

⑤蜂窝铝板常规宽度为1000mm、1200mm，常规长度为1000mm、2000mm、2500mm、3500mm。合理的分格尺寸根据厚度（厚度一般为15mm、20mm、25mm）的变化而不同。

⑥铝型材常规尺寸为6000mm长（订料长度一般根据优化的定尺而不同）。铝型材长度受喷涂生产线、运输等因素影响。

⑦钢材常规尺寸为6000mm、9000mm、12000mm长。

2）在不影响立面效果的前提下尽量分格尺寸标准化，减少分格尺寸类型，提高加工、安装工作效率，降低工程成本。同时综合考虑加工工艺要求，如玻璃的钢化、镀膜、夹层、磨边等，铝板的折边、表面喷涂处理，石材的切割、磨光等设备的加工尺寸要求。

二、建筑幕墙物理性能设计原则

建筑幕墙是重要的建筑外围护结构，是实现建筑声、光、热环境等物理性能的极其重要的功能性结构。建筑幕墙的性能对建筑功能的实现有着巨大影响，因此，建筑幕墙必须具有采光、通风、防风雨、保温、隔声、抗震、防火、防雷、防盗等性能和功能，才能为人们提供安全舒适的室内居住环境和办公环境。建筑幕墙的性能主要有水密性能、气密性能、抗风压性能、防火性能、抗震性能、平面内变形性能、热工性能、光学性能、空气声隔声性能和通风性能等。

建筑幕墙的性能设计应根据建筑物的类别、高度、体型以及建筑物所在地的地理、气候、环境等条件进行，应满足当地的法律法规。建筑幕墙的构造设计应满足安全、实用、美观的原则，并应便于制作、安装、维护、保养和局部更换。

三、幕墙专业设计文件

幕墙专业设计是对建筑设计中的外立面进行优化结构、提高品质，满足相关要求。幕墙在进入施工阶段的深化设计时，需要保证受力体系合理，满足幕墙受力要求，需要保证幕墙施工时有足够的调节能力，安装施工方便操作，材料的生产加工工艺性好，幕墙性能优越，系统合理完善。幕墙设计服从于建筑设计，建筑施工图、结构施工图是幕墙设计的主要依据。幕墙设计还要服从国家法规与行业管理要求，遵守技术标准与规范。幕墙设计包括幕墙的立面设计、物理性能与功能设计、安全设计等。

幕墙设计应全面落实建筑主体设计对幕墙专业设计的各项要求，设计文件应包括设计说明、设计图样和幕墙结构计算书。

（1）幕墙施工图设计总说明应包含以下内容：

1）工程概况：

①工程名称、工程地点。

②工程性质等级、工程范围。

③幕墙高度（起始标高、最高标高）、幕墙种类及组成、幕墙总面积及各分项面积、开启方式及开启面积、建筑主体标识性部位幕墙设计的特殊规定。

2）设计依据：

①现行国家、行业、地方与幕墙工程相关的规范、规程。

②建筑所在地基本风压值、雪荷载值、地震设防烈度、地面粗糙度。

③建筑幕墙抗风压性能、水密性能、气密性能、平面内变形性能、空气隔声性能、耐撞击性能等各项技术物理性能指标。

④透光幕墙的传热系数、非透光幕墙的传热系数等热工性能指标。

⑤玻璃幕墙可见光透射比、反射比、遮阳系数等主要光学性能指标。

3）幕墙组成分述：

①各立面的建筑幕墙组成、面板种类。

②各类幕墙的构造形式。

③幕墙各立面玻墙比。

④可开启部位的启闭形式、连接构造。

4）材料选用：

①幕墙支承结构的型材种类、规格、壁厚及其相关技术指标。

②面板规格、板块构成。

③透明面板的可见光透射比、可见光反射比、传热系数、遮阳系数等性能参数，非透明面板的构造组成、传热系数及表面处理措施。

④五金件及各类附件的品种、规格、色泽及表面处理。

⑤标准件材质及机械性能。

⑥密封胶料种类和颜色。

⑦防水、防火及保温材料的材质、规格、燃烧性能等级。

5）制作及安装技术：

①加工精度和安装精度。

②加工、制作、组装技术。

6）选择幕墙典型部位，编制性能模拟检测专项文件。

（2）幕墙施工图应包括立面图、平面图、剖面图、局部放大图、节点构造详图、预埋件图等。

1）幕墙立面图：标注并绘制轴线、层高、标高、幕墙高度和宽度、幕墙单元分格尺寸、节点和局部放大范围的索引及编序、图例及必要的文字说明等。

2）幕墙平面图：表达主体结构及幕墙平面布置、轴线号、幕墙单元宽度尺寸以及幕墙与主体结构间的净距。

3）幕墙剖面图：绘制幕墙与主体结构间的剖切构造，标注轴线号、楼层标高、幕墙高度及板块高度尺寸、室内平顶标高及开启窗执手离地高度、遮阳装置预留尺寸等。

4）局部放大图：绘制局部立面图、平面投影图及其剖面图，标注其所在立面的索引序号、节点索引编序号、轴线、所在部位标高及相关尺寸等。

5）节点构造详图：竖框节点构造图（横剖面图）应含各典型部位和特殊部位的面板、系统的节点构造及竖框与主体结构的连接构造等。横框节点构造图（纵剖面图）应含系统构造及竖框上下端与主体结构的连接构造、各典型部位和特殊部位面板四周收边方式等。构造详图应标注各部件的材料名称、材质及规格（或代号）、外形尺寸及相对位置、与轴线的位置关系、幕墙距离主体结构的尺寸等。特定部位的节点应标注所在标高。

6）防火构造、防雷构造、保温层构造、防排水构造、与相邻墙体及洞口边沿间的构造、变形缝构造等节点设计详图。

7）幕墙的复杂部位，宜增加构造细部必要的三维图。

8）幕墙结构体系以钢结构为主时，应针对幕墙钢结构提供专门的节点大样和补充说明，并明确加工制作、运输、安装、焊接等要求。

9）预埋件详图及布置图。

（3）幕墙设计应有结构计算书和热工计算书。

（4）幕墙工程应编制性能模拟测试专项设计方案，其模型设计图应与施工图构造一致。

第二节　幕墙的性能及设计

一、水气密设计

1. 水气密性能

（1）气密性能

幕墙气密性能是指在风压作用下，幕墙可开启部分在关闭状态时，可开启部分以及幕墙整体阻止空气渗透的能力。幕墙气密性有关的气候参数主要为室外风速和温度，影响幕墙气密性检测的气候因素主要是检测时的气压和温度。从幕墙缝隙渗入室内的空气量对建筑节能与隔声都有较大的影响。

建筑幕墙的气密性能以在标准状态下，以空气渗透量q为分级依据。按照《建筑幕墙》GB/T 21086—2007第5.1.3条的规定，建筑幕墙气密性能分级见表3-1、表3-2。

表3-1 建筑幕墙开启部分气密性能分级

分级代号	1	2	3	4
分级指标值q_L/[m^3/（m·h）]	$4.0 \geqslant q_L > 2.5$	$2.5 \geqslant q_L > 1.5$	$1.5 \geqslant q_L > 0.5$	$q_L \leqslant 0.5$

表3-2 建筑幕墙整体气密性能分级

分级代号	1	2	3	4
分级指标值q_A/ [m^3/（m^2·h）]	$4.0 \geqslant q_A > 2.0$	$2.0 \geqslant q_A > 1.2$	$1.2 \geqslant q_A > 0.5$	$q_A \leqslant 0.5$

（2）水密性能

水密性能是指幕墙可开启部位为关闭状态时，在风雨同时作用下，阻止雨水透过幕墙的能力。幕墙水密有关的气候因素主要是指风雨时的风速和降雨强度。水密性能一直是建筑幕墙设计的重要问题。

自然界中，风雨交加的天气状况时有所见，尤其在我国沿海城市，台风暴雨更是常见的天气状况，雨水通过幕墙的孔缝渗入室内，会浸染房间内部装修和室内陈设物件，不仅影响室内正常活动并且使居民在心理上产生一种不舒适和不安全感。雨水流入框型材中，如不能及时排出，长期滞留在型材腔内的积水会腐蚀金属材料、五金零件，影响正常开关，缩短幕墙的寿命，因此幕墙水密性能是影响建筑物能否正常使用和幕墙的耐久性的一个关键因素。

按照《建筑幕墙》GB/T 21086—2007第5.1.2条的规定，建筑幕墙水密性能分级见表3-3。

表3-3 建筑幕墙水密性能分级

分级代号		1	2	3	4	5
分级指标值ΔP/Pa	固定部分	$500 \leqslant \Delta P < 700$	$700 \leqslant \Delta P < 1000$	$1000 \leqslant \Delta P < 1500$	$1500 \leqslant \Delta P < 2000$	$\Delta P \geqslant 2000$
	可开启部分	$250 \leqslant \Delta P < 350$	$350 \leqslant \Delta P < 500$	$500 \leqslant \Delta P < 700$	$700 \leqslant \Delta P < 1000$	$\Delta P \geqslant 1000$

2. 设计要求

幕墙系统设计具有较高的技术含量，直接关系到幕墙的功能性、安全性、经济性、施工及可维护性。然而系统设计非常复杂，它涉及许多专业方面的知识。

从大多数幕墙测试的过程来看，幕墙在测试过程中存在不同程度问题，其中水密性、气密性是比较突出的问题，说明幕墙在防水气系统设计上存在一定难点。

（1）幕墙密封性原理

在探究雨水如何进入墙体的原因之前，首先要清楚雨水是如何在墙面上流动以及墙体上最薄弱部位的特点。墙体表面材料是否具有吸水性能是一个重要的影响因素，简单举个例子，砖墙体上，不管其表面是否覆盖了保护性材料，墙体仍然会吸收一定量的雨水，范围一般分布在整个墙面，墙体的勾缝如果处于良好状态下，其防水性能不会比墙面差。概括讲，无论墙面是否存在易于渗漏的薄弱部位，所吸收的雨水都会在墙体逐渐干燥的过程中蒸发掉。而玻璃、金属幕墙的板材属于无孔材料，其吸水率比较低，对防水会更有利。当雨水接触到玻璃、金属幕墙表面材料时，雨水不会被吸收。由于幕墙在整个墙面不是一块板材，决定了整面墙将是由大量面板组装，面板间存在的间隙容易进雨水。

导致水进入缝隙的作用力有以下几种：

1）重力作用：作用于幕墙的雨水遇到倾斜的缝隙后，在重力作用下直接流入室内。

2）动能作用：雨水在强风的作用下对幕墙会产生较强的冲击力，在风速的带动下，雨水顺着缝隙进入室内。

3）表面张力：雨水附着于幕墙体上，由于表面张力的作用，雨水顺着缝隙下沿渗入室内。

4）毛细作用：通常发生在宽度足够小的两个潮湿表面之间。

5）气流作用：墙面风压差形成。

6）压力差：在风压的作用下，幕墙外侧压力较高，内侧压力较低，产生压力差。

如果薄弱部位缝隙渗漏途径受阻，雨水则被完全控制住了。当表面吸附的水膜在重力作用下沿墙面顺流时，在伴随着风荷载的作用下，雨水会“旁流”，还有可能会“上流”。建筑物越高，墙下部累计的积水层会越厚。通常情况下，在风荷载的作用下，建筑物迎风向转角部位附近横向水流最大，迎风向建筑顶部附近向上的水流最大。

幕墙发生渗漏要具备三个要素：

1）幕墙面上要有缝隙。

2）缝隙周围要有水。

3）水通过缝隙进入幕墙内部的作用力。

如果将这三个要素的效应减少到最低程度，则渗漏可降低到最小程度。当风压和雨水同时作用在幕墙表面时，雨水通过幕墙上的空隙直接溅向室内或顺着幕墙下淌，待具备一定的条件，即幕墙表面有缝隙的情况下，通过压力差进入室内。

在导致渗漏的三个条件中，水是无法排除和避免的，因为雨水是自然界中存在的；而缝隙则是幕墙结构本身限定的，幕墙不可能没有接缝和活动窗，可以采取对缝隙进行封闭处理的办法加以解决。另外一个办法就是消除第三个因素——水通过缝隙进入幕墙内部的作用力，从而达到幕墙防雨水渗漏的目的。通常采用雨幕原理进行设计。

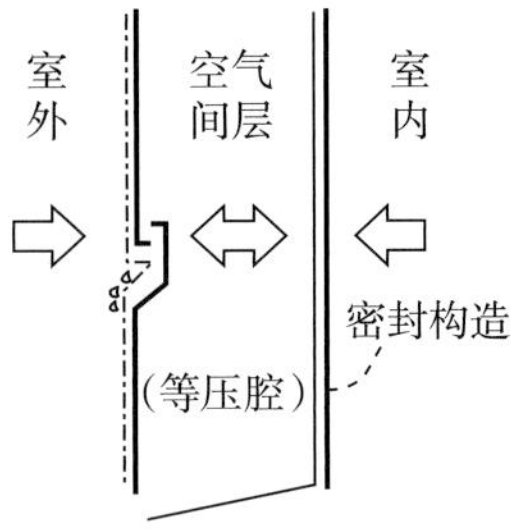

图3-1　雨幕原理压差示意图

如图3-1所示，雨幕原理防渗漏墙体的构造如下：

1）一道外侧雨幕或渗水隔离层。

2）等压腔与室外连通的通道。

3）具有阻止水蒸气和空气流通过的密封构造，还应具有抵抗风压的能力。考虑到少量雨水渗漏雨幕的可能性，空气间层必须能将雨水排出。主要目的是在墙体的外表面具有防止大量雨水渗漏的能力，在空气层和室内仍具有密封防止空气和水蒸气通过。内侧表面密封处不会有水，无须使密封达到防止水和空气同时进入的水平。

在设计阶段采用雨幕原理，形成压力平衡系统。雨幕原理的成功利用以取得压力平衡的设计，需要以下条件：

1）清楚地理解雨幕的要求内容。

2）经过认真思考或巧妙细部设计。

3）在安装过程中，注意监督要点是否满足要求。

雨幕原理的实质在于减少或消除可使雨水通过外部开口的作用，而不是消除开口本身，要实现以下要点：

1）一个外侧雨水隔断层（雨幕）或阻止水的渗透层，不是严密地密封，而是在开口处加披水遮挡；中间隔气层（外侧隔水层后的空气层）中的空气压力必须和室外相同；中间隔气层内侧的空气和蒸汽隔断层须具有相对不渗透的结构性能。

2）采用等压原理进行幕墙的型材与胶条构造设计。

压力平衡的取得不是由于外表面接缝部位严密密封所构成，而是有意令其大部分开口处于敞开状态。这个开口的充分开敞，从而使接缝或缝两侧不存在任何压差。这个效应是由外侧面后面留有空间所形成，但此空间必须和室外空气相连通，才能达到上述目的。由阵风所造成的空气压力波动也在外侧面两边加以平衡。所谓腔内空间并非简单的通风空间那样，利用压力差使之在空间内部产生空气流，如欲取得防渗效果，它必须是一个限定空间，而且此空间将体现在雨幕原理应用中会遇到许多的复杂性。如图3-2所示一个单元式幕墙的横向节点，其设计的外腔（相当于室外）和内腔使压力平衡，水进入不到内腔，这时内外压差集中在内腔和室内这个插接处，虽然有压差但是因为内腔几乎没有水的存在，所以使水无法进入室内。

（2）型材构造设计

在幕墙的系统设计中，型材断面的设计非常重要。它不仅决定幕墙的安全性、工艺性，同时还决定了幕墙的其他物理性能。然而幕墙设计师们大多往往只通过力学计算重点考虑了型材断面的设计安全性，而忽视了型材断面对其他性能的贡献。因此幕墙的雨水渗漏现象非常突出，缝隙现场堵胶就成了幕墙厂家在现场工程排故过程中所用的主要手段。型材断面虽然不是固定不变的，但是其断面的设计是有规律的。它必须将其安全性、工艺性和结构防水同步考虑。由于幕墙节点形式很多，根据以往经验归纳幕墙设计中应注意以下情况：

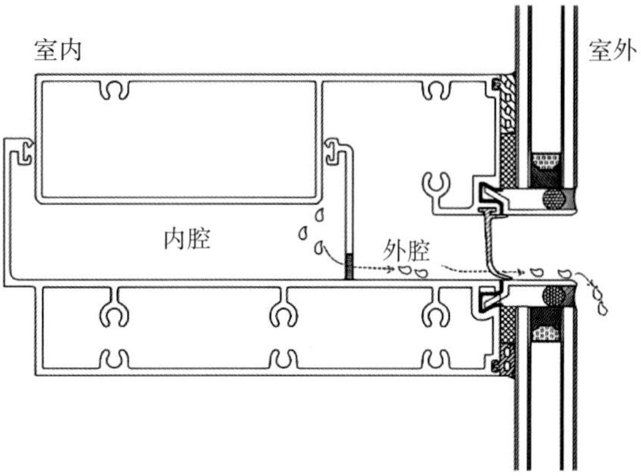

图3-2 单元式幕墙横向构造示意图

1）合理设计型材端面及型材咬合位置，尽量将水密线与气密线分离，保障等压腔发挥作用。

2）断面上尽可能避免在制作过程中开工艺孔，气密线腔壁上禁止开工艺孔。

3）断面设计时应考虑在竖向（或横向）构件上设置传递荷载与作用的专用装置，尽可能避免气密线上橡胶条参与传力。

4）插接式单元幕墙在断面设计时应考虑板块安装后插接件之间有合理的搭接长度，以便有能力适应层间变位和吸收现场安装产生的误差。

5）断面设计时应考虑预留安装软披水胶条的槽口，以便板块安装后在缝隙处形成阻水屏障。

6）断面设计时应尽可能考虑减少零件数量，降低构件的加工量和加工难度，以便保证板块的组装质量。

7）幕墙板块的型材断面种类应考虑尽可能得少，同时应考虑到尽可能减少零件的组合量，以便减少板块组装所形成的缝隙。

8）单元幕墙的气密线应形成闭合。在结构上必须防止十字接口处存在漏气的通道。

9）构件式幕墙气密线要闭合交圈，宜设置排水构造。

10）幕墙开启扇采用多点锁闭五金系统，减少风荷载作用下杆件变形而引起的气密线下降。

（3）胶条构造设计

在单元式幕墙的系统设计中，胶条的设计也是非常重要的一个环节。它决定了单元式幕墙的水密性、气密性以及幕墙防水性能的耐久性。目前工程上所用的胶条各别存在质量问题，胶条的断面设计存在不合理现象。胶条的材质、延伸率、压缩量以及断面形式都很关键。幕墙密封性胶条主要是三元乙丙、硅橡胶等胶条，这种材料具有卓越的耐臭氧老化性、耐气候老化性、耐热老化性、耐水性，还具有较好的耐化学药品性，可以长期在阳光、潮湿、寒冷的自然环境中使用。但是橡胶有很多种牌号，不同的牌号各有不同的特点，因此可以说胶条的化学成分及配方决定了胶条的使用环境和工作性能。

幕墙用三元乙丙胶条的基本成分为三元乙丙胶，其中胶条的含胶率控制在35%左右，含胶率过低，材料的力学性能特别是拉伸强度、回弹性、耐老化性等变差，使用寿命大为缩短，但含胶率过高，成本会提高，同时材料的性能也同样变差。其中补强剂、硫化剂、增塑剂并不仅仅起到降低成本的作用，只要加入适量，比例得当，能够改善材料的性能。

根据不同的气候特点，应选用不同的胶条材质。胶条的设计可遵循以下原则：

1）在北方地区，温差大，冬天温度很低，在配方设计中应充分考虑材料的低温脆性，这样硬度对温度的依赖性小，便于安装和使用。

2）胶条在设计时必须确定合理的断面形式，选择合适的三元乙丙胶条，胶条的位置和作用不同，其断面形式也应该不同。

3）三元乙丙胶条和硅酮类密封胶会产生不相容现象，使其胶与胶条接触位置变颜色，使用前需要做相容性试验，与硅酮密封胶接触位置应采用硅橡胶材质。

4）在胶条设计时，必须合理确定压缩比和硬度。

5）对有特殊环境要求的胶条，有必要与相关人员进行联合设计。

6）对接型单元幕墙的气密线胶条竖横应相同，确保胶条在板块四角周圈形成闭合。

7）开启扇胶条由于长期在窗扇开启、关闭过程中易产生回弹不够，造成漏气、渗水问题，应该选用弹性好、耐久性好的胶条，宜设置多道密封构造。

二、结构设计

1. 力学性能及平面内变形性能

（1）力学性能

建筑幕墙通常是由支撑结构和面板构成，支撑结构可以是钢桁架、索、索网、玻璃肋、立柱和横梁等。面板为玻璃、石材和金属等。幕墙板块通过转接件固定在主体结构上。

建筑幕墙自身能承担重力荷载、风荷载、地震荷载和温差作用，将上述荷载传递到主体结构上，不分担主体结构所承受的荷载和作用。建筑幕墙能承受较大的自身平面外和平面内的变形，并具有相对于主体结构较大的变位能力。建筑幕墙的支撑结构一般采用铰接，面板之间留有宽缝，使得建筑幕墙能够承受1/100~1/60的大位移、大变形。

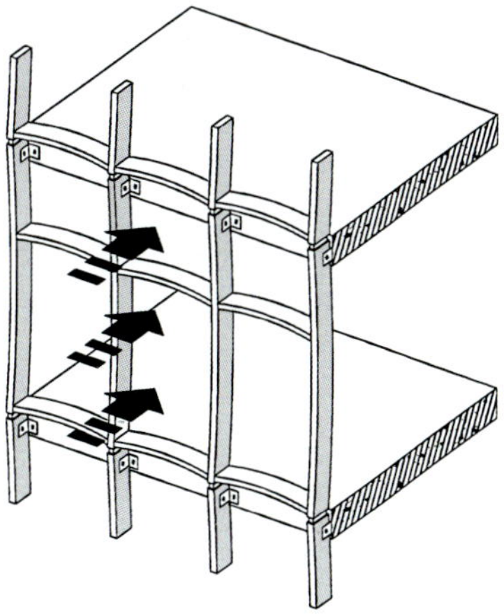

图3-3 建筑幕墙正向风压下变形示意图

如图3-3所示，按照《建筑幕墙》GB/T 21086—2007第5.1.1条的规定，建筑幕墙抗风压性能分级见表3-4。

表3-4 建筑幕墙抗风压性能分级

分级代号	1	2	3	4	5	6	7	8	9
分级指标值P_3/kPa	$1.0 \leqslant P_3 < 1.5$	$1.5 \leqslant P_3 < 2.0$	$2.0 \leqslant P_3 < 2.5$	$2.5 \leqslant P_3 < 3.0$	$3.0 \leqslant P_3 < 3.5$	$3.5 \leqslant P_3 < 4.0$	$4.0 \leqslant P_3 < 4.5$	$4.5 \leqslant P_3 < 5.0$	$P_3 \geqslant 5.0$

（2）平面内变形性能

平面内变形性能是指幕墙抵抗主体结构的随动变形的能力，在楼层反复变位作用下保持其墙体及连接部位不发生危及人身安全的破损的平面内变形能力，用平面内层间位移角进行度量。主体结构在地震荷载、风荷载作用下，建筑物相邻两个楼层的相对水平位移，产生层间变位，并把这种变形通过幕墙的连接件、支承体系传递到幕墙面板上，因此建筑幕墙系统平面内变形的能力主要包括以下两个方面（图3-4、图3-5）：

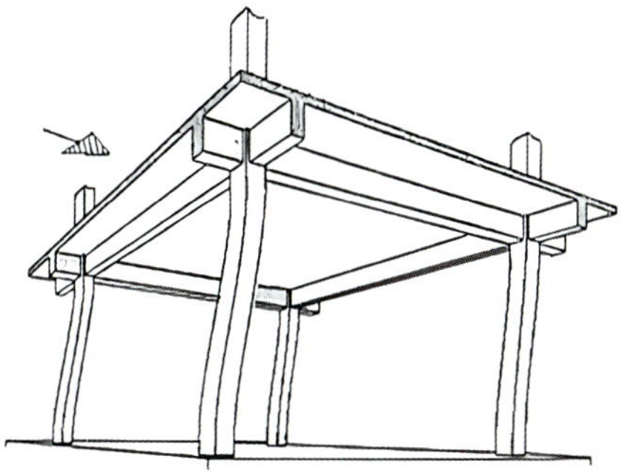

图3-4 楼板间层间侧向位移示意图

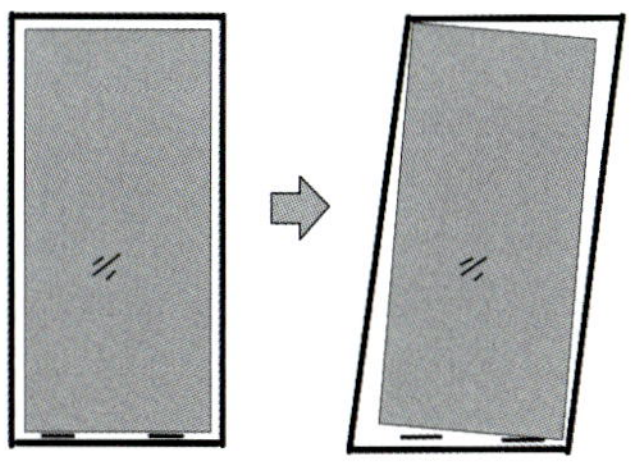

图3-5 幕墙玻璃适应框架位移示意图

1）幕墙面板系统与主体结构的连接体系对层间变位的释放能力。

2）幕墙面板系统对平面内变形作用的抵抗能力。

平面内变形性能是衡量幕墙抗震性能的主要指标。建筑幕墙平面内变形性能以建筑幕墙层间位移角为性能指标。在非抗震设计时，指标值应不小于主体结构弹性层间位移角控制值；在抗震设计时，指标值应不小于主体结构弹性层间位移角控制值的3倍。

主体结构楼层弹性层间位移角限值见表3-5。

表3-5　楼层弹性层间位移角限值

结构类型	弹性层间位移角限值
钢筋混凝土框架	1/550
钢筋混凝土框架-剪力墙，框架-核心筒，板柱-剪力墙	1/800
钢筋混凝土筒中筒，剪力墙	1/1000
钢筋混凝土框支层	1/1000
多、高层钢结构	1/300

按照《建筑幕墙》GB/T 21086—2007第5.1.6条的规定，建筑幕墙平面内变形性能分级见表3-6。

表3-6　建筑幕墙平面内变形性能分级

分级代号	1	2	3	4	5
分级指标值γ	$\gamma<1/300$	$1/300\leqslant\gamma<1/200$	$1/200\leqslant\gamma<1/150$	$1/150\leqslant\gamma<1/100$	$\gamma\geqslant1/100$

注：表中分级指标为建筑幕墙层间位移角。

2. 设计要求

（1）设计基准期及工作年限

设计基准期是为确定可变作用的取值而选用的时间参数。设计基准期是规定的标准时段，其确定了最大可变作用的概率分布及其统计参数。幕墙结构的设计基准期为50年，即幕墙结构的可变作用取值是按50年确定的。

幕墙结构的设计工作年限是设计规定的幕墙结构或幕墙结构构件不需大修即可按照预定目的使用的年限。

永久作用是在设计工作年限内始终存在且其量值变化与平均值相比可以忽略不计的作用和变化是单调的且其趋于某个限值的作用。

可变作用是在设计工作年限内其量值随时间变化，且其变化与平均值相比不可以忽略不计的作用。可分为使用时推力、施工荷载、风荷载、雪荷载、撞击荷载、地震作用、温度作用。

偶然作用是在设计工作年限内不一定出现，而一旦出现其量值很大，且持续期很短的作用。

当界定幕墙为易于替换的结构构件时，幕墙结构的设计工作年限为25年；当界定幕墙为普通房屋和构筑物的结构构件时，幕墙结构的设计工作年限为50年；当界定幕墙为标志性建筑和特别重要的建筑结构时，幕墙结构的设计工作年限为100年。

当建筑设计有特殊规定时，幕墙结构的设计使用年限按照规定确定且不得小于25年。

（2）结构设计及结构分析原则和结构模型

幕墙结构应按围护结构设计。幕墙结构设计应考虑永久荷载、风荷载、地震作用和施工、清洗、维护荷载。大跨度空间结构和预应力结构应考虑温度作用。可分别计算施工阶段和正常使用阶段的作用效应。与水平面夹角小于75°的建筑幕墙还应考虑雪荷载、活荷载、积灰荷载。

幕墙结构应根据传力途径对幕墙面板、支承结构、连接件与锚固件等依次设计和结构分析计算，确保幕墙的安全适用。幕墙结构应满足承载能力极限状态、正常使用极限状态、耐久性设计要求。主体结构应能够承受幕墙传递的荷载和作用。连接件与主体结构的锚固承载力设计值应大于连接件本身的承载力设计值。幕墙结构应具有足够的承载能力、刚度、稳定性和相对于主体结构的位移能力。幕墙结构构件应能够承受幕墙传递的荷载和作用。幕墙连接件应有足够的承载能力和刚度。必要时幕墙结构设计与主体结构设计会同校核主体结构与幕墙结构的相互影响。异形空间结构及索结构应考虑主体结构和幕墙支承结构的协同作用。

幕墙结构应按各效应组合中的最不利组合设计。幕墙结构设计值应采用按各作用组合中最不利的效应设计值。幕墙结构极限状态设计应使幕墙结构的抗力大于等于幕墙结构的作用效应。

幕墙结构分析的精度应能满足结构设计要求，必要时宜进行试验验证（如点支式玻璃幕墙点支承装置及玻璃孔边应力分析）。

变形较大的幕墙结构，作用效应计算时应考虑几何非线性影响。复杂结构应考虑结构的稳定性。

（3）荷载和作用

幕墙设计时，荷载的标准值、荷载分项系数、荷载组合值系数等应按现行国家标准《工程结构通用规范》GB 55001—2021、《建筑与市政工程抗震通用规范》GB 55002—

2021、《建筑结构荷载规范》GB 50009—2012、《建筑结构可靠性设计统一标准》GB 50068—2018、《建筑抗震设计标准》GB/T 50011—2010（2024年版）等执行。

计算幕墙构件承载力极限状态时，其作用或效应的组合应符合下列规定：

1）无地震作用时，应按下式进行：

$S_d=\gamma_G S_{GK}+\Psi_w\gamma_w S_{wk}$

2）有地震作用时，应按下式进行：

$S_d=\gamma_G S_{GK}+\Psi_w\gamma_w S_{wk}+\Psi_E\gamma_E S_{Ek}$

式中 S_d ——作用效应组合的设计值；

S_{GK}——永久荷载效应标准值；

S_{wk} ——风荷载效应标准值；

S_{Ek} ——地震作用效应标准值；

γ_G ——永久荷载分项系数；

γ_w ——风荷载分项系数；

γ_E ——地震作用分项系数；

Ψ_w ——风荷载的组合值系数；

Ψ_E ——地震作用的组合值系数。

3）幕墙构件承载力设计时，作用（效应）分项系数按下列规定取值：

①永久荷载分项系数γ_G取1.3；当永久荷载的效应对构件有利时取值应不大于1.0。

②风荷载、地震作用、温度作用的分项系数γ_w、γ_E分别取1.5、1.4。

4）可变作用的组合值系数按下列规定采用：

①风荷载效应起控制作用时，风荷载组合值系数Ψ_w应取1.0。

②温度荷载效应起控制作用时，风荷载组合值系数Ψ_w应取0.6。

③永久荷载效应起控制作用时，风荷载组合值系数Ψ_w应取0.6。

④地震设计状况时，地震作用的组合值系数Ψ_E应取1.0，风荷载组合值系数Ψ_w应取0.2。

三、防火设计

幕墙本身一般不具有防火性能，但作为建筑外围护结构，是建筑整体中的一部分，在一些重要的部位应具有一定的耐火性，并且应与建筑的整体防火要求一致。设计时，应按国家标准《建筑防火通用规范》GB 55037—2022等规范执行。

防火封堵是目前建筑设计中应用较广泛的防火、隔烟方法，是通过在缝隙间填塞不燃或难燃材料或由此形成的系统，以达到防止火焰和高温烟气在建筑内部扩散的目的。

幕墙与其周边防火分隔构件间的缝隙、与楼板或隔墙外沿间的缝隙、与实体墙面洞口边缘间的缝隙等，应进行防火封堵设计。幕墙防火封堵构造系统的填充材料及其保护性面层材料，应采用耐火极限符合设计要求的不燃或难燃材料，幕墙的防火封堵构造系统，在正常使用条件下，应具有伸缩变形能力、密封性和耐久性。在遇火状态下，应在规定的耐火时限内，不发生开裂或脱落，保持相对稳定性。防火封堵材料或封堵系统应经过国家认可的专业机构进行测试，合格后方可应用于实际幕墙工程。

幕墙的防火设计是一个重要问题，一般幕墙玻璃均不耐火，在250℃即会炸裂，而且垂直幕墙水平楼板之间存在缝隙，未经过处理或处理不合理，火灾初时，浓烟即通过该缝隙向上层扩散（图3-6），火焰可通过这一层缝隙向上窜到上一层楼层（图3-7），当幕墙玻璃炸裂掉落后，火焰可从幕墙外侧窜到上层墙面烧裂上层玻璃，窜入上层室内（图3-8、图3-9）。

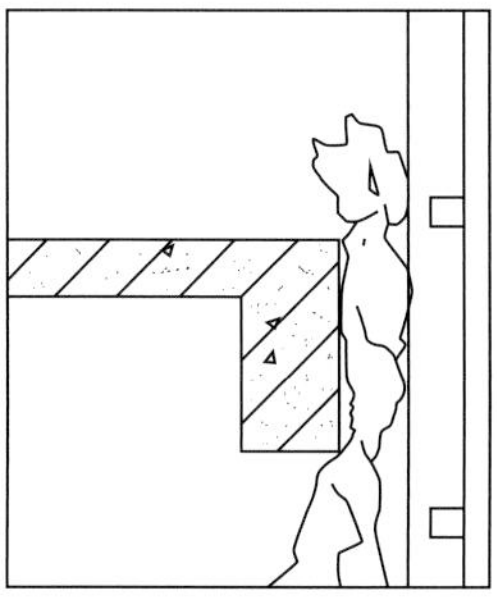

图3-6　幕墙层间防火示意一

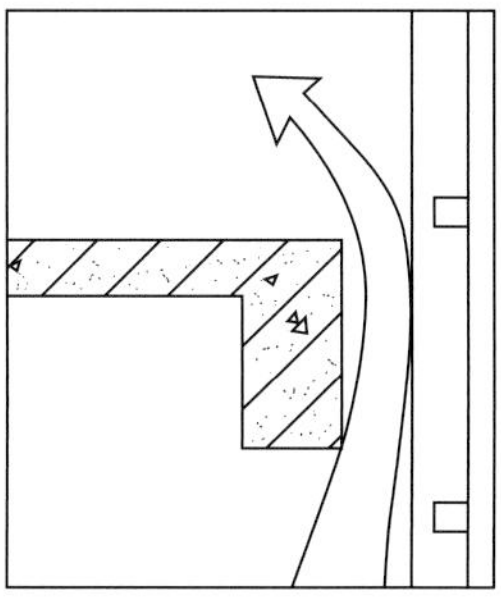

图3-7　幕墙层间防火示意二

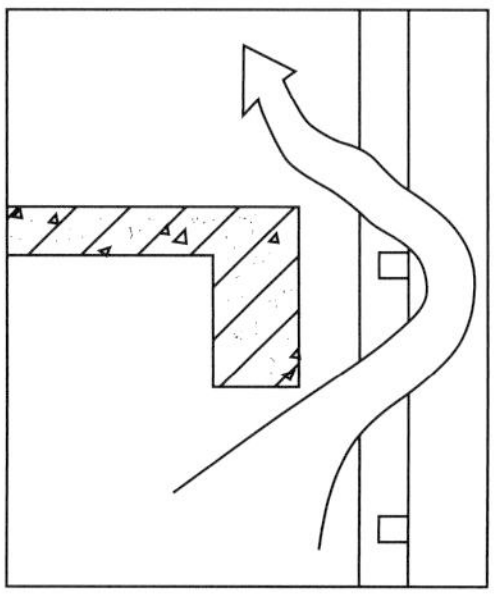

图3-8　幕墙层间防火示意三

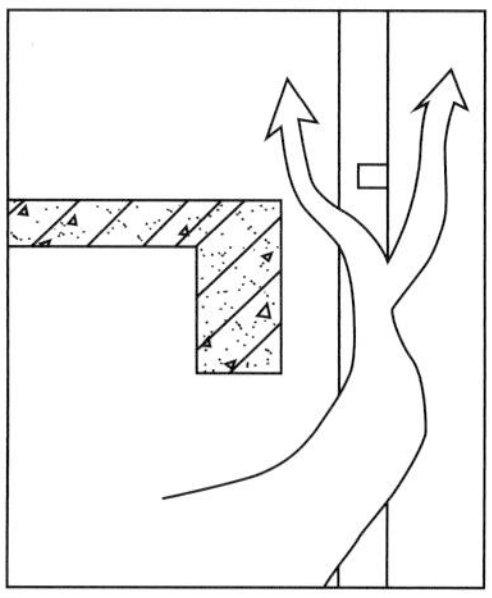

图3-9　幕墙层间防火示意四

1. 构造要求

建筑外墙上、下层开口之间应设置高度不小于1.2m的实体墙或挑出宽度不小于1.0m长度不小于开口宽度的防火挑檐，当室内设置自动喷水灭火系统时，上、下层开口之间的实体墙高度不应小于0.8m。当上、下层开口之间设置实体确实有困难时，可设置防火玻璃墙，但高层建筑的防火玻璃墙的耐火完整性不应低于1.0h，多层建筑的防火玻璃墙的耐火完整性不应低于0.5h。外窗的耐火完整性不应低于防火玻璃墙的耐火完整性要求。

建筑幕墙应在每层楼板外沿处采取符合规范规定的防火措施，幕墙与每层楼板、隔墙处的缝隙应采用防火封堵材料封堵。变形缝内的填充材料和变形缝的构造基层应采用不燃材料。

2. 保温材料要求

建筑的内、外保温系统，宜采用燃烧性能为A级的保温材料，不宜采用B2级保温材料，严禁采用B3级保温材料；设置保温系统的基层墙体或屋面板的耐火极限应符合规范的有关规定。

建筑外墙采用内保温系统时，保温系统应符合下列规定：①对于人员密集场所，用火、燃油、燃气等具有火灾危险性的场所以及各类建筑内的疏散楼梯间、避难走道、避难间、避难层等场所或部位，应采用燃烧性能为A级的保温材料。②对于其他场所，应采用低烟、低毒且燃烧性能不低于B1级的保温材料。③保温系统应采用不燃材料做防护层。采用燃烧性能为B1级的保温材料时，防护层的厚度不应小于10mm。

建筑外墙采用保温材料与两侧墙体构成无空腔复合保温结构体时，该结构体的耐火极限应符合规范的有关规定；当保温材料的燃烧性能为B1、B2级时，保温材料两侧的墙体应采用不燃材料且厚度均不应小于50mm。

设置人员密集场所的建筑，其外墙外保温材料的燃烧性能应为A级。采用B1级材料，核实防火规范应在保温系统中每层设置水平防火隔离带（图3-10）。防火隔离带应采用燃烧性能为A级的材料，防火隔离带的高度不应小于300mm。

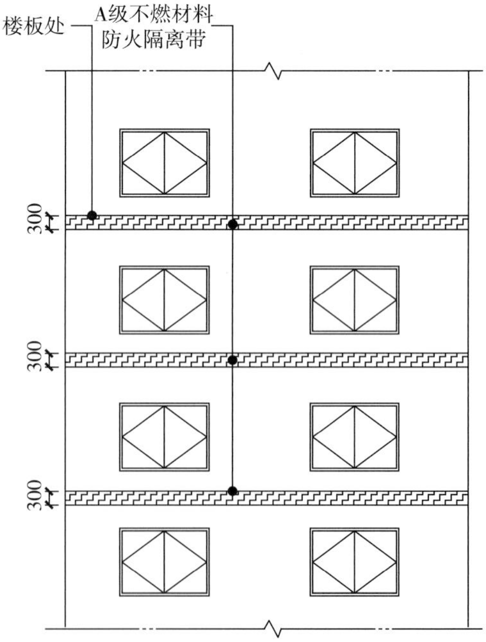

图3-10　立面防火隔离带示意图

建筑的外墙外保温系统应采用不燃材料在其表面设置防护层，防护层应将保温材料完全包覆。外墙外保温系统与基层墙体、装饰层之间的空腔，应在每层楼板处采用防火封堵材料封堵。

四、防雷设计

建筑金属围护系统防雷设计应符合现行国家标准《建筑物防雷设计规范》

GB 50057—2010、《民用建筑电气设计标准》GB 51348—2019的规定，并应与建筑物形成整体防雷体系。应根据部位确定相应的防雷电直击或侧击的措施。

防雷设施应与建筑金属围护系统构造做法相协调，宜利用金属面板做接闪器，金属板之间应保持永久的电气贯通。当设置其他接闪器或引下线等防雷系统设施时，不应影响建筑围护系统整体性能。当采用金属板作为接闪器时，应符合国家现行标准的要求。屋脊、檐口、凸出屋面部位及其他构件、设施等应进行一体化防雷设计，防雷设施应与整个金属屋面连接成一体。

当利用建筑金属围护系统的金属构件做引下线时，应与接闪器和接地装置进行可靠连接，连接点的数量应按分流系数计算校验。金属外墙系统宜在每个楼层与建筑物防雷引下线可靠连接。

五、抗震设计

1. 建筑幕墙抗震设计原则

建筑幕墙的抗震设计遵循“小震不坏，中震可修，大震不倒”的设计原则。按照《建筑抗震设计规范》GB/T 50011—2010、《建筑与市政工程抗震通用规范》GB 55002—2021等进行抗震设计的建筑，其基本的抗震设防目标是：

1）当遭受低于本地区抗震设防烈度的多遇地震影响时，主体结构不受损坏或不需修理可继续使用。

2）当遭受相当于本地区抗震设防烈度的设防地震影响时，可能发生破坏，但经一般性修理仍可继续使用。

3）当遭受高于本地区抗震设防烈度的罕遇地震影响时，不倒塌或不发生危及生命的严重破坏。

按照以上要求，建筑幕墙抗震设计的一般原则是：

1）当遭受低于本地区抗震设防烈度的多遇地震影响时，幕墙不能被破坏，应保持完好。

2）当遭受相当于本地区抗震设防烈度的设防地震影响时，幕墙不应有严重破坏，一般只允许部分面板破碎，经修理后仍可以使用。

3）当遭受高于本地区抗震设防烈度的罕遇地震影响时，幕墙虽严重破坏，但幕墙骨架不得脱落。

非抗震设计或抗震设防烈度为6度、7度、8度和9度地区的幕墙，抗震设计按相应类型幕墙工程技术规范进行设计。

对于抗震设防烈度大于9度的地区或行业有特殊要求的幕墙，抗震设计应按有关专门规定慎重设计。

2. 建筑幕墙的抗震要求

建筑幕墙应满足所在地抗震设防烈度的要求。对有抗震设防要求的建筑幕墙，其试验样品在设计的试验峰值加速度条件下不应发生破坏。

幕墙具备下列条件之一时，应进行振动台抗震性能试验或其他可行的验证试验：

1）面板为脆性材料，且单块面板面积或厚度超过现行标准或规范的限制。

2）面板为脆性材料，且与后部支撑结构的连接体系为首次应用。

3）应用高度超过标准或规范规定的高度限制。

4）所在地区为9度以上（含9度）设防烈度。

3. 幕墙结构抗震设计应考虑的问题

1）具有明确计算简图和合理的地震作用传递途径。

2）宜有多道抗震防线，避免因部分结构或构件破坏，导致整个体系丧失抗震能力或对重力的承载能力。

3）应具备必要的强度、良好的变形能力。

4）宜具有合理的刚度和强度分布，避免局部产生过大的应力集中或塑性变形，对可能出现的薄弱部位应采取措施提高抗震能力。

5）构造点的承载力不应低于其连接构件的承载力。

6）由于幕墙构件不能承受过大的位移，只能通过活动连接件来避免主体结构过大对侧移的影响，所以，幕墙与主体结构之间，必须采用弹性活动连接。

7）由于地震是动力作用，对连接节点会产生较大的影响，使连接发生震害甚至使幕墙脱落倒塌，所以，除计算地震作用力外，构造上还必须予以加强。

六、热工设计

建筑节能标准中确定的建筑节能目标是在确保室内热环境的前提下，降低采暖与设备的能耗。这需从两个方面入手，一方面要提高建筑维护结构的热工性能，另一方面使用高效率的空调采暖设备和系统。我国地域广阔，南北方气候差异极大，北方以采暖为主，中部地区采暖、空调都是需要的，南方则以空调为主。因此，对于幕墙的热工性能要求也不一样。对于北方严寒及寒冷地区及夏热冬冷地区以保温为主，主要衡量指标为传热系数；对于南部夏热冬暖地区，幕墙的隔热则十分重要，主要衡量指标为隔热系数。因此，传热系数和隔热系数是衡量幕墙热工性能最重要的两个指标。

传热系数（K）是表征幕墙保温性能的指标，是指在稳定传热条件下，幕墙两侧空气温差为1度（K或℃）时，单位时间内通过单位面积传递的热量。

隔热系数其实就是导热系数的另外一种说法，导热系数是指在稳定传热条件下，1m厚的材料，两侧表面的温差为1度（K或℃），在1s内，通过1m^2面积传递的热量，用λ表示，单位为瓦/米·度（W/m·K，此处的K可用℃代替）。

现代建筑中，从墙面到屋顶越来越多地采用玻璃系统，玻璃的通透性能使人们更加充分地感受自然，但同时也带来采暖和制冷上能耗的增加，与生态建筑这一历史发展趋势相抵触。而传统的建筑遮阳方式，它通过遮蔽太阳直射辐射、限制散射辐射和反射辐射进入室内，从而防止有害的阳光直射，减少传入室内的太阳辐射热量，是消除或防止夏季室内过热的有效措施之一。所以遮阳设计的应用在建筑节能大环境中变得越来越重要。

遮阳系数（SC）是在给定条件下，太阳辐射透过幕墙所形成的室内热量与相同条件下透过相同面积的3mm厚透明玻璃所形成的太阳辐射热量之比。

按照《建筑幕墙》GB/T 21086—2007第5.1.4条的规定，建筑幕墙传热系数和玻璃幕墙遮阳系数分级见表3-7、表3-8：

表3-7 建筑幕墙传热系数分级 [单位：W/（m^2·K）]

分级代号	1	2	3	4	5
分级指标值	$K \geqslant 5.0$	$5.0>K \geqslant 4.0$	$4.0>K \geqslant 3.0$	$3.0>K \geqslant 2.5$	$2.5>K \geqslant 2.0$
分级代号	6	7	8		
分级指标值	$2.0>K \geqslant 1.5$	$1.5>K \geqslant 1.0$	$K<1.0$		

表3-8 玻璃幕墙遮阳系数分级

分级代号	1	2	3	4	5
分级指标值	0.9>SC≥0.8	0.8>SC≥0.7	0.7>SC≥0.6	0.6>SC≥0.5	0.5>SC≥0.4
分级代号	6	7	8		
分级指标值	0.4>SC≥0.3	0.3>SC≥0.2	SC<0.2		

七、其他性能设计

1. 隔声性能

建筑幕墙的隔声是一个比较复杂的问题，幕墙设计阶段就要根据材料及幕墙结构的隔声特点进行幕墙设计，玻璃幕墙和门窗的隔声量决定于开启扇的密封性和玻璃板的种类，因此应尽可能提高玻璃幕墙和门窗的密封性，其次是选择玻璃。夹层玻璃的隔声、防噪性能是最好的，因此单纯从隔声、防噪性能考虑，夹层玻璃是首选。其次是中空玻璃，单片玻璃的隔声、防噪性能最差。当对玻璃的隔声防噪有特殊要求时，还可选择夹层中空玻璃，如机场的航站楼和候机厅。如果要得到更接近真实的隔声效果，可以在试验室测定；或在幕墙局部完成时现场测定，以便进一步修改完善幕墙的隔声设计。

建筑幕墙的空气声隔声性能以计权隔声量作为分级指标，按照《建筑幕墙》GB/T 21086—2007第5.1.5条的规定，空气声隔声性能分级见表3-9。

表3-9　建筑幕墙空气声隔声性能分级　（单位：dB）

分级代号	1	2	3	4	5
分级值R_w	$25 \leq R_w < 30$	$30 \leq R_w < 35$	$35 \leq R_w < 40$	$40 \leq R_w < 45$	$R_w \geq 45$

2. 光学性能

由于高层建筑上使用的幕墙玻璃有一定的反射特性，如镜面玻璃，当直射日光和天空光照射其上时，便产生了反射光，反射光导致的眩光会造成道路安全的隐患。沿街两侧的高层建筑同时采用玻璃幕墙时，由于大面积玻璃出现多次镜面反射，从多方面射出，造成光的混乱和干扰，对行人和车辆行驶都有害；当玻璃幕墙采用热反射玻璃时，幕墙玻璃的反射热还会对周围环境造成热污染，干扰附近建筑中居民的正常生活。

因此，在建筑幕墙特别是玻璃幕墙设计过程中，要关注幕墙的光学性能，一方面，保证建筑采光的数量和质量的要求，营造舒适的室内光环境；另一方面，控制有害的反射光，避免对周围环境造成光污染。

为了限制玻璃幕墙有害光反射，玻璃幕墙的设计与设置应符合以下规定：

1）在城市主干道、立交桥、高架路两侧的建筑物20m以下，其余路段10m以下不宜设置玻璃幕墙的部位如使用玻璃幕墙，应采用反射比不大于0.16的低反射玻璃。若反射比高于此值应控制玻璃幕墙的面积或采用其他材料对建筑立面加以分隔。

2）居住区内应限制设置玻璃幕墙。

3）历史文化名城中划定的历史街区、风景名胜区应慎用玻璃幕墙。

4）在T形路口正对直线路段处不应设置玻璃幕墙。在十字路口或多路交叉路口不宜设置玻璃幕墙。

5）道路两侧玻璃幕墙设计成凹形弧面时，应避免反射光进入行人与驾驶员的视场内。凹形弧面玻璃幕墙的设计与设置应控制反射光聚焦点的位置。

6）南北向玻璃幕墙做成向后倾斜某一角度时，应避免太阳反射光进入行人与驾驶员的视场内，其向后与垂直面的倾角应大于$h/2$。当幕墙离地高度大于36m时可不受此限制。h为当地夏至正午时的太阳高度角。

7）有采光功能要求的幕墙，其透光折减系数不应低于0.45。

按照《建筑幕墙》GB/T 21086—2007第5.1.8条的规定，采光性能分级见表3-10。

表3-10 建筑幕墙采光性能分级

分级代号	1	2	3	4	5
分级值T_T	$0.2 \leqslant T_T < 0.3$	$0.3 \leqslant T_T < 0.4$	$0.4 \leqslant T_T < 0.5$	$0.5 \leqslant T_T < 0.6$	$T_T \geqslant 0.6$

3. 通风性能

通风可以保持室内空气清新，保持适宜的空气湿度和温度，为人们提供舒适的工作和生活环境。通风设计是幕墙设计必须考虑的因素之一。在幕墙通风设计时，既要保证整个幕墙的完整性和密封性，也要保证降低能耗、节约能源。

幕墙的通风量是指单位时间内通过幕墙某一截面的空气总量。幕墙的通风形式有自然通风和机械通风两种。

自然通风即利用室内外空气温度和密度不同，以及迎风面和背风面风压的不同，进行换气的通风方式；常用外开上悬窗、平推窗来实现幕墙的自然通风。机械通风是利用机械系统进行换气的通风方式，常用百叶窗、通风器来实现幕墙机械通风。

幕墙采用外开上悬窗时，开启扇的开启角度不宜大于30°，开启距离不宜大于300mm，外开上悬窗角度调整范围小，通风量相对较小，但其能够满足幕墙的通风需要，而且还可以很好地保持幕墙的完整性和密封性，外饰效果好，所以其在构件式幕墙和单元式幕墙中均有广泛应用，是目前幕墙上使用最广的自然通风手段。

平推窗的推出距离可以通过五金件的规格尺寸确定。同样的开启距离，平推窗的通风效果比外开上悬窗的效果好，不仅能够满足幕墙的通风需要，很好地保持幕墙的完整性、密封性和装饰效果，而且能够更好地满足消防排烟的要求，是近几年兴起的一种新型幕墙通风方式。百叶窗的通风量不仅与自然通风状态下百叶窗的通风面积和空气流速有关，而且受叶片倾斜角度、百叶间隙和风机吸力大小的影响。叶片倾斜角度越大，通风量越小；百叶间隙越大，通风量越大；风机吸力越大，通风量越大。百叶窗的通风量相对来说也较小，设计上可以根据其使用位置，通过增大百叶间隙或增大百叶窗面积，来增加通风量。由于百叶窗对于幕墙外饰面起到装饰作用，而且对于幕墙的排风系统、排烟系统、空调系统均起到关键作用，所以其在构件式幕墙和单元式幕墙中都有广泛应用。

通风器的通风量不仅与自然通风状态下百叶窗的通风面积和空气流速有关，而且受通风器叶片倾斜角度和间隙的影响。叶片倾斜角度越大，通风量越小；叶片间隙越大，通风量越大。通风器外形美观，安装方便，通风量可以调整，送风角度也可以调整，而且对外饰效果无影响，在单元式幕墙上有较多应用。

4. 耐撞击性能

建筑幕墙的耐撞击性能以撞击物体的撞击能量E和撞击物体的降落高度H为分级指标，以不使幕墙发生损伤为依据，按照《建筑幕墙》GB/T 21086—2007第5.1.7条的规定，耐撞击性能分级见表3-11。

表3-11　建筑幕墙耐撞击性能分级

分级指标		1	2	3	4
室内侧	撞击能量E/（N·m）	700	900	>900	—
	降落高度H/mm	1500	2000	>2000	—
室外侧	撞击能量E/（N·m）	300	500	800	>600
	降落高度H/mm	700	1100	1800	>1800

第三节　幕墙的构造设计

一、幕墙与主体结构的连接构造设计

主体结构应能有效承受幕墙结构传递的荷载和作用。幕墙和主体结构的连接构造应满足幕墙的荷载传递，并能适应主体结构和幕墙间的相互变形，消减主体结构变形对幕墙体系的影响。必要时可会同主体结构设计校核主体结构对幕墙体系的影响。幕墙结构的连接节点应有可靠的防松、防脱和防滑措施。幕墙结构连接节点处的连接件、焊缝、螺钉、螺栓、铆钉等设计，应符合《钢结构设计标准》GB 50017—2017和《铝合金结构设计规范》GB 50429—2007的相关规定。每个连接件的每一连接处，受力螺栓、螺钉、铆钉不宜少于2个，主要连接节点处不应少于2个。幕墙结构连接件

与主体结构的锚固承载力设计值应大于连接件的实际承载力设计值。与主体结构或埋板直接连接的连接件，钢质连接件厚度不应小于6mm，铝合金连接件厚度不应小于10mm。重要连接件或主要受力构件不宜与埋件仰焊连接。

幕墙结构与主体结构应通过预埋件连接，预埋件应在主体结构施工时埋入，预埋件的位置应准确。主体结构应能满足埋件的结构受力需要，并经主体结构设计单位确认。由锚板和对称配置的锚固钢筋所组成的受力预埋件，可按《混凝土结构设计规范》GB/T 50010—2010的规定设计。建筑幕墙应避免使用后置埋件，使用后置埋件应符合《混凝土结构后锚固技术规程》JGJ 145—2013规定，选择合适的锚栓类型，保证连接的可靠性，并符合下列条件：

1）后置埋件用锚栓可选用自扩底锚栓、模扩底锚栓、特殊倒锥形化学锚栓。普通化学锚栓可用于非主要受力构件的构造连接。

2）锚栓直径和数量应经计算确定。锚栓直径不小于10mm，每个后置埋件上不得少于2 个锚栓。

3）就位后需焊接作业的后置埋件宜使用机械扩底锚栓。如采用特殊倒锥形化学锚栓，焊接时应采取措施防止化学锚栓受热失效，并应有焊接高温后抗拉承载力检验报告。

幕墙结构与砌体结构连接时，应在连接部位的主体结构上增设钢筋混凝土或钢结构梁、柱。幕墙的支承结构不应直接支承于轻质填充墙。

幕墙与主体钢结构连接，应在主体钢结构加工前提出连接的设计要求，并在加工时完成连接构造。未经主体结构设计同意，现场不得在钢结构柱及主梁上焊接各类转接件。幕墙构件和连接的计算分析应有明确的计算模型。应力和变形计算应考虑面板重力偏心和其他连接偏心产生的附加影响。

二、面板连接构造设计

1. 玻璃面板

玻璃厚度应经强度和刚度计算确定。除光伏幕墙表层玻璃外，单片玻璃及中空玻璃的任一单片厚度不应小于6mm，夹层玻璃的单片玻璃厚度不应小于5mm，夹层玻璃及中空玻璃的各单片玻璃厚度差不应大于3mm。

明框玻璃面板应通过定位承托胶垫将玻璃重量传递给支承构件。胶垫数量不少于2块，厚度不小于5mm，长度不小于100mm，宽度与玻璃面板厚度相等，满足承载要求。明框玻璃面板应嵌装在镶有弹性胶条的立柱、横梁的槽口内，或采用压板方式固定。胶条宜选用三元乙丙橡胶，胶条弹性应满足面板安装的压缩量。

明框单层玻璃、夹层玻璃面板与型材槽口的配合尺寸应符合表3-12的规定。最小配合尺寸如图3-11所示，尺寸c应满足玻璃面板温度变化和幕墙平面内变形量。玻璃面板槽口之间应可靠密封。

表3-12　单层玻璃、夹层玻璃与槽口的配合尺寸　（单位：mm）

面板厚度t	a	b	c	检测方法
6	≥3.5	≥15	≥5	卡尺
8~10	≥4.5	≥16	≥5	卡尺
12以上	≥5.5	≥18	≥5	卡尺

注：夹层厚度按总厚度算。

明框幕墙中空玻璃面板、中空夹层玻璃面板与型材槽口的配合尺寸应符合表3-13的规定。最小配合尺寸如图3-12所示，尺寸c应满足玻璃面板温度变化和幕墙平面内变形量。玻璃面板与槽口之间应可靠密封。

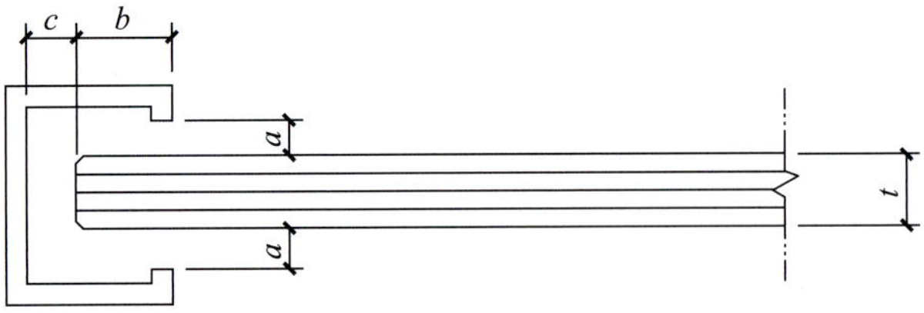

图3-11　单层玻璃、夹层玻璃与槽口的配合尺寸示意图

表3-13　中空玻璃、中空夹层玻璃与槽口的配合尺寸　（单位：mm）

面板总厚度t（含空气层及胶片厚度）	a	b	c			检测方法
			下边	上边	侧边	
≤24	≥5	≥17	≥7	≥5	≥5	卡尺
≤28	≥6	≥18	≥7	≥5	≥5	卡尺
≤32	≥6	≥19	≥7	≥5	≥5	卡尺
≤36	≥6	≥20	≥7	≥5	≥5	卡尺
≤44	≥7	≥25	≥8	≥6	≥6	卡尺
>44	≥7	≥30	≥8	≥6	≥6	卡尺

隐框或横隐半隐框玻璃面板的承托件应验算强度和挠度。承托件局部受弯、受剪的，有效长度不大于其上垫块长度的2倍，必要时可加长承托件和垫块。承托件可用铝合金或不锈钢材料。承

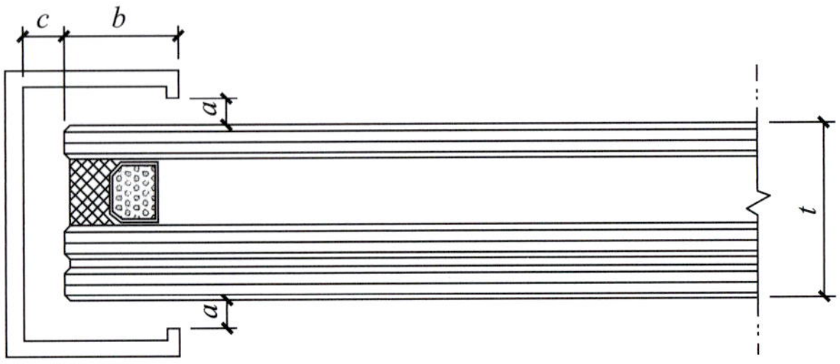

图3-12　中空玻璃、中空夹层玻璃与槽口的配合尺寸示意图

托件尚应验算其支承处的连接强度。

隐框幕墙玻璃面板，其周边应以结构密封胶与副框粘结，并用压块将副框固定至支承框架上。

1）铝合金副框应有足够的刚度，其截面壁厚不应小于2mm，外形宽度不宜小于20mm，高度不宜小于12mm。

2）隐框玻璃面板硅酮结构密封胶粘结宽度和厚度应符合规定，与面板玻璃的粘结应在工厂制作一体完成。

3）固定副框用压块宜采用铝合金挤压型材，其最小处的截面厚度不宜小于5mm。压块的长度应经计算确定，且不小于40mm，与面板玻璃副框连接搭接量不应小于10mm，压板端部与副框内侧的间隙不应小于5mm。压块距玻璃上下边缘不应大于100mm。

4）压块与支承框架的连接应采用不锈钢螺钉，连接螺钉的数量应经计算确定，螺钉直径不应小于5mm，间距不应大于350mm。被连接型材局部壁厚应符合规定。

5）压块不应采用自攻螺钉或自攻自钻螺钉连接。

6）全隐框玻璃幕墙应有防玻璃脱落的构造措施。当采用玻璃护边框、明框压条或局部压板等作为安全防护措施时，其构造应经计算，满足承载力要求。

隐框玻璃幕墙玻璃面板的结构胶宽度C_s和厚度t_s尺寸及配合尺寸如图3-13和图3-14所示。隐框中空玻璃的结构胶宽度C_{s1}应按中空玻璃外片所受荷载的1.35倍计算确定。

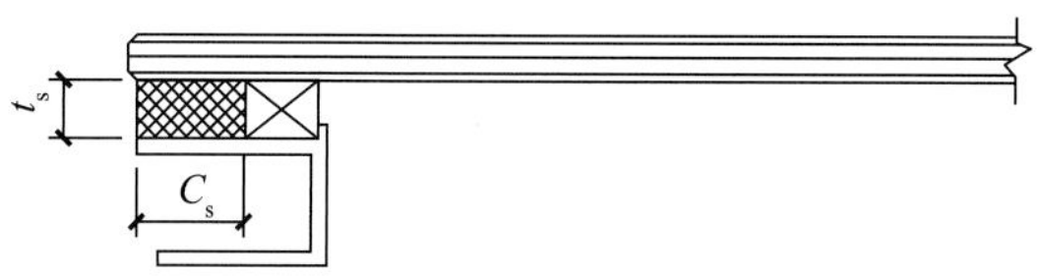

图3-13 隐框玻璃（单层、夹层）组件配合尺寸示意图

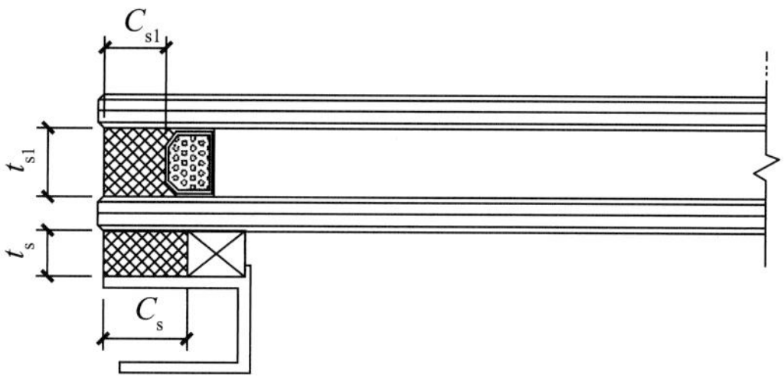

图3-14 隐框中空玻璃组件配合尺寸示意图

面板板缝宽度的设置按面板承载力和荷载作用下的变形分析计算确定。注胶式板缝不宜小于10mm，嵌条式板缝不宜小于20mm，挂钩式竖向板缝不宜小于6mm。

2. 金属面板

面板的厚度应通过计算确定，弧形及异形板宜采用几何非线性的有限元方法计算确定。单层铝合金板厚度不应小于2.5mm，单层铜板厚度不应小于2mm，单层不锈钢板不应小于1.5mm，彩色钢板和合金板厚度不应小于0.9mm。面板可根据受力需要设置加劲肋。铝合金型材加劲肋壁厚不应小于2.5mm，且不小于面板厚度。钢型材加劲肋壁厚不应小于2mm。加劲肋应与面板可靠连接，并有防腐蚀措施。

金属面板可设置加劲肋提高其整体刚度，加劲肋的设置和连接构造：

加劲肋宜采用铝合金挤压型材或经表面镀锌处理后的钢型材，铝合金挤压型材壁厚不小于2.5mm，钢型材壁厚不小于2mm，加劲肋壁厚不小于面板材料的壁厚。加劲肋的设置和布局应经计算确定。与金属面板背面连接可采用种植螺钉或与硅酮结构密封胶相结合的连接形式连接，连接螺钉不宜小于5mm，相邻间距不宜大于250mm。加劲肋与金属面板边缘折边处以及加劲肋纵横交叉处应采用角码连接，连接件可分别采用螺钉、铆钉等紧固件可靠连接，并应满足刚度和传力要求。

面板板缝宽度的设置按面板承载力和荷载作用下的变形分析计算确定。注胶式板缝不宜小于10mm，嵌条式板缝不宜小于20mm，挂钩式竖向板缝不宜小于6mm。板缝构造：

1）注胶式板缝：板缝内底部应垫嵌聚乙烯泡沫条填充材料，其直径宜大于板缝宽度20%，硅酮建筑密封胶注胶前应经相容性试验，注胶厚度不应小于3.5mm，且宽度不小于厚度的2倍。

2）嵌条式板缝：可采用金属嵌条或橡胶嵌条等形式，应有防松脱构造措施。当采用三元乙丙橡胶条、氯丁橡胶条、硅橡胶条等胶条时，胶条拼缝处及十字交叉拼缝处应有粘结材料粘结，防止雨水渗漏。

3）开放式板缝：面板背后空隙应有良好的通风，支承结构和连接构造应有可靠的防腐蚀措施，并设置建筑保温和导排水构造。

3. 石材面板

石材面板宜选用花岗石。如使用花岗石以外的面板，须有应对环境侵蚀的措施，满足设计要求。石材面板对环境的放射性影响应符合相关规定。石材面板适用高度，花岗石不大于100m，大理石、石灰石和砂岩不大于20m。

面板的支承连接构造，可采用短槽、通槽和背栓形式，同一块面板上可以有不同的连接构造。应根据面板材质、厚度、形状和所在位置等合理选择连接方式。

（1）短槽连接构造

1）挂件经计算确定。不锈钢挂件厚度不小于3mm，铝合金挂件厚度不小于4mm。挂件长度不小于60mm。

2）挂件在面板内的实际插入深度不小于挂件厚度的5倍，短槽长度应比挂件长度大40mm，宽度宜为挂件厚度加2mm，深度宜为挂件插入深度加3mm。槽口两侧板厚度均不小于8mm。

3）短槽边缘到板端的距离不小于板厚度3倍且不大于200mm。

4）面板挂装时，应在面板短槽内注入胶粘剂，胶粘剂应具有高机械性抵抗能力，充盈度不应小于80%。

5）每个石材板块不宜少于4个挂件，每个挂件的固定螺栓不宜少于2个。应采用不锈钢螺栓，直径不小于5mm。

（2）通槽连接构造

1）挂件及其连接经计算确定。不锈钢挂件厚度不小于3mm，铝合金挂件厚度不小于4mm。

2）挂件插入面板内的深度不小于挂件厚度的4倍，且不小于15mm。每边1个挂件，挂件长度为面板边长减去30mm。槽深度为挂件插入深度加3mm。槽宽及槽两侧板材有效厚度与短槽要求相同。

3）挂件采用不锈钢螺栓固定，螺栓数量、直径和间距经计算确定，但每边不得少于3个，直径不小于5mm。

4）面板挂装时在槽内填嵌胶粘剂，胶粘剂具有高机械性抵抗能力，充盈度不小于80%。

（3）背栓连接构造

1）背栓连接可选择齐平式或间距式构造连接。除条状板材及小尺寸板块外，每块石材板块上背栓数量不少于4个，背栓螺栓直径不小于6mm。

2）背栓孔切入的有效深度不宜小于面板厚度的0.4倍，孔底至板面的剩余厚度不应小于10mm，孔底应扩孔。背栓孔离石板边缘净距不小于板厚的5倍，且不宜大于200mm。背栓间的间距不应大于800mm，且不小于板厚的5倍。

3）采用背栓连接的狭条状或小尺寸面板，长度不大于500mm，宽度不小于120mm时，背栓孔中心至石材最近边缘的距离不小于50mm。

4）背栓螺栓埋装时应检测背栓孔加工精度。不符合规定的背栓孔内应注环氧胶粘剂，充盈度不小于80%，背栓各项承载能力应乘以折减系数0.80。严禁使用未经扩孔的背栓连接。

5）挂钩支座应采用不锈钢螺栓连接，螺栓直径不小于6mm，每个支座宜用2个螺栓连接。

三、立柱构造设计

幕墙立柱及其支座除传递荷载外，应能适应主体结构的变形。

立柱宜采用上端悬挂方式。如主体结构的墙或梁具有承受支承力和支座构造布置条件时，可采用层内长短双跨连续梁式，长短跨比不宜大于10。立柱下端支承时，应做压弯构件设计，对受弯平面内和平面外做受压稳定验算。

立柱截面宜为封闭矩形，截面宽度宜取不小于层高的1/80，且不小于60mm，截面高度不宜小于宽度。

立柱的支点应置于主体结构允许受力的部位，如需在主体结构非受力构造部位设支点时，应做必要的结构处理并经验算确定。

立柱与主体结构的连接件应有足够的承载力。铝合金连接件材料厚度不应小于8mm，钢连接件材料厚度不应小于6mm，每一连接处的螺栓不应少于2个，螺栓直径不小于10mm。

采用焊接时，应计算焊缝尺寸并标注焊接要求。

幕墙上、下立柱的连接构造应结合紧密，满足荷载传递要求，适应节间变形。上下立柱间宜设置不小于15mm的缝隙，立柱接缝宜封闭防水。幕墙立柱上终端外露型材腔口应封闭，下端应设泄水口。

幕墙上、下立柱的连接插芯可采用相同的材质。插芯一端与立柱固定连接，另一端应能滑动伸缩，插芯单端与立柱的结合长度不应小于型材长边边长，且不小于120mm。插芯应有足够的刚度，壁厚不应小于立柱的壁厚。

立柱截面主要受力部位的厚度：

1）铝合金型材截面开口部位厚度不应小于3mm，闭口部位厚度不应小于2.5mm。

2）热轧钢型材截面主要受力部位厚度不应小于3mm，焊接部位厚度不应小于4mm。

3）U形通槽型材槽壁有效厚度不应小于3mm，螺钉有效入槽深度不应小于16mm，螺钉间距不应大于250mm。

幕墙立柱以钢型材为受力构件，立柱外包覆装饰性的铝合金型材或不锈钢等材料时的截面构造：

1）钢型材宜采用按国家现行标准生产制作的定型产品。

2）装饰性铝合金型材截面构造和型材壁厚应符合《铝合金建筑型材》GB/T 5237—2017及铝合金制作、构造的要求，与钢型材之间应有良好的防腐隔离措施。

3）外包覆装饰性材料与钢型材间，应做好连接构造设计。

单元式幕墙组件的插接部位、对接部位以及开启部位构造，应按压力平衡原理设计。插接构件宜选用组合后能形成2个或2个以上腔体的型材。单元组合后的左、右立柱腔体中，前腔的水不应排入顶、底横梁组件腔体的后腔。单元式幕墙板块间的对插部位应有导插构造。对插时密封胶条不应错位、带出或受损。

单元式幕墙插接接缝设计：

1）单元部位之间应有适量的搭接长度。立柱的搭接长度不应小于10mm，且能协调温度、主体结构的层间变形和地震作用下的位移。顶、底横梁的搭接长度不应小于15mm，且能协调温度、主体结构梁板变形及地震作用下的位移。板块宽度大于2.5m时的左右立柱搭接长度、板块高度大于5m时的顶底横梁的搭接长度，可按下面公式计算，且不应小于本条规定的限定值，如图3-15所示。

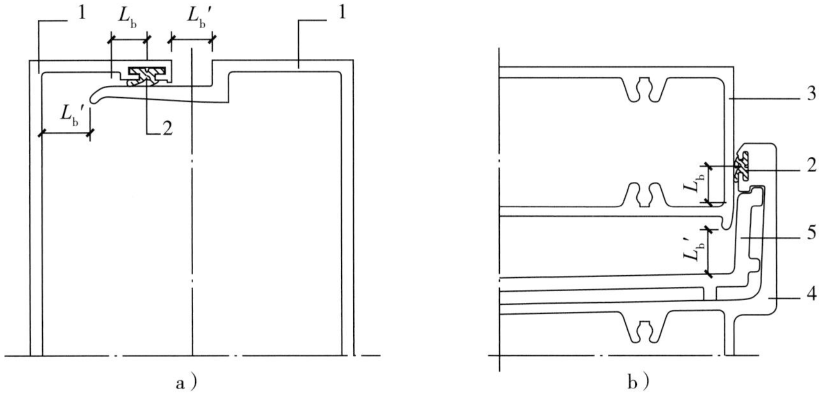

图 3-15 搭接长度计算示意图

1—立柱 2—密封胶条 3—底横梁 4—顶横梁 5—铝合金过桥型材

（搭接长度 L_b为密封条中心至导插构造端点的距离，L_b'为有效间隙）

$$L_b \geqslant \alpha b \Delta t + D_C + (D_E \text{或} D_D)$$

式中 L_b ——搭接长度（mm）；

α ——立柱或横梁线膨胀系数（1/K）；

b ——计算方向立柱或横梁长度（mm）；

Δt ——幕墙的年温度变化（K）；

D_C ——施工偏差（mm），可取 2mm；

D_E ——考虑地震作用等其他因素影响的预留量（mm），不少于 3mm；

D_D ——考虑主体结构及其梁板变形的影响（mm）。

2）对插构件间的有效间隙L_b'应大于L_b。

3）超高层幕墙建筑，L_b'应考虑主体结构的层间压缩量。

4）当主体结构梁跨度较大时，L_b'应考虑幕墙安装后结构梁的后续变形。

5）单元板块顶、底部主体结构相对位移较大时，L_b'应考虑主体结构的变形差。

6）单元板块的整体刚度、横梁与立柱连接节点刚度等应能满足运输、吊装及使用要求。

四、横梁构造设计

横梁截面主要受力部位的厚度：

1）截面自由挑出部位（图 3-16a）和双侧加劲部位（图3-16b）的宽厚比b_0/t应满足表 3-14的要求并符合《铝合金结构设计规范》GB 50429—2007、《冷弯薄壁型钢结构技术规范》GB 50018—2002的规定。

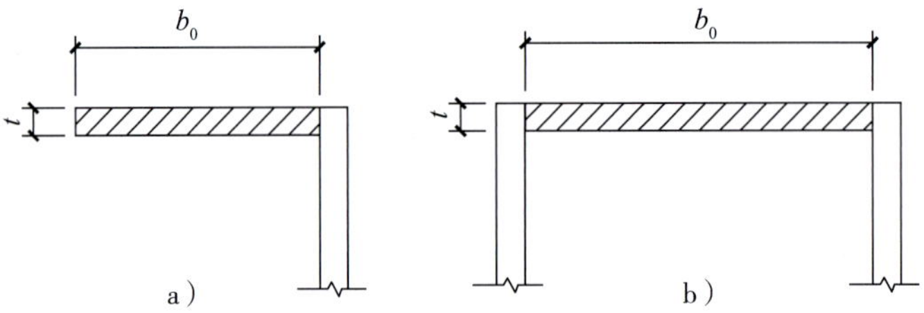

图3-16　横梁截面部位示意

表 3-14　横梁截面宽厚比 b_0/t 限值

截面部位	铝合金型材				钢型材	
	6060-T5	6060-T6	6063-T6	6005-T5	Q235	Q345
	6063-T5	6463-T6	6063A-T6	6005-T6		
	6463-T5	6463A-T6		6061-T6		
	6463A-T5	6063A-T5				
自由挑出	17	15	13	12	15	12
双侧加劲	50	45	40	35	40	33

注：表中数值为上限。

2）当横梁跨度不大于1.2m时，铝合金型材截面主要受力部位的厚度不应小于2.0mm；当横梁跨度大于1.2m时，其截面主要受力部位的厚度不应小于2.5mm。

3）热轧钢型材截面主要受力部位的厚度不应小于3.0mm。除热轧型材外，焊接部位厚度不应小于4.0mm。

横梁主要受力型材截面宜采用封闭矩形为主体，其矩形腔体高度不小于50mm，宽度宜大于高度。当横梁为开口截面型材时，应按薄壁弯扭构件设计和计算。

横梁与立柱的连接构造应能承受垂直于幕墙平面的水平力、幕墙平面内的垂直力及绕横梁水平轴的扭转力，其连接构造、紧固件尺寸、数量应由计算确定，横梁与立柱宜采用铰接的连接构造。

横梁与立柱采用钢销钉或弹簧销钉连接时，销钉直径不应小于6.0mm，销钉材质宜为不锈钢。插销处铝合金立柱局部壁厚不应小于销钉的公称直径，且应满足精度配合要求。

横梁与立柱采用角码连接时，每个连接处的螺钉或螺栓不应少于2个，开口横梁连接时不宜少于3个。螺钉或螺栓直径不应小于6mm。铝合金角码壁厚不应小于较厚的被连接铝合金构件，且不小于螺钉或螺栓直径的0.8倍。

横梁与立柱的连接角码采用螺钉与立柱壁连接时，其连接处横梁和立柱的壁厚应满足各项承载能力极限状态要求，螺孔处铝合金型材厚度不宜小于螺钉直径d，不应小于$0.8d$，不满足时可对型材局部加强，局部加强的宽度不应小于$2.5d$。

横梁与立柱间应有1.0~1.5mm间隙，应采用柔性橡胶垫片并用硅酮密封胶封闭，满足变形伸缩和方便安装。

钢横梁及立柱连接为焊接时，每间隔12m应设一处水平向滑移铰接端，应能可控滑动并满足强度要求。同一区段内横梁和立柱的连接构造应一致。

五、紧固件连接

螺栓、螺钉和铆钉连接的结构计算应符合《钢结构设计标准》GB 50017—2017、《轻型钢结构技术规程》DG/T J08—2089—2012、《冷弯薄壁型钢结构技术规范》GB 50018—2002、《铝合金结构设计规范》GB 50429—2007的规定。

开口U 形钉槽型材的适用高度不宜超过 50m。钉槽连接强度应计算校核，连接构造应符合标准规定，并提供施工中通过试验复核的受拉承载力报告。

机制螺钉钉孔的制备及精度应符合《普通螺纹—公差》GB/T 197—2018和《普通螺纹　中等精度、优选系列的极限尺寸》GB/T 9145—2003的要求。机制螺钉受拉连接时应严格控制螺钉及螺孔的尺寸。当用于紧固开启扇五金件时，应采取有效的防松退措施。承受较大拉力的连接节点、承受较大风荷载的悬挑构件、端部连接处存在撬力等受力状态复杂的构件或节点，应采用螺栓连接。螺钉、螺栓紧固后，外露螺纹不应少于2 扣。

自攻螺钉及自攻自钻螺钉技术指标应符合《自攻螺钉用螺纹》GB/T 5280—2002

规定，连接的型材壁厚，铝合金型材厚度不应小于2mm，热轧钢型材厚度不应小于3mm，冷成型薄壁型钢厚度不应小于2mm。螺钉尖部露出长度不应小于8mm，并应有防松脱措施。

自攻螺钉及自攻自钻螺钉连接应做拉、剪承载力校核，同时存在拉力和剪力连接时还应做复合受力验算。承受负风压的水平吊挂或倾斜构件、重要受力部位的受拉连接等，不应采用自攻螺钉或自攻自钻螺钉。

构件连接应做承载力验算。型材及板材应验算孔壁局部承压，螺钉受拉连接应验算螺纹承载力，型材、板材、螺钉和螺栓应验算净截面抗拉、抗弯、抗剪及复合受力等，均应满足承载能力极限状态要求。铝合金构件的连接，构件式幕墙铝合金梁柱连接，构件式幕墙钢柱铝梁或铝柱钢梁连接，单元式幕墙铝合金构件连接等，均应采用不锈钢或铝合金转接件及不锈钢材质的螺钉或螺栓。铝合金型材壁厚除满足承载力要求外，螺钉连接时螺孔处型材厚度不宜小于螺钉直径d，不应小于$0.8d$，不满足时可对型材局部加强，局部加强的宽度不应小于$2.5d$。铝合金转接件厚度不应小于较厚的被连接铝合金构件，且不小于$0.8d$，并按其受力情况做强度验算。铝合金部件与钢构件接触处应设置隔离垫片。

沉头、半沉头螺钉或螺栓仅适用于非受力构件的连接。梁柱连接、悬挑构件及其端部的固定连接、外伸幕墙面板的竖向或水平装饰、遮阳条及其连接板固定部件等其他传力构件均不应使用。

第四章　建筑幕墙的材料加工与质量控制

本章概述

幕墙材料的质量保证是幕墙质量和安全的基础。建筑幕墙所选用的材料应符合现行国家标准、行业标准和地市有关标准的规定，尚无相应标准的材料应满足设计要求，并经专项技术论证。幕墙材料应满足安全性、耐久性、环境保护和防火要求。建筑幕墙不应采用在燃烧或高温环境下产生有毒有害气体的材料。积极采用鉴定合格的环保、节约资源及可循环利用的新材料。幕墙材料应具有产品合格证、质量保证书及相关性能检测报告。进口材料应符合国家商检规定。

第一节　铝合金型材

铝合金牌号所对应材料的化学成分应符合《变形铝及铝合金化学成分》GB/T 3190—2020规定；铝合金型材的质量要求、试验方法、检验规则和包装、标志、运输、储存等应符合《铝合金建筑型材》GB/T 5237.1~GB/T 5237.6—2017规定，型材尺寸允许偏差应达到高精级或超高精级。

铝合金型材应经表面阳极氧化、电泳涂漆、粉末喷涂或氟碳漆喷涂处理，表面处理层的厚度应满足表4-1的要求。

表4-1　铝合金型材表面处理层的厚度　　（单位：μm）

表面处理方法		膜厚级别（涂层种类）	厚度t	
			平均膜厚	局部膜厚
阳极氧化		不低于AA15	$t\geqslant15$	$t\geqslant12$
电泳涂漆	阳极氧化膜	B（有光或亚光透明漆）	—	$t\geqslant9$
	漆膜		—	$t\geqslant7$
	复合膜		—	$t\geqslant16$

（续）

表面处理方法		膜厚级别（涂层种类）	厚度t	
			平均膜厚	局部膜厚
电泳涂漆	阳极氧化膜	S（有光或亚光有色漆）	—	$t \geqslant 6$
	漆膜		—	$t \geqslant 15$
	复合膜		—	$t \geqslant 21$
粉末喷涂		—	—	$120 \geqslant t \geqslant 40$
氟碳漆喷涂		二涂	$t \geqslant 30$	$t \geqslant 25$
		三涂	$t \geqslant 40$	$t \geqslant 34$
		四涂	$t \geqslant 65$	$t \geqslant 55$

铝合金隔热型材如图4-1所示，外观质量、力学性能除应符合《铝合金建筑型材 第6部分：隔热型材》GB/T 5237.6—2012、《建筑用隔热铝合金型材》JG 175—2011的规定外，还应满足以下要求：

1）用穿条工艺生产的隔热铝型材，其隔热材料应符合《铝合金建筑型材用辅助材料 第1部分：聚酰胺隔热条》GB/T 23615.1—2009、《建筑铝合金型材用聚酰胺隔热条》JG/T 174—2014的规定，不得采用二次回收料及聚氯乙烯（PVC）材料。

2）用浇注工艺生产的隔热铝型材，其隔热材料应使用聚醚型聚氨酯（PU），不得采用聚酯型聚氨酯，并应符合《铝合金建筑型材用辅助材料 第2部分：聚氨酯隔热胶材料》GB/T 23615.2—2012中Ⅱ级隔热胶的规定。

图4-1 常见铝合金隔热型材

铝合金型材质量应符合现行国家标准《铝合金建筑型材》GB/T 5237—2017的有关规定，该标准适用于建筑行业所用的6061、6063、6063A铝合金热挤压型材，在幕墙中通常选用6063牌号（6063-T5/6063-T6）。T5与T6主要区别体现在力学性能，T5是自然冷却，变形系数小，易控制，硬度一般。T6是水冷，变形系数较大，不容易控制，但硬度较高。铝合金型材强度设计值应按《铝合金结构设计规范》GB 50429—2007的规定采用，也可按表4-2采用。

表4-2　铝合金型材强度设计值　　（单位：N/mm^2）

铝合金材料			用于构件计算		用于焊接连接计算		用于栓接计算
牌号	状态	厚度/mm	抗拉、抗压和抗弯 f	抗剪 f_v	焊接热影响区抗拉、抗压和抗弯 $f_{u,haz}$	焊接热影响区抗剪 $f_{v,haz}$	局部承压 f_{cb}
6061	T6	所有	200	115	100	60	305
6063	T5	所有	90	55	60	35	185
	T6	所有	150	85	80	45	240
6063A	T5	≤10	135	75	75	45	220
		>10	125	70	70	40	
	T6	≤10	160	90	90	50	255
		>10	150	85	85	50	

一、铝合金型材加工流程

铝合金型材加工流程如图4-2所示。

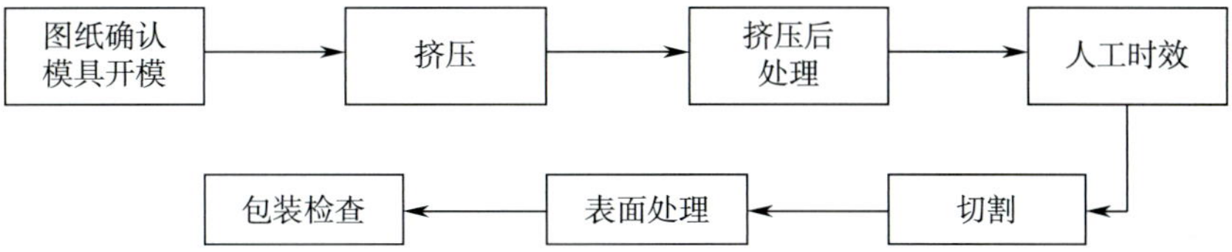

图4-2　铝合金型材加工流程图

1. 图纸确认，模具开模

依据项目图纸和型材商品横断面设计方案生产制造出模具，如图4-3、图4-4所示。

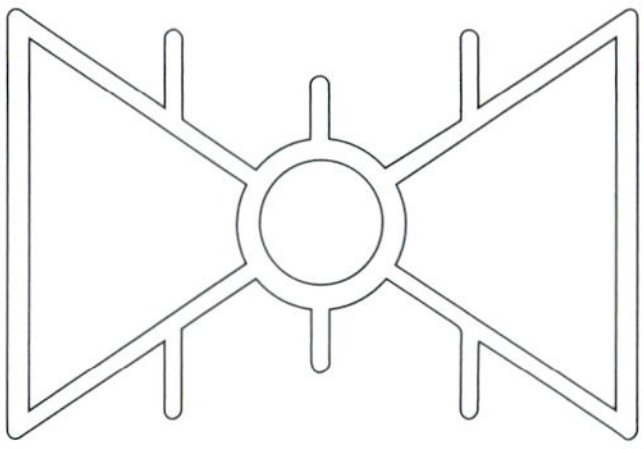

图4-3　模具加工图

图4-4　模具实物图

2. 铝合金挤压

挤压是铝合金型材加工成型的方式，运用挤压机将加温好的圆铸棒从模具中挤压成型，如图4-5所示。

3. 铝合金型材挤压后处理

铝合金型材的直线度达标，是铝合金型材好坏的重要标准之一。一般挤压好的型材需要进行直线度的校正，如图4-6所示。

图4-5 常见铝合金挤压设备

图4-6 直线度校正

4. 铝合金型材人工时效

把铝合金型材材料放入时效炉加热到一定温度，并保温2~3h，能显著提高铝合金型材的机械性能，特别是硬度。

5. 铝合金型材切割

依据设计图纸、现场下单尺寸及精度要求，应选用合适的切割设备进行铝合金型材切割加工，如图4-7所示。

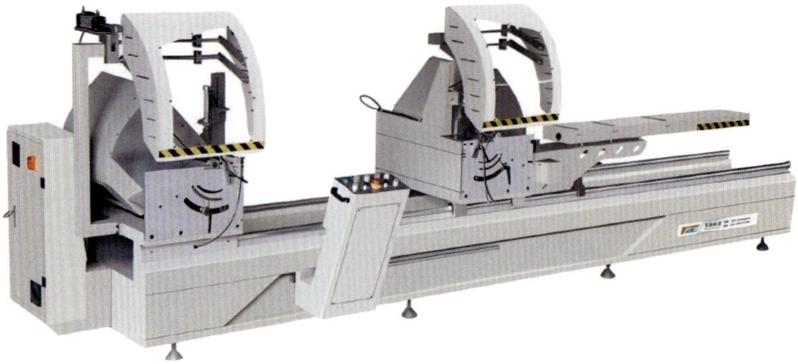

图4-7 铝合金型材切割设备

6. 表面处理

铝表面处理工艺包括电泳、阳极氧化、静电粉末喷涂、氟碳喷涂等，如图4-8所示。

7. 包装检查

包装检查是发货装车前的检查，检查包装是否完整、覆盖、紧实。可采用牛皮纸张+气泡膜+珍珠岩三层进行防护，避免运输过程中的刮伤和磕碰。基材无需包珍珠棉，直接包牛皮纸即可。对表面要求特别高的型材，还需要先贴膜再包珍珠棉和牛皮纸。对于锯切加工过的短料，可以用珍珠棉先包好，放到托盘上，用缠绕膜缠紧，打包带打包好直接装车，如图4-9所示。

图4-8　表面处理

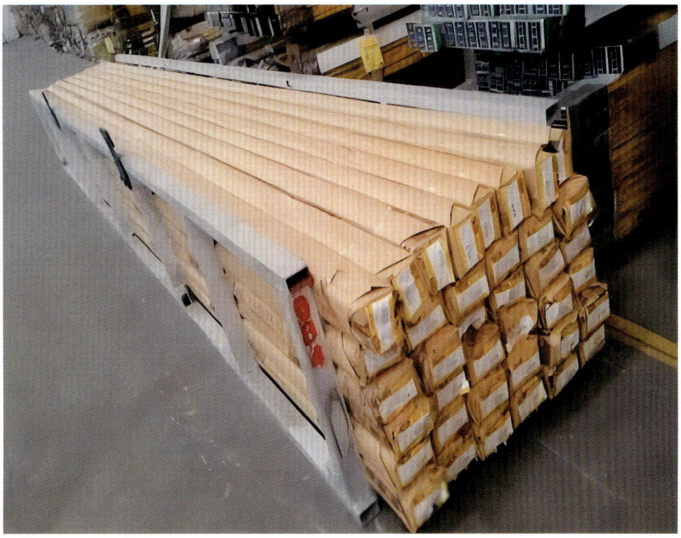

图4-9　铝合金型材包装

二、铝合金型材表面处理

1. 电泳

电泳是指带电涂层离子在阴阳极下移动到阴极，与阴极表面的碱性作用形成不溶性物质，沉积在工件表面。铝合金型材电泳是将挤压铝合金放入直流电池中形成致密树脂膜的过程。电泳铝合金型材亮度很高，有镜面效果，也提高了耐腐蚀性。

工艺流程：

电解（分解）→电泳（游泳、迁移）→电沉积（沉积）→电渗（脱水）

2. 阳极氧化

阳极氧化是指在相应的电解质和特定的工艺条件下，在铝制品（阳极）上形成氧化膜的工艺，阳极氧化铝可以用电解质进行染色。阳极氧化的突出特点是外观金属质感强，其抗褪色性、抗腐蚀性较强，缺点在于其颜色较为单一，常规为银白色和黑色，常应用于幕墙非见光面处型材，如图4-10所示。

图4-10　阳极氧化工艺

工艺流程：

脱脂 → 化学抛光 → 酸性腐蚀 → 剥黑膜

阳极氧化与电泳的区别：阳极氧化是先氧化后着色，电泳是直接着色。

3. 静电粉末喷涂

使用静电粉末喷涂设备将粉末涂层喷涂到工件表面。在静电作用下，粉末会均匀地吸附在工件表面，形成粉末涂层，经过高温烘烤、找平和固化，形成不同效果。喷涂设备有手工、自动吊挂式等，其工艺施工简便，涂层厚度一般为30μm以上，抗冲击、耐摩擦、防腐蚀、耐候性较好，但粉末喷涂涂层的耐久性不如氟碳喷涂。静电粉末喷涂常应用于非关键位置幕墙、室内门窗等，如图4-11所示。

图4-11　静电粉末喷涂工艺

工艺流程：

外观预处理 → 喷涂 → 烘烤 → 固化

4. 氟碳喷涂

氟碳喷涂是一种静电喷涂，也是一种液体喷涂，使用的氟碳喷涂是由聚偏二氟乙烯树脂nCH_2CF_2烘烤（CH_2CF_2）n（PVDF）为基料或配金属铝粉为色料制成的涂料。优质氟碳涂层具有金属光泽，色泽鲜艳，立体感明显，具有优异的抗褪色性、抗起霜性、抗大气污染（酸雨等）的腐蚀性，氟碳喷涂涂层的耐久性优于粉末喷涂，常应用于幕墙室外侧构件，如图4-12所示。

图4-12 氟碳喷涂工艺

工艺流程：

预处理工艺：铝材脱脂 → 去污 → 碱洗（脱脂） → 酸洗 → 纯洗

喷涂工艺：180~250℃烘烤。

静电粉末喷涂与氟碳喷涂的区别：粉末喷涂是使用粉末喷涂设备（静电喷涂机）将粉末涂层喷涂到工件外观上。在静电作用下，粉末会均匀地吸附在工件表面，形成粉末涂层，粉末涂层的厚度一般在60~120μm。氟碳喷涂是一种静电喷涂，也是一种液体喷涂方法，称为氟碳喷涂，氟碳涂层的厚度一般在35~60μm，光泽不如粉末涂层，但耐候性远优于粉末涂层。

三、铝合金型材的质量控制

1. 铝合金型材的相关知识

建筑铝合金型材主要添加元素有镁和硅，其特点是强度高、可塑性强、抗腐蚀性强。

2. 铝合金型材的检测

1）检测工具：游标卡尺（图4-13）、直尺、钢卷尺、测膜仪（图4-14）等。

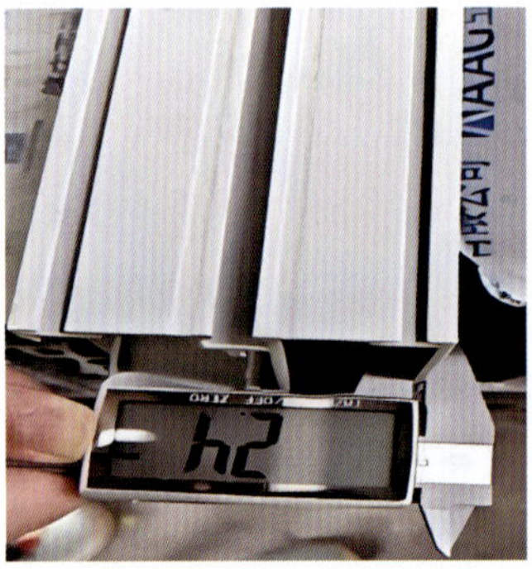

图4-13　游标卡尺测量

2）检测规范：《铝合金建筑型材》GB/T 5237系列标准、《一般工业用铝及铝合金板、带材》GB/T 3880系列标准、《玻璃幕墙工程质量检验标准》JGJ/T 139—2020。

3）抽检比例：同一厂家生产的同一型号、规格、批号的材料随机抽取5%且不得少于5件，当抽检材料不合格率大于20%时，要求所有材料退场。

4）检测项目：

①几何尺寸。根据铝型材壁厚偏差，通常分为普通级、高精级和超高精级，见表4-3。

表4-3　铝型材壁厚允许偏差（GB/T 5237.1—2017）

级别	公称壁厚/mm	对应于下列外接圆直径的基材壁厚允许偏差/mm					
		≤100		>100~250		>250~350	
		A	B，C	A	B，C	A	B，C
普通级	1.20~2.00	0.15	0.23	0.20	0.30	0.38	0.45
	>2.00~3.00	0.15	0.25	0.23	0.38	0.54	0.57
	>3.00~6.00	0.18	0.30	0.27	0.45	0.57	0.60
	>6.00~10.00	0.20	0.60	0.30	0.90	0.62	1.20
高精级	1.20~2.00	0.13	0.20	0.15	0.23	0.20	0.30
	>2.00~3.00	0.13	0.21	0.15	0.25	0.25	0.38
	>3.00~6.00	0.15	0.26	0.18	0.30	0.38	0.45
	>6.00~10.00	0.17	0.51	0.20	0.60	0.41	0.90
超高精级	1.20~2.00	0.09	0.10	0.10	0.12	0.15	0.25
	>2.00~3.00	0.09	0.13	0.10	0.15	0.15	0.25
	>3.00~6.00	0.10	0.21	0.12	0.25	0.18	0.35
	>6.00~10.00	0.11	0.34	0.13	0.40	0.20	0.70

②涂层壁厚（图4-14）。表面常用涂层为氟碳喷涂、粉末喷涂和阳极氧化，见表4-4。

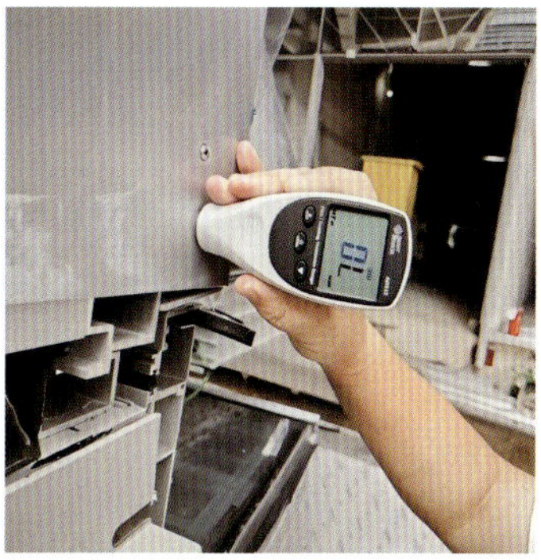

图4-14 涂层测厚仪测量

表4-4 通常涂层的壁厚要求（JGJ 102）

表面处理方式	平均膜厚/μm	最小局部厚度/μm
氟碳喷涂	≥40	≥35
粉末喷涂	50~120	≥40
阳极氧化	≥15	≥12

3. 常见问题

1）涂层厚度不达标。

2）表面有裂纹、起皮、腐蚀等缺陷，如图4-15所示。

3）喷涂型材表面有皱纹、流痕、鼓泡、裂纹、色差、发黏等影响使用的情况。

图4-15 型材表面缺陷图片（涂层损坏、型材破坏）

铝合金型材取样复试见表4-5。

表4-5　铝合金型材取样复试

检测项目	取样规格/数量	批组	检测周期	备注
力学性能（抗拉强度、屈服强度、延伸率）	400mm长/件、每种规格，2件样品为一组	同厂家同一种类产品抽查不少于1组	7天	

注：不同实验室要求送样规格、数量不一样，送样前先咨询实验室，以上数据仅供参考。

第二节　钢材

钢材在幕墙材料中占有很重要的地位，石材幕墙骨架一般以钢材为主架，铝合金玻璃幕墙与建筑物之间的连接构件大部分采用钢材。幕墙工程中使用的钢材以碳素结构钢为主，它是力学性能比较典型的材料。由于钢材暴露在大气环境中，在自然界各种因素的影响下表面极易氧化生锈。因此，幕墙工程中为防止钢材生锈，通常会采取在表面进行热镀锌处理作为防锈措施。对耐腐蚀有特殊要求或腐蚀性环境中幕墙结构用钢材，宜采用耐候钢或不锈钢，幕墙用耐候钢应符合《耐候结构钢》GB/T 4171—2008的规定，并采取相应防腐措施。幕墙用碳素结构钢、低合金结构钢和低合金高强度结构钢时，钢型材表面除锈等级不应低于Sa2.5级，且必须采取有效的防腐措施，并符合下列要求：

1）采用热浸镀锌防腐蚀处理时，锌膜厚度应符合《金属覆盖层钢铁制件热浸镀锌层技术要求及试验方法》GB/T 13912—2020的规定。

2）采用氟碳漆或聚氨酯漆面漆时，面漆的涂膜厚度应根据钢构件所处的大气环境腐蚀性类别确定。一般情况下，涂膜厚度不宜小于35μm，当大气腐蚀环境类型为中腐蚀或海滨地区时，涂膜厚度不宜小于45μm。

3）采用除上述两种方式以外的其他防腐涂料时，表面处理方法、涂料品种、漆膜厚度及维护年限应符合《冷弯薄壁型钢结构技术规范》GB 50018—2002、《钢结构工程施工质量验收规范》GB 50205—2020的规定，并完全覆盖钢材表面和无端部封板的闭口型材的内侧。

幕墙用钢材类型很多，主要有型钢、轻型钢、镀锌钢板、高耐候性钢板、烤漆钢板等，其中型钢主要有槽钢、角钢、矩形钢等。

槽钢在建筑领域中被广泛使用，通常呈C形或U形，具有良好的强度和刚性，为各类工程项目提供了稳固的支撑和结构。槽钢的制造工艺简单，成本相对较低，可通过热轧、冷弯或焊接等工艺进行加工。通过调整槽钢的尺寸和形状，可以满足不同工程项目的需求，灵活地提供更多的尺寸参数供设计选择。

角钢是两边互相垂直成角形的长条钢材，可分为等边角钢和不等边角钢，角钢可按结构的不同需要组成各种不同的受力构件，也可作构件之间的连接件，广泛地使用于各种建筑结构，在使用中要求有较好的可焊性、塑性变形性能以及一定的机械强度。

矩形钢具有优异的力学性能和可加工性，在建筑领域，其主要使用于建筑结构的梁、柱、框架等部位，这些结构需要承受水平和垂直方向的荷载。矩形钢具有较高的屈服强度和抗拉强度，并拥有较好的加工性能，可较便捷地进行切割、钻孔、焊接等加工处理，使其适用于各种不同形状和尺寸的建筑结构。

一、钢材的加工流程

钢材的加工流程如图4-16所示。

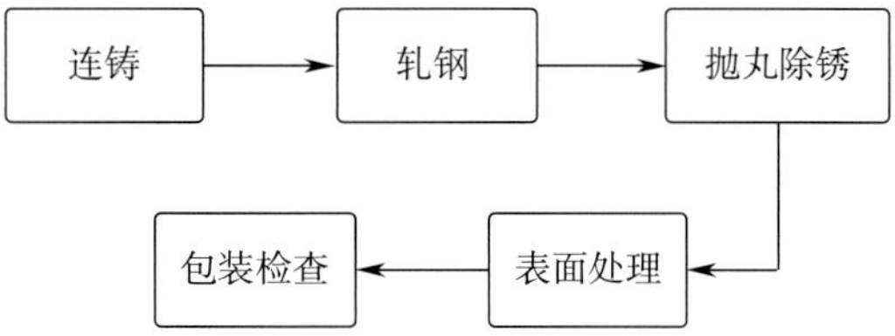

图4-16 钢材的加工流程

1. 连铸

将钢水经中间罐连续注入用水冷却的结晶器里，凝成坯壳后，从结晶器以稳定的速度拉出，再经喷水冷却，待全部凝固后，切成指定长度的连铸坯，如图4-17所示。

2. 轧钢

将连铸出来的钢锭和连铸坯以热轧方式在不同的轧钢机轧制成各类钢材形成产品，如图4-18所示。

3. 抛丸除锈

抛丸除锈是利用高速旋转抛丸器的叶轮抛出的高速铁丸（或其他材质的弹丸）

的冲击，与被清理零件表面相互摩擦而达到除锈的目的的一种机械除锈方法，如图4-19所示。

图4-17　连铸

图4-18　轧钢

图4-19　抛丸除锈

4. 表面处理

通过多种表面处理方式，使钢材表面上覆盖一层镀锌层，达到防腐目的，增加钢材使用寿命，如图4-20所示。

5. 包装检查

直径或厚度小于30mm的型钢及厚度小于4mm的薄板，应成捆交货，每捆应为同一批号，所挂标牌数量不得小于2个，标牌应注明制造厂名称、钢号、炉（罐）号、规格等。直径或厚度等于、大于30mm的钢材，成捆的钢材，所挂标牌数量不得小于2个，钢材上可不打钢印。不挂标牌的成捆钢材应在每捆最上面的一支钢材或一张钢板上打钢印或张贴标识，不成捆的钢材必须在每支钢材或每张钢板上打钢印标记。

钢材包装后（或不成捆供货的）都要按有关标准规定进行涂色，成捆交货的钢材，应用钢丝在不少于两处的地方捆扎结实，如图4-21所示。

图4-20　表面处理

图4-21　钢构件包装

二、表面处理

1. 热镀锌

热镀锌也称为热浸锌和热浸镀锌，是一种有效的金属防腐方式，在高温下把锌锭融化，将金属结构件浸入镀锌槽中，在其表面形成的锌和（或）锌-铁合金镀层的工艺过程和方法，从而起到防腐的目的，如图4-22、图4-23所示。热镀锌的优点在于其防腐能力强，镀锌层的附着力和硬度较好。

图4-22　热镀锌处理

图4-23　热镀锌成品

工艺流程：

工件→脱脂→水洗→酸洗→水洗→浸助镀溶剂→烘干预热→热镀锌→整理→冷却→钝化→漂洗→干燥→检验

热镀锌是化学处理，属于电化学反应，热镀锌管是使熔融金属与铁基体反应而产生合金层，使基体和镀层相结合。

2. 电镀锌

电镀锌就是利用电解作用，使金属或其他材料制件的表面附着一层金属膜的工艺，形成均匀、致密、结合力良好的金属层，可以起到防止腐蚀，提高耐磨性、导电性、反光性及增进美观等作用，如图4-24所示。

图4-24　电镀锌处理

工艺流程：

工件→化学除油→热水洗→水洗→电解除油→热水洗→水洗→强腐蚀→水洗→电镀锌铁合金→水洗→出光→钝化→水洗→干燥→检验

电镀锌是物理处理，只是在表面刷一层锌，所以锌层易脱落，建筑施工中多采用热镀锌。

3. 环氧富锌底漆

环氧富锌底漆施工是指用刷涂或喷涂的方法，在经过处理的钢材基体表面涂一层环氧防腐底漆，可以有效防止钢材锈蚀。

4. 氟碳喷涂

氟碳喷涂是指将氟碳涂料喷涂在钢材表面，可以形成一层坚固的保护膜，阻隔钢材与外界环境的接触，从而达到防腐蚀的目的。

三、钢材的质量控制

1. 钢材的相关知识

1）幕墙常规钢材为碳素结构钢Q235B，部分使用低合金结构钢和耐候钢。

2）钢材镀锌表面处理方式有热镀锌及电镀锌，通常以热镀锌为主。

2. 钢材检测

钢材检测如图4-25所示。

图4-25　钢材检测

1）检测工具：游标卡尺、直尺、钢卷尺、测膜仪。

2）检测规范：《优质碳素结构钢》GB/T 699—2015、《碳素结构钢和低合金结构钢热轧钢板和钢带》GB/T 3274—2017。

3）抽检比例：按批检验，每批重量不大于60t，不足60t按一批计，每批抽检三组。

4）检测项目：

①几何尺寸，见表4-6。

表4-6　钢板厚度允许偏差

钢板厚度范围/mm	偏差/mm
2.2~2.5（含）	± 0.16
2.5~3.0（含）	± 0.17
3.0~3.5（含）	± 0.18
3.5~4.0（含）	± 0.21
4.0~5.5（含）	+0.10，−0.30

（续）

钢板厚度范围/mm	偏差/mm
5.5~7.5（含）	+0.10，−0.40
7.5~13（含）	+0.10，−0.70
13~25（含）	−0.80
25~30（含）	−0.90
平板预埋件	锚板边长允许偏差 ± 5mm
	锚筋长度允许偏差+10mm
	锚筋长度允许偏差+10mm
	圆锚筋中心线允许偏差为 ± 5mm
接件、支撑件	长、宽允许偏差 ± 2mm
	开孔边距允许偏差+1mm
	孔距允许偏差 ± 1mm，孔宽允许偏差+1mm

②镀层厚度（GB/T 13912），见表4-7、表4-8。

表4-7　未经离心处理的最小镀层厚度和最小镀覆量

制件及其厚度/mm	镀层局部厚度最小值/μm	镀层局部镀覆量最小值/（g/m²）	镀层平均厚度最小值/μm	镀层平均镀覆量最小值/（g/m²）
钢厚度≥6	70	505	85	610
3≤钢厚度<6	55	395	70	505
1.5≤钢厚度<3	45	325	55	395
钢厚度<1.5	35	250	45	325
铸铁厚度≥6	70	505	80	575
铸铁厚度<6	60	430	70	505

注：本表为一般的要求，具体产品标准可包含不同的厚度等级及分类在内的各种要求。表中给出了局部镀覆量和平均镀覆量相关要求，以供在相关争议中参考。

表4-8　经离心处理的最小镀层厚度和最小镀覆量

制件及其厚度/mm	镀层局部厚度最小值/μm	镀层局部镀覆量最小值/（g/m²）	镀层平均厚度最小值/μm	镀层平均镀覆量最小值/（g/m²）
螺纹件				
直径≥20	45	325	55	395
6≤直径<20	35	250	45	325
直径<6	20	145	25	180
其他制件（包括铸铁件）				
厚度≥3	45	325	55	395
厚度<3	35	250	45	325

注：本表为一般的要求，紧固件和具体产品标准可以有不同要求，也可参照表中给出的局部镀覆量和平均镀覆量相关要求，以供在相关争议中参考。

3. 常见问题

1）镀锌层厚度不达标。

2）表面有裂纹、起皮、腐蚀等缺陷，如图4-26所示。

图4-26　钢材常见质量缺陷

钢材取样复试见表4-9。

表4-9　钢材取样复试

材料	检测项目	取样规格/数量	批组	检测周期	备注
钢材	力学性能（极限强度、屈服强度、延伸率、冷弯率）	550~560mm长/件、每种规格，3件样品为一组	同一厂家、同种材料、同一规格的钢材按批检验，每批重量不大于60t，不足60t按一批计每批抽检三组	7天	

注：不同实验室要求送样规格、数量不一样，送样前要先咨询实验室，以上数据仅供参考。

第三节　铝板

铝板材料广泛应用于各种建筑外墙、围护结构和屋面结构等，在不断强调节能环保的大背景下，铝板因为其环保、可循环利用、可再生、耐腐蚀、重量轻等优点，在幕墙市场中的应用越来越广泛，其需求不断增加。

不同牌号的铝板强度不同，但弹性模量相同，所以高强合金铝板采用较小的板厚时，要减小加强肋的间距，以保证面板的刚度和表面平整度。铝单板表面处理层厚度应满足表4-10的要求。

表4-10　铝单板表面处理层厚度

表面处理方法			厚度t/μm	
			平均膜厚	最小局部膜厚
辊涂	氟碳	三涂	≥32	≥30
	聚酯、丙烯酸		≥16	≥14
液体喷涂	氟碳	三涂	≥40	≥34
		四涂	≥65	≥55
	聚酯、丙烯酸		≥25	≥20
粉末喷涂	氟碳		—	≥30
	聚酯		—	≥40
阳极氧化	AA15		≥15	≥12
	AA20		≥20	≥16
	AA25		≥25	≥20

铝单板宜采用1×××系列、3×××系列和5×××系列铝合金板材，所用铝及铝合金的化学成分应符合《变形铝及铝合金化学成分》GB/T 3190—2020的规定，表面宜采用氟碳喷涂，氟碳树脂含量不应小于70%。铝单板外观质量和性能指标应符合《建筑装饰用铝单板》GB/T 23443—2009的规定，如图4-27、图4-28所示。

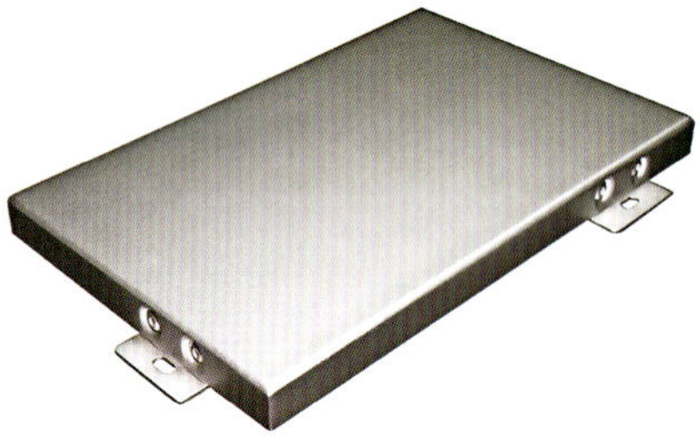

图4-27　铝单板

图4-28　仿石材铝板

一、铝板的加工流程

铝板的加工流程如图4-29所示。

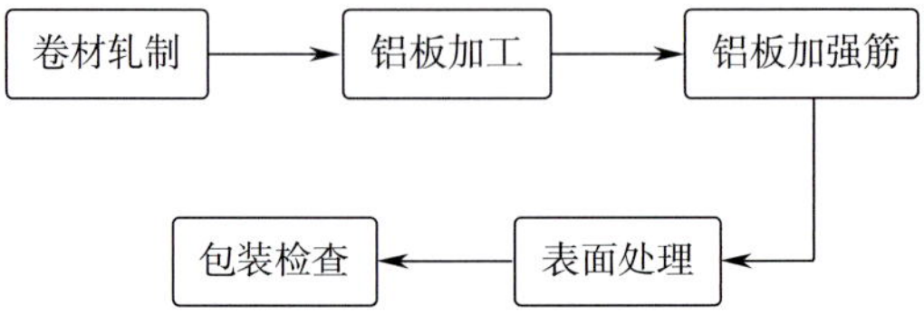

图4-29　铝板的加工流程

1. 卷材轧制

将铸锭送入轧机进行轧制，经过多道次轧制和加热冷却处理，逐步变薄，最终成为铝板，如图4-30所示。轧制时需要将铝板压制成所需的厚度和尺寸，轧制过程中也需要注意控制轧制速度和温度，以确保铝板不会出现裂纹或其他质量问题。

2. 铝板加工

铝板经过轧制后，还需要进行加工，如开孔、焊接，加工过程需要注意铝板的强度和硬度，需要选择合适的工艺和设备进行加工，制成符合产品标准的铝板，如图4-31所示。

图4-30 卷材轧制

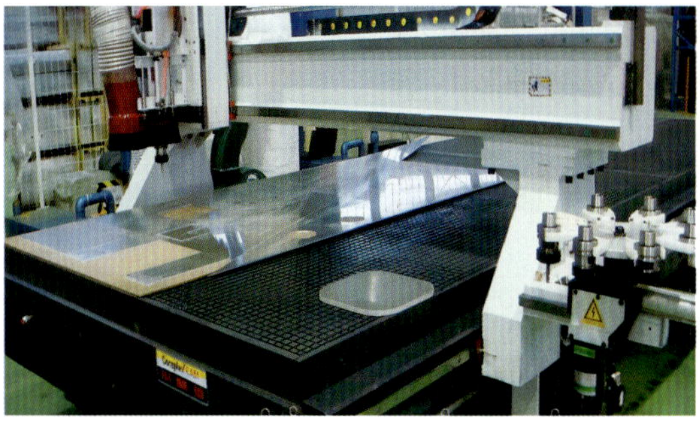

图4-31 铝板加工

3. 铝板加强筋

为保证铝板面的平整度而需进行合理的受力计算，并根据计算结果决定是否在铝板面背面合理设置加强筋，以增加板面的平整度和刚度。加强筋间距以受力计算为准，并符合相关规范要求，如图4-32所示。

4. 表面处理

铝板表面处理主要有阳极氧化、粉末喷涂等方式。其中，阳极氧化处理可以增加铝板表面的耐腐蚀性和硬度，粉末喷涂则可以为铝板增加一层保护膜，保护其表面免受磨损、腐蚀等因素的影响，如图4-33所示。

5. 包装检查

铝板经过表面处理后，需要进行包装，以保护其表面免受损坏。通常铝板包装采用木箱和纸箱，如图4-34所示。在包装过程中，每张铝板需要进行密封和标记，以确保其透明度和质量。

图4-32　铝板加强筋

图4-34　铝板包装

图4-33　铝板表面处理

二、铝板的表面处理

铝板的表面处理主要有阳极氧化和氟碳喷涂两种方式，其原理、工艺流程与铝合金型材的表面处理类似，可参照前文铝合金型材表面处理介绍。

三、铝板的质量控制

1. 铝板的相关知识

幕墙常见的单层铝板厚度不应小于2.5mm，铝板常用铝卷基材为3系（常见3003牌号）。

2. 铝单板检测

铝单板检测如图4-35~图4-37所示。

1）检测工具：钢卷尺、游标卡尺、漆膜测厚仪、千分尺等。

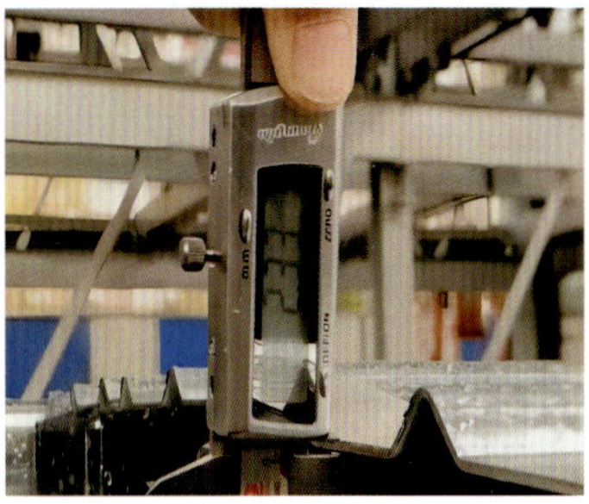

图4-35 游标卡尺测量

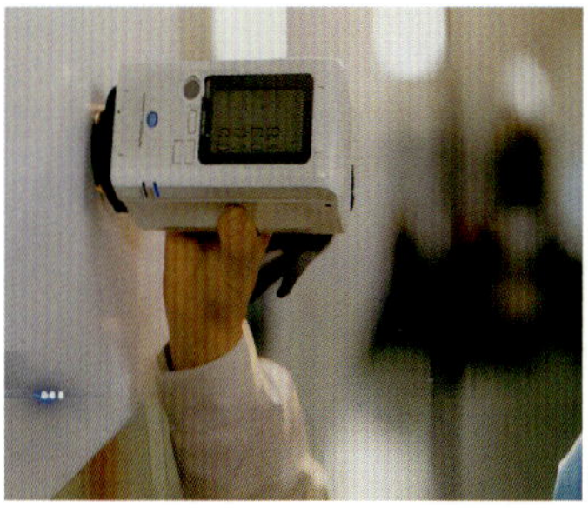

图4-36 涂层测量

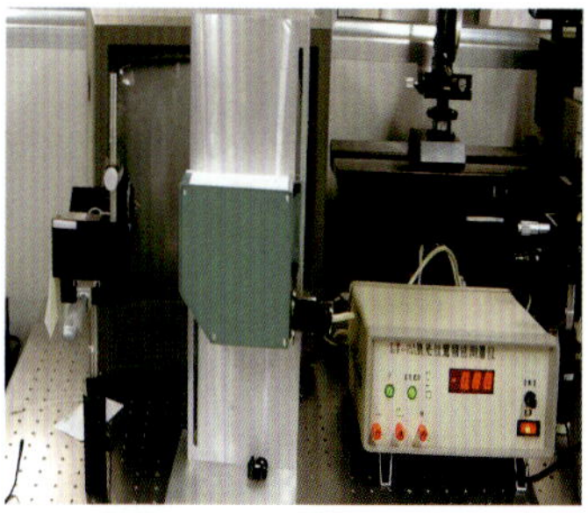

图4-37 平整度测量

2）检测规范：《建筑装饰用铝单板》GB/T 23443—2024、《建筑幕墙用氟碳铝单板制品》JG/T 331—2011。

3）抽检比例：同一厂家生产的同一型号、规格、批号的材料随机抽取5%且不得少于5件，当抽检材料不合格率大于20%时，要求所有材料退场。

4）检测项目：

①涂层厚度的检测。检测氟碳喷涂、粉末喷涂等涂层厚度。具体标准参照合同约定，通常涂层的厚度要求可以参考《建筑装饰用铝单板》GB/T 23443—2024，见表4-11。

表4-11 涂层厚度的要求

喷涂方式	平均膜厚	最小局部膜厚
粉末喷涂（聚酯）	—	≥40μm
氟碳喷涂（四涂）	≥65μm	≥55μm
氟碳喷涂（三涂）	≥40μm	≥34μm
氟碳喷涂（二涂）	≥30μm	≥25μm

②几何尺寸的检测。具体标准参照合同约定，铝单板的几何尺寸允许偏差要求可以参考GB/T 3880系列标准，见表4-12。

表4-12 几何尺寸允许偏差要求

板厚/mm	下列宽度上的厚度允许偏差/mm				
	≤1000	>1000~1250	>1250~1600	>1600~2000	>2000~2500
>1.0~1.2	± 0.07	± 0.09	± 0.09	± 0.11	± 0.15
>1.2~1.5	± 0.09	± 0.12	± 0.12	± 0.13	± 0.15
>1.5~1.8	± 0.09	± 0.12	± 0.12	± 0.13	± 0.15
>1.8~2.0	± 0.09	± 0.12	± 0.12	± 0.14	± 0.15
>2.0~2.5	± 0.12	± 0.14	± 0.14	± 0.15	± 0.16
>2.5~3.0	± 0.13	± 0.16	± 0.16	± 0.17	± 0.18
>3.0~3.5	± 0.14	± 0.17	± 0.17	± 0.22	± 0.23

3. 常见问题

1）表面气泡、裂纹和孔洞，如图4-38所示。

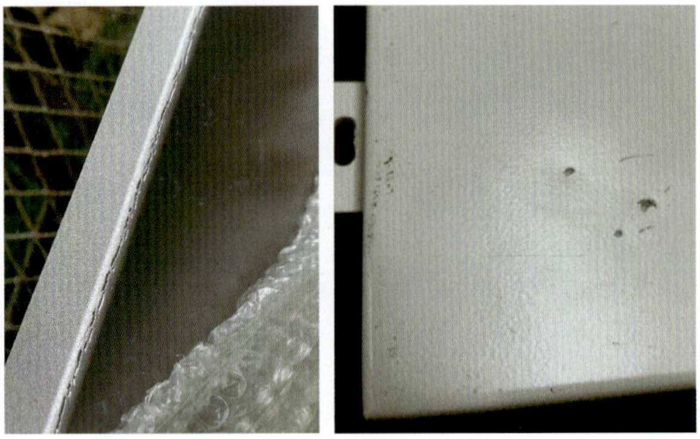

图4-38　铝单板常见质量缺陷（裂纹、孔洞）

2）夹渣熔铸品质不好，板片内夹有金属或非金属残渣。

3）力学性能不及格。

4. 铝板取样复试

铝板取样复试见表4-13。

表4-13　铝板取样复试

材料	检测项目	取样规格/数量	批组	检测周期
铝板	力学性能（抗拉强度、屈服强度、延伸率）	400mm × 100mm铝板2块	20000m^{2}一组	7天

注：不同实验室要求送样规格、数量不一样，送样前要先咨询实验室，以上数据仅供参考。

第四节　玻璃

玻璃幕墙是指用玻璃作为建筑物外墙的主要材料，使建筑物呈现出透明、轻盈、现代的形象。幕墙立面采用玻璃的优点是可以让室内外的光线充分交流，增加建筑物的通透感和视觉效果，同时经过各种处理的幕墙玻璃也可以起到节约能源、提高建筑物隔热性能的作用。

常用的幕墙玻璃有普通单片玻璃、超白玻璃、中空玻璃、夹层玻璃。

超白玻璃具有较高的太阳能透过率、低吸收率、低含铁量等优异特性，是太阳能光电、光热转换系统封装最理想材料，可以大大提高光电、光热转换效率，主要应用于幕墙、玻璃栏杆等。

中空玻璃是由两片或者多片玻璃以有效支撑均匀隔开并周边粘结密封，使玻璃层间形成有干燥空间，从而达到保温隔热效果的节能玻璃制品。中空玻璃具有隔热、隔声、降低噪声、低温不结露、防雾等特性，其顺应了节能环保的需求，被广泛应用于保温隔热、隔声等功能要求较高的建筑物，如宾馆、住宅、医院、商场、写字楼等。

中空玻璃气体层厚度不应小于9mm。中空玻璃应采用双道密封，由专用注胶机混合、注胶。第一道密封应采用丁基热熔密封胶。隐框幕墙、半隐框幕墙、点支承玻璃幕墙及幕墙开启窗用中空玻璃的第二道密封应采用硅酮结构密封胶，结构胶宽度经计算确定。明框玻璃幕墙用中空玻璃的第二道密封宜采用聚硫类玻璃密封胶，也可采用硅酮密封胶。

中空玻璃钻孔应采用大、小孔相对的方式，孔边倒角应细磨，合片时孔位应采取多道密封措施。玻璃面积超过5m^{2}时，应采取措施保证两片玻璃同时受力。

中空玻璃的间隔铝框可采用连续折弯型或插角型，不应使用热熔型间隔胶条。间隔铝框中的干燥剂由专用设备装填。中空玻璃合片加工时，应采取措施防止玻璃表面产生凹凸变形。中空玻璃的单片玻璃厚度不应小于6mm，两片玻璃厚度差不应大于3mm。

夹层玻璃常使用以聚乙烯醇缩丁醛为主要成分的PVB夹片，合成于两层玻璃之间，其中一片为钢化或半钢化玻璃。玻璃即使碎裂，碎片也会被粘在薄膜上，是公认的安全玻璃。夹层玻璃主要应用于建筑物门窗、幕墙、采光顶棚、天窗、吊顶等，此外除PVB中间膜外还有SGP中间膜，其强度更大、硬度更高，主要应用于玻璃栈道和有高强度性能要求的幕墙。

玻璃幕墙采用的夹层玻璃，单片玻璃厚度不应小于5mm，两片玻璃厚度差不应大于3mm。夹层玻璃宜采用PVB（聚乙烯醇缩丁醛）或离子性中间层胶片干法加工合成技术，PVB胶片厚度不应小于0.76mm，离子性中间层胶片厚度不应小于0.89mm。夹层玻璃的技术性能应符合《建筑用安全玻璃 第3部分：夹层玻璃》GB 15763.3—2009的规定。夹层玻璃钻孔时应采用大、小孔相对的方式，合片时两层玻璃间不得出现气泡。采用PVB中间膜的夹层玻璃应封边处理。

以下简要介绍夹层玻璃的加工流程（中空、夹胶）。

一、夹层玻璃的加工流程

夹层玻璃的加工流程如图4-39所示。

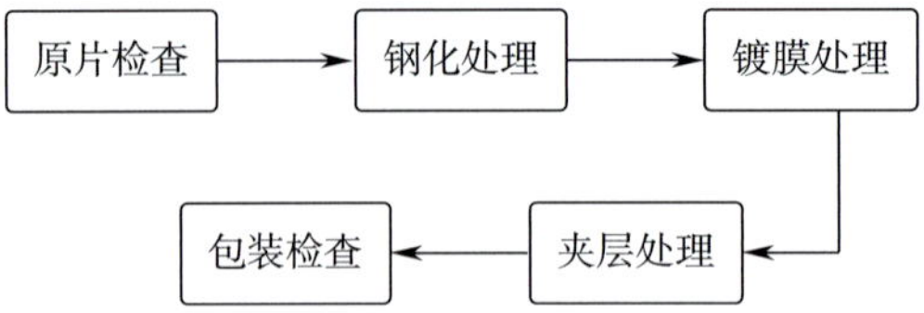

图4-39　夹层玻璃的加工流程

1. 原片检查

检查玻璃原片的新鲜度、颜色一致性，如图4-40所示。

2. 钢化处理

通常使用物理或化学方法，在玻璃表面形成压应力，玻璃承受外力时首先抵消表层应力，从而提高了承载能力和抗风压性，如图4-41所示。

图4-40　玻璃原片

图4-41　钢化处理

3. 镀膜处理

玻璃表面镀膜可以显著提高玻璃的热工性能，改善玻璃的耐候性和机械性能，增加玻璃的硬度和强度，提高其抗压、抗弯和抗冲击能力，如图4-42所示。

图4-42　镀膜处理

4. 夹层处理

在两片或多片平板玻璃之间，嵌夹透明的塑料胶片，经加热、加压、粘合而得到复合玻璃制品，具有较高的耐光、耐热、耐湿和耐寒性，机械强度也增大，尤其当受冲击破碎时，玻璃碎片被胶粘住，可保持原有的状态和一定的可见度，如图4-43所示。

5. 包装检查

1）箱盖必须朝上，箱体要保持紧密的放置方式，空隙处可以填充软垫，最大限度避免出现晃动及碰撞，如图4-44所示。

2）玻璃散片在装载的过程中，务必要将其竖立在玻璃架上，玻璃与玻璃之间应当使用软垫隔离，起到良好的缓冲效果，再对其进行绑扎处理，提升其稳定性。

3）在将幕墙玻璃进行装车之后，要使用具有防水功能的幕布等材料来进行防护。

4）在对玻璃进行堆放或是装卸的过程中，为了避免掉落、磕碰等现象的出现，必须使用吸盘等工具。玻璃在移动的过程中要确保轻抬轻放，不能随意对玻璃进行移动，避免玻璃受到较大幅度的振动而出现破裂、倒塌的现象。

图4-43　夹层处理

图4-44　成品包装

二、玻璃的表面处理

镀膜工艺是在玻璃的表面镀一层或多层金属或金属化合物薄膜，通过镀膜可以改变基片的某些属性，如光学性能、电学性能、机械性能、化学性能、装饰性能等，如图4-45所示。

图4-45　镀膜处理

工艺流程：

上片（手动或自动）→清洗（抛光、自来水清洗、纯水清洗）→看片台（检测基片外观缺陷）→缓冲室→锁气室→控气室→真空室（磁控溅射镀膜室）→控气室→锁气室→缓冲室→在线光度计测颜色→后清洗→在线检验（外观检测）→下片→成品、半成品包装

三、玻璃的质量控制

1. 玻璃的相关知识

1）幕墙工程中常用的玻璃主要有中空Low-E镀膜玻璃与钢化夹胶玻璃、普通中空玻璃（门窗工程），如图4-46~图4-48所示。

图4-46　中空Low-E镀膜玻璃

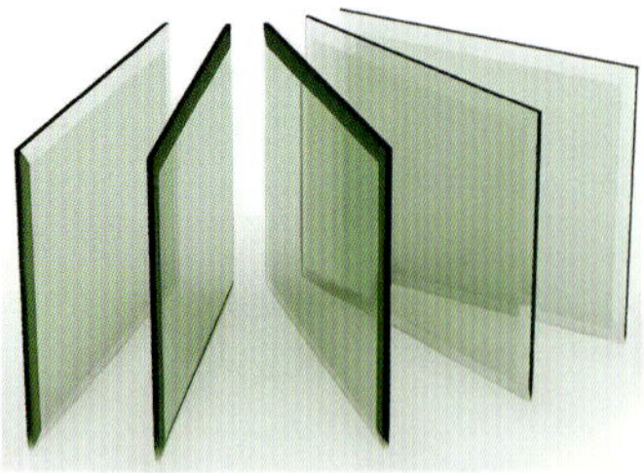

图4-47　钢化夹胶玻璃

图4-48　普通中空玻璃

2）玻璃配置解读：例如6+12A+6+12A+6Low-E表示6mm玻璃+12mm间隔+6mm玻璃+12mm间隔+6mm低辐射镀膜玻璃，意思是：由三块玻璃（6mm普通玻璃、6mm普通玻璃、6mm低辐射镀膜玻璃）组成的具有两个12mm间隔空腔填充空气的中空玻璃，玻璃公称厚度42mm（6+12+6+12+6）。

3）常见配置英文简写：

A：间隔空腔

AR：中空玻璃空腔充氩气

PVB：钢化玻璃夹胶片

SGP：离子性中间膜

Low-E：低辐射镀膜玻璃

2. 玻璃检测

玻璃性能检测如图4-49所示。

图4-49　玻璃性能检测

1）检测工具：钢卷尺、游标卡尺、直尺。

2）检测规范：《中空玻璃》GB/T 11944—2012、《建筑玻璃应用技术规程》JGJ 113—2015、《玻璃幕墙工程质量检验标准》JGJ/T 139—2020。

3）抽检比例：同一厂家生产的同一型号、规格、批号的材料随机抽取5%且不得少于5件，当抽检材料不合格率大于20%时，要求所有材料退场。

4）检测项目：

①中空玻璃的长度及宽度允许偏差参见《中空玻璃》GB/T 11944—2012，见表4-14。

表4-14　长度及宽度允许偏差　　（单位：mm）

长（宽）度L	允许偏差
L<1000	±2
1000≤L<2000	+2、-3
L≥2000	±3

②中空玻璃厚度允许偏差参见《中空玻璃》GB/T 11944—2012，见表4-15。

表4-15　厚度允许偏差　（单位：mm）

公称厚度D	允许偏差
$D<17$	±1.0
$17\leqslant D<22$	±1.5
$D\geqslant 22$	±2.0

注：中空玻璃的公称厚度为玻璃原片公称厚度与中空腔厚度之和。

③中空玻璃胶层厚度。中空玻璃外道密封胶层宽度应≥5mm，复合密封胶条宽度8mm±2.0mm，内道丁基胶层宽度应≥3mm，特殊规格或有特殊要求的产品由供需双方商定。

3. 常见问题

1）中空玻璃有污迹、夹杂物及密封胶飞溅现象。

2）钢化玻璃有裂纹和缺角，表面有划伤，如图4-50所示。

3）玻璃正反面错误，有明显色差。

4）几何尺寸及对角线不合格。

5）玻璃厚度偏差不合格。

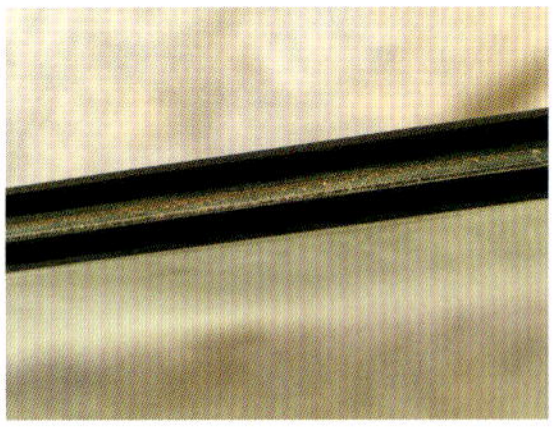

图4-50　玻璃常见质量缺陷（夹层污染）

4. 玻璃取样复试

玻璃取样复试见表4-16。

表4-16　玻璃取样复试

<table>
<tr><th>材料</th><th>检测项目</th><th>取样规格/数量</th><th>批组</th><th>检测周期</th></tr>
<tr><td rowspan="3">玻璃</td><td>可见光透射比和遮阳系数</td><td>送300mm×300mm玻璃，1块（未钢化）</td><td rowspan="3">同厂家同种产品1组（不同厚度组合、不同规格各1组）</td><td rowspan="4">15天</td></tr>
<tr><td>传热系数（K值）</td><td>送1200mm×1200mm中空玻璃，1块</td></tr>
<tr><td>中空玻璃露点</td><td>送510mm×360mm，15块</td></tr>
<tr><td>防火玻璃</td><td>耐火极限</td><td>现场标准块</td><td>1组</td></tr>
</table>

注：不同实验室要求送样规格、数量不一样，送样前要先咨询实验室，以上数据仅供参考。

第五节　石材

石材是一种常见的天然外墙装饰材料，其主要特点是坚硬耐用、不变形、抗酸碱腐蚀。石材外墙材料的种类繁多，包括花岗石、砂岩等，一般以花岗石为主。石材外墙材料具有自然纹理和丰富多样的颜色，可增添建筑的质感和美感，广泛应用于高档住宅、商业建筑等。

常见的石材表面处理方式有抛光、酸洗、喷砂、六面防护等。

一、石材的加工流程

石材的加工流程如图4-51所示。

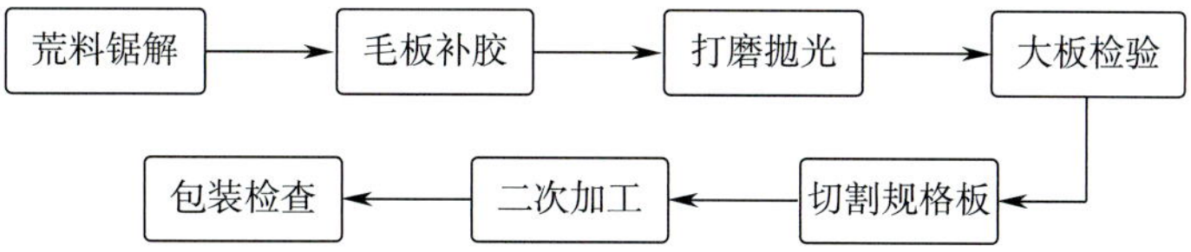

图4-51　石材的加工流程

1. 荒料锯解

将选中的荒料锯解成大板，方便进行下一步加工，如图4-52所示。

2. 毛板补胶

修补石材表面的裂纹、孔洞、对石材进行补强，如图4-53所示。

图4-52　荒料锯解

图4-53　毛板补胶

3. 打磨抛光

打磨抛光使毛板具备闪亮的光泽度，装饰性能更好，如图4-54所示。

4. 大板检验

通过检验工具，确保大板产品质量，如图4-55所示。

5. 切割规格板

对大板进行加工，切割成符合要求的规格板，如图4-56所示。

图4-54　打磨抛光

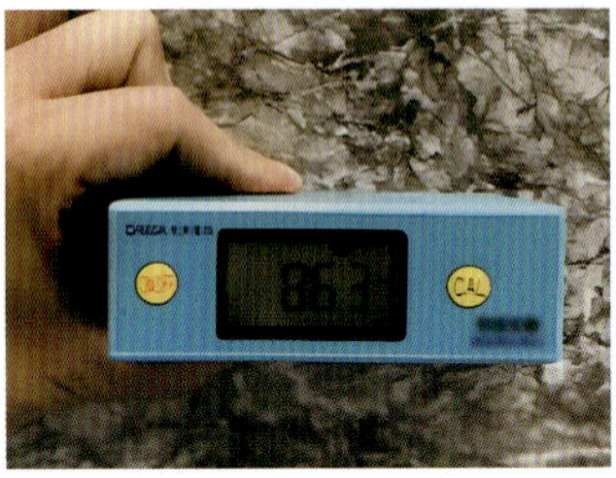

图4-55　大板检验

图4-56　切割规格板

6. 二次加工

进行二次加工，使规格板完成倒角、磨边等工序，如图4-57所示。

7. 包装检查

采用木箱包装，将板材光面相对，顺序立放于内衬防潮纸的箱内（或2~4块用草绳扎立于箱内），四周用包装棉保护，箱内空隙宜用弹性材料塞紧，如图4-58所示。木板厚度不得小于20mm。每箱应在两端加设铁腰箍，横档上加设铁包角（三角或者异形的石材必须用保护棉包好角和异形部位，定制同等大小的木箱，再按上述方法进行装箱包装）。

图4-57　二次加工

图4-58　包装检查

二、石材的表面处理

1. 抛光面

抛光面是指用磨料将平板进行粗磨、细磨、精磨并加以抛光粉剂予以抛光加工而成的饰面。此表面光亮如镜、色彩鲜艳，毛孔很少并且很小。一般的石材光度可以做到80度、90度，其特点是光度高，对光的反射强，往往能充分地展示石材本身丰富艳丽的色彩和天然的纹理。

2. 酸洗面

酸洗面通过用强酸腐蚀石材表面来达到视觉效果，经过处理的石材，表面会有较小的腐蚀痕迹，比磨光面看起来更加质朴，且强酸并不会对石材内部产生影响。这种工艺常见于大理石和石灰石，防滑性能较好，多用于洗手间、厨房、道路等部位，也常常用于软化花岗石光泽。

3. 喷砂面

天然石材的喷砂处理（石材喷砂面）就是利用带棱角的金刚砂、石英砂、河砂等磨料在压缩空气（或是水）的带动下对石材表面进行冲击所得到的一种类似玻璃磨砂效果的石材表面加工方式。目前该工艺一般通过石材喷砂机实现，可以根据石材硬度调节气流大小，达到所需深浅、均匀的程度。这种加工处理方式能使石材具有良好的防滑功能，同时又不失美观，故而应用范围非常广泛，不仅能用于薄板、规格板等天然石板材类产品的加工，同时也可以对线条、柱子、栏杆台阶、拐角等异型石材进行加工，而且喷砂工艺也非常广泛地应用于石材雕刻。

4. 六面防护

石材的六面防护也称全面防护，是指对石材的六个面即正面、反面和四个侧面涂抹化学防护剂，利用石材防护剂渗入石材内部，以达到防水、防油、防污的目的。目前对石材进行六面防护处理方法中有浸泡法和涂刷法两种，先把石材表面用水清理干净并晾干，然后再使用防护剂对石材的六个面进行涂抹或者浸泡，使其达到防护效果。

检验石材防护的效果，可以倒少许清水或有颜色的水在石材的表面，看是否能形成点滴状水珠，过十分钟后用棉布将水珠擦干净，石材面没有渗透水迹或染色，就说明石材防水的处理合格。如果不能形成水珠，出现一大片渗透的水渍，即防护处理不合格。

5. 荔枝面

荔枝面是用形状如荔枝皮的锤在花岗石表面敲击而成，经过处理，石材表面会形成近似荔枝皮的粗糙表面，如图4-59所示。荔枝面的处理方法可分为机荔面（机器）和手荔面（手工）两种，一般而言手荔面比机荔面更细密一些，但工效较低。

6. 火烧面

火烧面是指用乙炔、丙烷、石油液化气为燃料辅以氧气助燃，产生高温火焰对石材表面加工而成的饰面，由于火烧的效果可以烧掉石材表面的一些杂质和熔点低的成分，从而在表面上形成粗糙的饰面，因此手摸上去会有一定的刺感，如图4-60所示。

7. 菠萝面

菠萝面的做法是将石材表面加工得比荔枝面更加凹凸不平，使颗粒感更加明显，其凹凸感偏弱，颗粒感较大，如图4-61所示。

图4-59　荔枝面

图4-60　火烧面

图4-61　菠萝面

8. 自然面（劈开面）

自然面俗称自然断裂面、开裂面，是用机械将一块石材从中间自然分裂开来，分裂后不进行任何处理，这种石材表面凹凸不平且极为粗犷，在灯光的照射下，显得尤其有张力，如图4-62所示。

图4-62　自然面（劈开面）

三、石材的质量控制

1. 石材的相关知识

常用幕墙石材以花岗石为主，用于石材幕墙的石板厚度一般不小于25mm，石材吸水率应小于0.8%，花岗石板材的弯曲强度应经检测机构检测确定，其弯曲强度不应小于8.0MPa，为满足等强度计算的要求，火烧石板的厚度应比抛光石板的厚度厚3mm。石材幕墙中单块石材板面面积不宜大于1.5m^2。

2. 石材的检测

1）检测工具：直尺、卷尺、游标卡尺、万能角度尺。

2）检测标准：《天然花岗石建筑板材》GB/T 18601—2024、《金属与石材幕墙工程技术规范》JGJ 133—2013。

3）抽检比例：同一厂家生产的同一型号、规格、批号的材料随机抽取5%且不得少于5件，当抽检材料不合格率大于20%时，要求所有材料退场。

4）检测项目：

①几何尺寸检测。检测方法：检测对角线尺寸、几何尺寸等是否满足要求，如图4-63所示。

图4-63 石材厚度测量

石材板材按加工质量和外观质量分为优等品、一等品、合格品，普通石材板规格尺寸允许偏差见表4-17；对角线允许公差为±1.5mm。

表4-17 普通石材板规格尺寸允许偏差（GB/T 18601） （单位：mm）

项目		技术指标					
		镜面和细面板材			粗面板材		
		优等品	一等品	合格品	优等品	一等品	合格品
长度、宽度		−1.0~0		−1.5~0	−1.0~0		−1.5~0
厚度	≤12	±0.5	±1.0	−1.5~1.0	—		
	>12	±1.0	±1.5	±2.0	−2.0~1.0	±2.0	−3.0~2.0

②表面平整度检测。检测方法：将1000mm钢平尺或水平尺自然贴放到石材板面上，用塞尺测量尺面与板面间隙。

普通石材板长度允许公差见表4-18。

表4-18　普通石材板长度允许公差（GB/T 18601）　　（单位：mm）

板材长度L	技术指标					
	镜面和细面板材			粗面板材		
	优等品	一等品	合格品	优等品	一等品	合格品
L≤400	0.20	0.35	0.50	0.60	0.80	1.00
400<L≤800	0.50	0.65	0.80	1.20	1.50	1.80
L>800	0.70	0.85	1.00	1.50	1.80	2.00

③材质纹理、色差、六面防护处理。

检测方法：眼观、洒水。

执行标准：与封样对比材质、颜色、纹理无明显色差。

洒水检验不得有吸水现象；检查六面防护洒水是否成滴。

④表面外观质量。

检测方法：眼观。

检查标准：无缺棱、缺角、裂纹、色斑、色线等现象，表面无划伤，石材造型连接的螺栓和钢销钉是否满足设计要求。

3. 常见问题

石材常见质量缺陷如图4-64所示。

图4-64　石材常见质量缺陷（破损、色差）

1）石材破损、污染、缺棱、缺角、裂纹、色斑。

2）存在色差。

3）六面防护不到位。

4）加工不符合要求，几何尺寸不合格，未按要求装配螺栓、角码、打胶等。

5）石材造型连接的螺栓和钢销钉不满足设计要求。

4. 石材取样复试

石材取样复试见表4-19。

表4-19　石材取样复试

材料	检测项目	取样规格/数量	批组	检测周期
石材	放射性、渗水性	现场使用产品同规格一组三块	1000m²一组	7天

注：不同实验室要求送样规格、数量不一样，送样前要先咨询实验室，以上数据仅供参考。

第六节　陶土板

陶土板是以天然陶土为主要原料，添加少量石英、浮石、长石及色料等成分，经过高压挤出成型、低温干燥及1200℃的高温烧制而成，具有绿色环保、无辐射、色泽温和、无光污染等特点。

陶土板常规厚度为15~40mm不等，常规长度为300mm、600mm、900mm、1200mm、1500mm、1800mm，常规宽度为200mm、250mm、300mm、450mm、500mm、550mm、600mm。

一、陶土板的加工流程

陶土板的加工流程如图4-65所示。

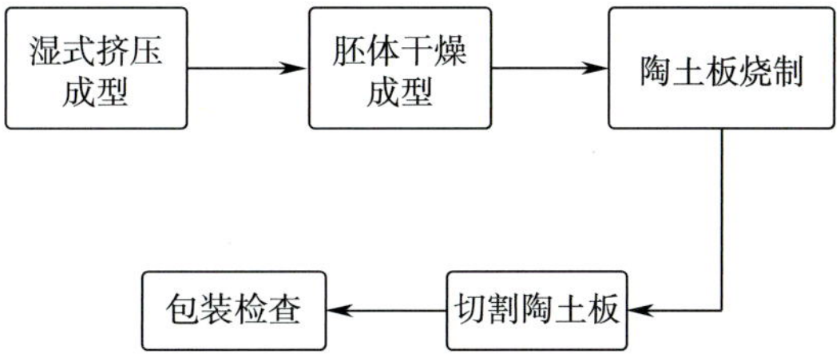

图4-65　陶土板的加工流程

1. 湿式挤压成型

利用湿式真空挤压成型设备，将原料挤压成型，如图4-66所示。

2. 胚体干燥成型

挤压好的坯体进入干燥窑进行干燥，如图4-67所示。

图4-66　湿式真空挤压成型设备

图4-67　胚体干燥成型

3. 陶土板烧制

利用辊道窑以1200℃的高温烧制陶土板，如图4-68所示。

4. 切割陶土板

利用切割机将陶土板切割成各种尺寸，如图4-69所示。

5. 包装检查

采用木箱包装，将板材光面相对，顺序立放于内衬防潮纸箱内（或2~4块用草绳扎立于箱内），四周用包装棉保护，箱内空隙宜用弹性材料塞紧，如图4-70所示。木板厚度不得小于20mm。每箱应在两端加设铁腰箍，横档上加设铁包角（三角或者异形的陶土板必须用保护棉包好角和异形部位，定制同等大小的木箱，再按上述方法进行装箱）。

图4-68　烧制陶土板

图4-69　切割陶土板

图4-70　成品包装

二、陶土板的质量控制

1. 陶土板的相关知识

1）陶土板环保节能无辐射、可回收，生产中无废渣、废气、废水排放，能源消耗比普通陶瓷减少30%以上。

2）板材因其中空结构其自重降低，但强度更高，重量仅为同等厚度的石材、陶瓷重量的一半。

3）空腔结构可降低传热系数增大热阻，降低建筑能耗，隔声降噪，通常陶土板可以降低噪声9dB。

4）陶土板属于不可燃材料，经高温煅烧更加耐高温，安全性好。耐酸碱性强，抗冻融性和抗热震性好。

5）满足随意切割的要求，赋予安装更多的灵活性。长度和宽度方向可随意切割，也可圆形和弧形切割。

2. 常见问题

1）陶土板易发生侧曲，产品越细长越容易发生侧曲。

2）陶土板风裂。

3）陶土板色差。

4）陶土板表面有划痕、色痕及角边缺失。

5）陶土板表面有爆点。

第七节 其他材料

幕墙工程是一个复杂、综合的系统工程，除以上介绍的主要材料外，还涉及若干辅材，本节做简要介绍。

一、五金件

五金件是幕墙门窗结构的关键性零配件，直接关系到门窗的使用性能和寿命。五金件必须具有承受窗扇自重和频繁开启的功能，同时要满足安全、美观、耐腐蚀的性能，一般外露的五金件制品采用316不锈钢材质。

常用的五金件有窗锁系统、合页、窗撑、风撑、闭门器、拉手、地弹簧等，幕墙体系常用的配件主要是驳接爪和拉锁，如图4-71~图4-74所示。

图4-71　驳接爪

图4-72　地弹簧

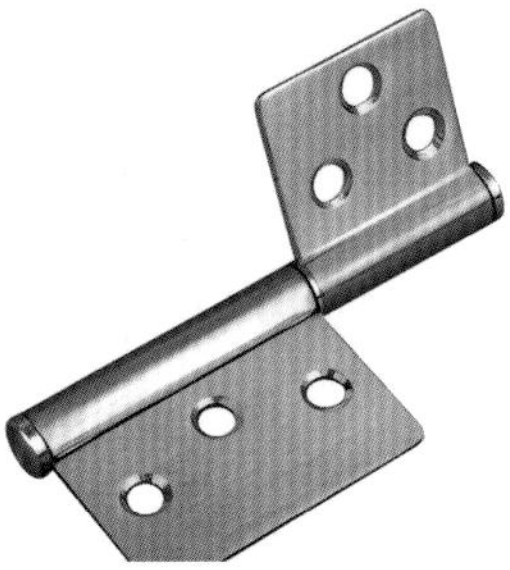

图4-73　合页

图4-74　闭门器

二、密封保温及生产辅材

1. 结构胶

硅酮结构胶应符合现行国家标准《建筑用硅酮结构密封胶》GB 16776—2005的要求，其作用是固定玻璃使其与铝框有可靠连接，同时对建筑幕墙进行密封。

注胶宽度根据强度计算确定，但不应小于7mm。厚度根据结构变位要求计算确定，一般为6mm、8mm、10mm，不应小于6mm，宽度不宜大于厚度的2倍。隐框幕墙结构胶粘接厚度不应大于12mm。

硅酮结构胶有单组分和双组分两种，双组分须经打胶机混和使用。结构胶使用前，应经国家认可的检测机构进行与其相接触材料的相容性和剥离粘接性试验，检验不合格产品不得使用，现场使用时需采用蝴蝶试验来检测其性能、表干时间、混胶是否均匀等。

2. 耐候胶

耐候胶是单组分，中性固化，专为各种幕墙耐候密封而设计的硅酮密封胶，具有优异的耐候性能，经过人工加速气候老化测试，密封胶的各项理化性能无明显变化。使用时用挤胶枪将胶从密封胶筒中挤到需要密封的接缝中，密封胶在室温下吸收空气中的水分，固化成弹性体，形成有效密封。

耐候胶应符合现行国家标准《硅酮和改性硅酮建筑密封胶》GB/T 14683—2017规定，其主要用于门窗安装、玻璃装配，幕墙填缝密封，金属结构工程填缝密封等，使用前需与工程材料做适用性检测。耐候胶虽然不需要承受幕墙面板的各种荷载，但需要承受由风载荷、基材随温度变化热胀冷缩产生的变形而引起的位移，因此选用时需按变位要求选择适合模量的硅酮密封胶。

耐候胶又分为中性密封胶和酸性密封胶。中性密封胶对金属、镀膜玻璃、混凝土、大理石、花岗石等建筑材料无腐蚀作用。酸性密封胶不可用于石材缝的接缝密封。

同一幕墙工程应采用同一品牌的硅酮结构胶和硅酮耐候密封胶，硅酮结构胶和硅酮耐候密封胶应在有效期内使用，其生产商应提供硅酮结构胶的变位承受能力数据和质量保证书。

3. 密封胶条

玻璃幕墙橡胶制品，宜采用三元乙丙橡胶、氯丁橡胶及硅橡胶，应根据要求确定胶条的形状和硬度，如图4-75所示。密封胶条可以避免两物体硬性接触，起到缓冲及密封作用。

图4-75 密封胶条

胶条应符合《建筑门窗、幕墙用密封胶条》GB/T 24498—2009规定。橡胶材料应有良好的弹性和抗老化性能，并符合《工业用橡胶板》GB/T 5574—2008和《建筑橡胶密封垫——预成型实心硫化的结构密封垫用材料规范 》HG/T 3099—2004规定。密封胶条应有成分化验报告和保证年限证书。

4. 岩棉

岩棉是一种经高温熔化、纤维化而制成的无机质纤维，因形态酷似“棉”，故称

“岩棉”，起源于夏威夷。岩棉是以天然岩石如玄武岩、辉长岩、白云石、铁矿石、铝矾土等为主要原料，经1450℃以上高温熔化后采用离心机高速离心成纤维，同时喷入一定量胶粘剂、防尘油、憎水剂后经集棉机收集，通过摆锤法工艺，加上三维法铺棉后进行固化、切割，形成不同规格和用途的岩棉产品。岩棉具有优良的保温隔热和防火功能，适合于建筑和工业设备、管道、容器及各种窑炉的保温隔热，如图4-76所示。

图4-76　岩棉

幕墙保温隔热材料应采用不燃材料，并符合《建筑设计防火规范》GB 50016—2014（2018年版）和《建筑材料及制品燃烧性能分级》GB 8624—2006规定。保温隔热用岩棉、矿棉应符合《绝热用岩棉、矿渣棉及其制品》GB/T 11835—2016和《建筑用岩棉绝热制品》GB/T 19686—2015的规定。不应采用含石棉的材料。粘结、固定隔热保温层的材料应满足防火设计要求。

第五章　建筑幕墙的施工工艺

本章概述

建筑幕墙工程施工工艺是幕墙建筑中一个关键的环节，其施工质量和工艺控制直接影响幕墙建筑的质量和外观。在进行幕墙工程施工时，需要严格按照施工图纸要求进行施工，并做好施工准备和安全措施，确保施工过程的安全和顺利进行。同时，在施工完成后，需要进行系统测试和调试，进行验收和保养工作，保证幕墙建筑的可靠性和持久性。

本章节主要针对幕墙工程施工安装工艺进行阐述，包含测量放线施工工艺、幕墙埋件施工工艺、幕墙施工工艺。

第一节　测量放线施工工艺

幕墙测量放线是建筑幕墙施工中重要的一环，是确保幕墙构件安装准确、精确的关键步骤。本节将概述幕墙测量放线的施工工艺。

一、测量放线施工流程

测量放线施工流程如图5-1所示。

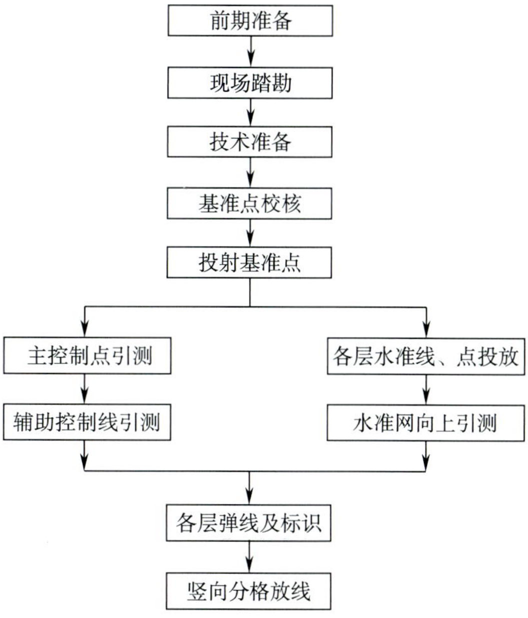

图5-1　测量放线施工流程

二、前期准备

1. 测量仪器

主要用于测量的仪器有如全站仪、经纬仪、测距仪等测量工具，以及记录本、相机等辅助设备。

2. 测量人员配备

配置满足施工需求的相关人员。

三、现场踏勘

组织相关人员，对施工区周围控制点布设及保存情况做一个初步的了解，熟悉现场环境。

四、技术准备

1）首先全面掌握相关图纸内容，包含建筑图、结构图、幕墙施工图等，熟悉立面分格、标高、位置、平立面进出关系等相关信息。

2）进行分区、分面、分段，编制测量计划。

对于工作量较大的或是较复杂的工程，测量要分类有序进行，在对建筑物轮廓，对所测量对象进行分区、分面、分段编制测量计划，测量区域的划分通常遵循以立面划分为基础、以立面变化为界限的原则，全方位进行测量。

3）在对整个工程进行分区（可在图纸上完成，也可在现场完成）后就对每个区进行测量。

根据实际情况，可分区进行，也可以几个区同时进行，在测量时首先选定基准层。

基准层必须具备以下几个条件：

①基准层应选择在主体结构稳固且不易变形的区域。

②基准层需与建筑物主要轴线和高程控制点严格对应。

③基准层需具备良好的通视条件，便于通过激光铅垂仪、经纬仪等工具向上下楼层引测垂直线。同时，基准层应覆盖幕墙施工的主要区域，确保中间各层能通过等分或拉钢丝等方法准确传递定位线。

④基准层需预留足够的操作空间，方便对放线结果进行多次复核，便于复核与调整。

五、基准点校核

测量人员依据基准点布置图，复核建筑基准点。采用全站仪对基准点轴线尺寸、角度进行检查校对。

六、投射基准点

投测基准点之前将测量孔部位清理干净，无障碍遮挡。由测量人员在首层基准点上架设激光铅垂仪进行投射。为保证竖向轴线的精度，从首层直接投射至顶层，并于每层基准孔周围标注十字线，如图5-2所示。

七、主控制点测量

基准点投射完后，利用全站仪结合各层基准点进行主控制点的引测，并标记清晰，如图5-3所示。

八、主控制线、辅助控制线布设

主控制点均测量完毕后，进行布设施工所需的主控制线，结合施工需求布设辅助控制线，并复测检查。

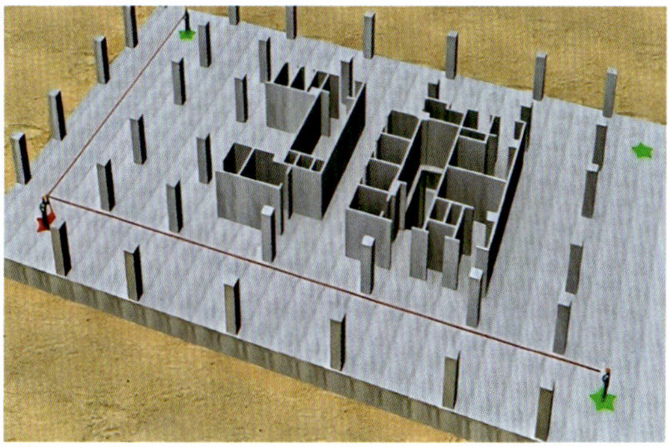

图5-2 投射基准点效果图

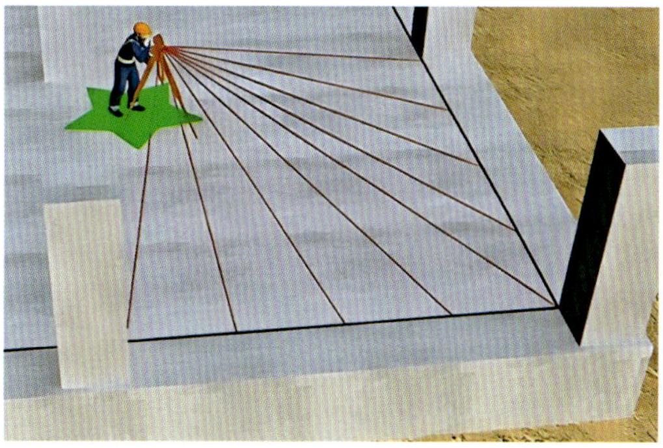

图5-3 主控制点测量效果图

九、水准线、点投放

放线时应按设计要求的定位和分格尺寸，先在首层的地、墙面上测设定位控制点、线，然后用经纬仪或激光铅垂仪在幕墙四周的大角、各立面的中心引垂直控制线和立面中心控制线，如图5-4所示。

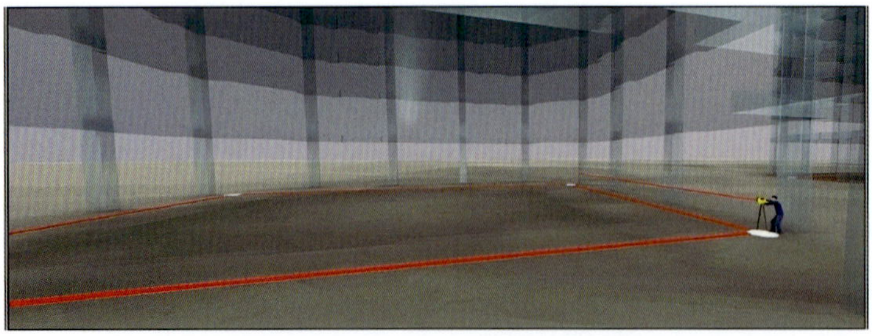

图5-4　各层水准线、点投放效果图

十、水准网向上引测

起始水准点经复核后，在各楼层布设高程控制网（4~8个点，形成闭合水准路线），如图5-5所示。校核水准网平差，在墙上测出+1.000m标高线后，弹上墨线，用红三角做标记。各大角用钢丝吊重锤作为施工线。

图5-5　水准网向上引测效果图

十一、各层弹线及标识

用水准仪和标准钢尺测设各层水平标高控制线，水平标高应从各层建筑标高控制线引入，以免造成各层幕墙窗口不一样高。按设计大样图和测设的垂直、中心、标高控制线，弹出横、竖框架，分格及转角的安装位置线。特制一个放线工具，用于将放样于楼板或楼板底梁上的幕墙支座平行线引至待施工位置，如图5-6所示。

十二、竖向分格放线

在施工顶层采用同样的方法，依据已弹设好的内控制线，找出一层位置相对应的点，结构边缘处安装控制点支架，然后进行上下钢丝线的放线工作，如图5-7所示。

图5-6　特殊装置

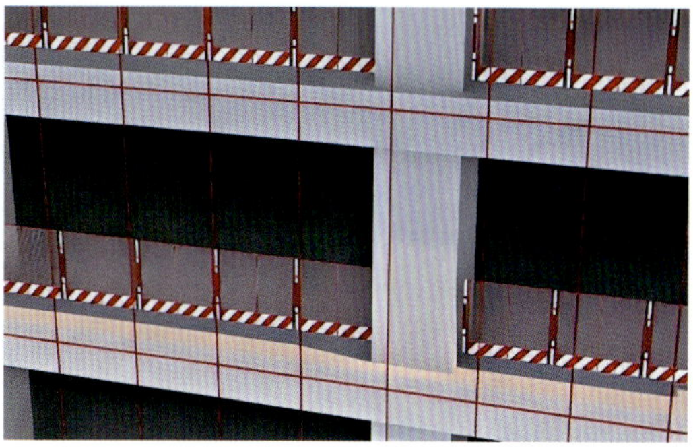

图5-7　竖向分格放线效果图

十三、注意事项

测量放线应注意以下几点：

1）幕墙分格轴线的测量应与主体结构测量相配合，及时调整、分配、消化主体结构偏差，避免误差累积。

2）施工过程中应定期对幕墙的安装定位基准进行校核，以确保幕墙垂直度和各部分位置定位尺寸准确无误。

3）对高层建筑幕墙的测量，应在风力不大于4级时进行。

第二节　幕墙埋件施工工艺

埋件安装质量是幕墙施工质量的基础，其安装精度控制及质量直接影响到工程质量、安全及工程进度等，埋件分为预置埋件与后置埋件，如图5-8、图5-9所示。

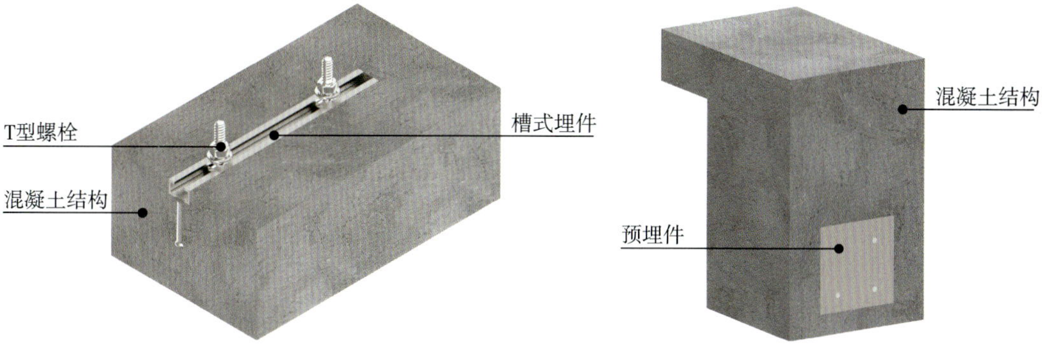

图5-8　预置埋件

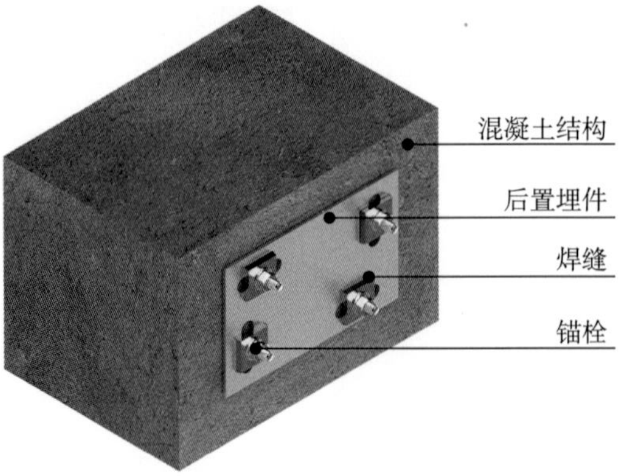

图5-9　后置埋件

一、预置埋件

1. 预置埋件工艺流程

预置埋件工艺流程如图5-10所示。

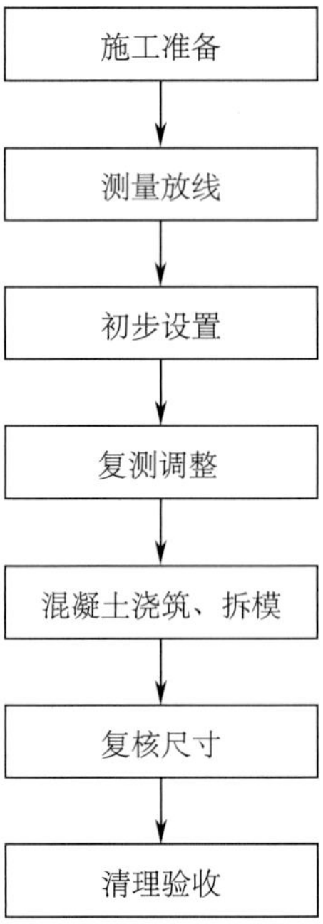

图5-10　预置埋件工艺流程

2. 预置埋件工作的施工准备

1）掌握施工图纸与现场施工条件。

2）制订预置埋件施工方案。

3）定位放线。

4）按照图纸复核现场定位尺寸。

5）分析调整偏差。

6）定出垂直、水平分布位置。

用钢卷尺、墨斗、粉笔或油漆刷等工具在现场进行预置埋件方位确定，最后核对预置埋件相对位置是否正确。

3. 预置埋件施工工艺

（1）预置埋件埋设方法

1）按照定位标记，将预置埋件初步定位，一般埋设在梁（或柱）侧的预置埋件在梁（或柱）钢筋绑完后即进行埋设，再采用点焊的方式固定于梁非主受力钢筋（如箍筋、加劲筋等），梁（或挑板）底的埋件在梁（或挑板）底模支完后定位。

2）浇筑前复核。在浇筑前1~2h需进行现场复核，及时修正偏移埋件。

3）拆模后将预埋件表面清理干净。拆模后应在2天内将拆模部位预置埋件找出并将表面清理干净。

（2）预置埋件埋设操作要点

1）当每一层楼梁柱钢筋绑扎完毕后，按照预置埋件点位布置图及标高尺寸，根据梁柱尺寸控制线，在钢筋上视具体情况用红笔划出预置埋件埋设控制线，如图5-11所示。

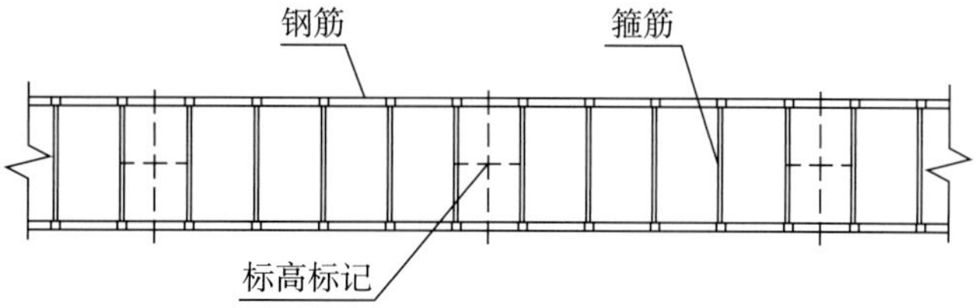

图5-11　预置埋件定位图

2）在支模时，进行分格，将预置埋件分格线弹在底模外檐口处，如图5-12所示。

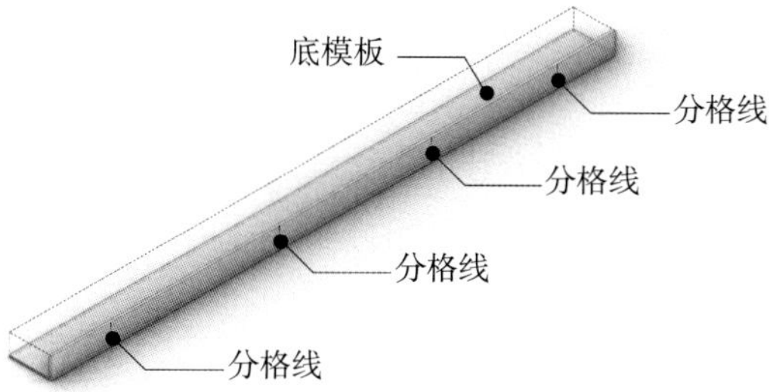

图5-12　三维示意图

3）根据埋件施工图分布的情况，以轴线一侧起第一个埋件进行编号，从一至若干个进行埋设并标记埋件的编号，如图5-13所示。

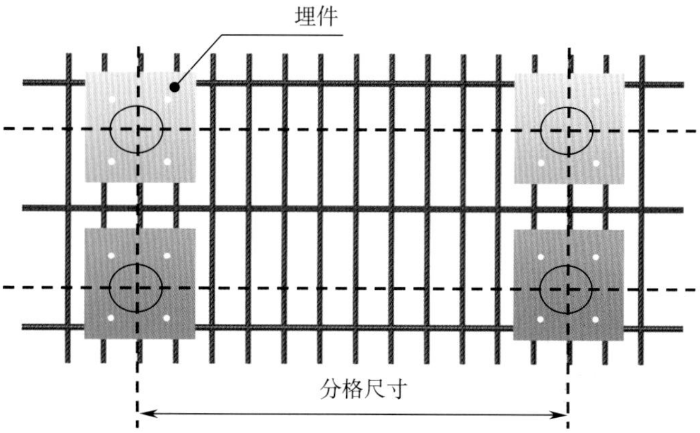

图5-13　预置埋件三维定位图

4. 预置埋件埋设要求

1）预置埋件在埋设过程中，要以多轴线控制进行埋设，避免误差积累，造成埋件的偏位，如图5-14所示。

2）幕墙与主体结构连接的预置埋件，应在主体结构施工时按设计要求埋设。

3）当梁柱钢筋绑扎完毕后，将预置埋件用钢丝临时固定在钢筋上，或点焊在箍筋上。

4）若预置埋件埋设中碰到埋件在箍筋的空档处，则可添加辅助钢筋，或用钢丝与主筋扎牢。

5）预置埋件在埋设过程中，一定要紧贴模板。

6）在浇捣混凝土时，混凝土施工的振动棒在埋件边应延长振捣时间，埋件周边的混凝土一定要浇捣密实，避免产生漏浆及空鼓现象，影响埋件的质量。

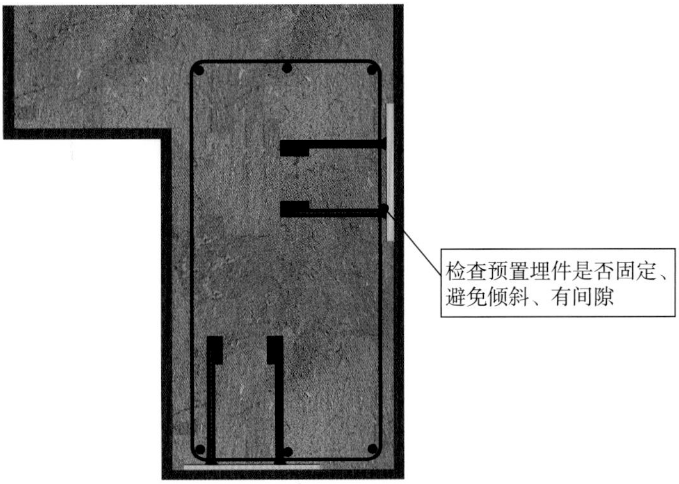

图5-14　预置埋件埋设示意图

二、后置埋件

1. 后置埋件工艺流程

后置埋件工艺流程如图5-15所示。

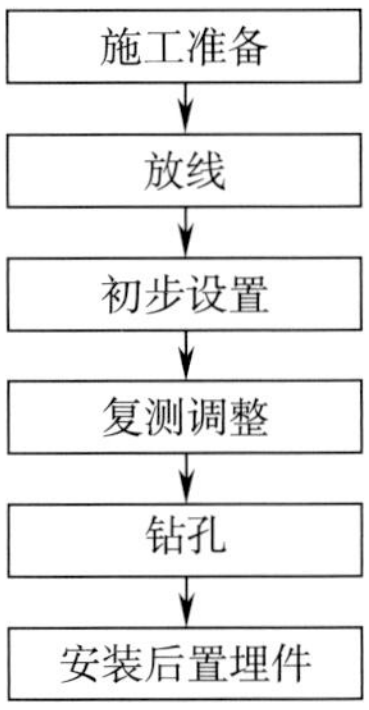

图5-15　后置埋件工艺流程

2. 后置埋件工作的施工准备

1）掌握施工图纸与现场施工条件。

2）制订后置埋件施工方案。

3）定位放线。

4）按照图纸复核现场定位尺寸。

5）分析调整偏差。

6）定出垂直、水平分布位置。

7）用钢卷尺、墨斗、粉笔或油漆刷等工具在现场进行后置埋件方位确定，最后核对预置埋件相对位置是否正确。

3. 后置埋件施工工艺

幕墙使用的后置埋件主要有两种：机械锚栓及化学锚栓，如图5-16、图5-17所示。

图5-16　机械锚栓

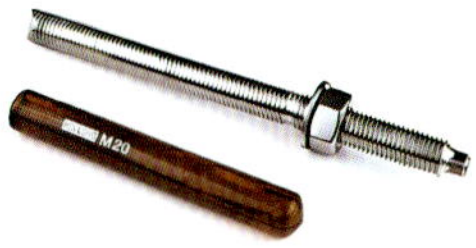

图5-17　化学锚栓

（1）机械锚栓安装过程

先于混凝土上钻孔，清理干净孔槽内的碎屑后，采用扩孔钻头进行二次扩孔。采用手动泵或气动泵来进行清孔，孔必须清理干净。敲击套筒至埋深线漏出，并紧固螺栓到位。

（2）化学锚栓安装过程

先于混凝土上钻孔，清理干净孔槽内的碎屑后，往孔内注入化学药剂，使用专用工具配合低速电钻使用，将锚栓螺杆缓缓旋入孔中，等待化学药剂养护硬化后，最后拧上螺母，如图5-18所示。

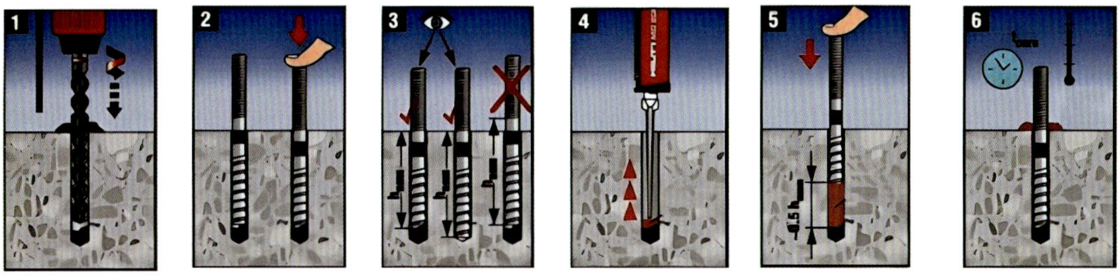

钻孔　装入螺杆　调整埋置深度　注入植筋药剂（1）注入植筋药剂（2）　等待硬化

图5-18　化学锚栓安装过程

4. 后置埋件埋设要求

1）依据工程实际状况、偏差情况制订埋件后补施工方案以及补埋的方式，并提供施工图及强度计算书，随之根据施工图进行施工。

2）埋件补埋施工图及强度计算书应提交给业主、监理认可，待确认后方可施工。

3）后置埋件在埋件施工完成后应进行拉拔试验。

第三节 玻璃幕墙施工工艺

明框玻璃幕墙、竖明横隐玻璃幕墙分解图如图5-19、图5-20所示。

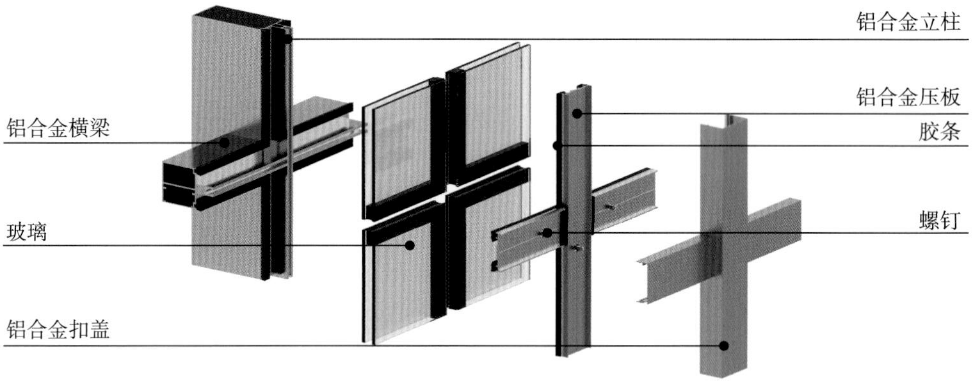

图5-19 明框玻璃幕墙分解图

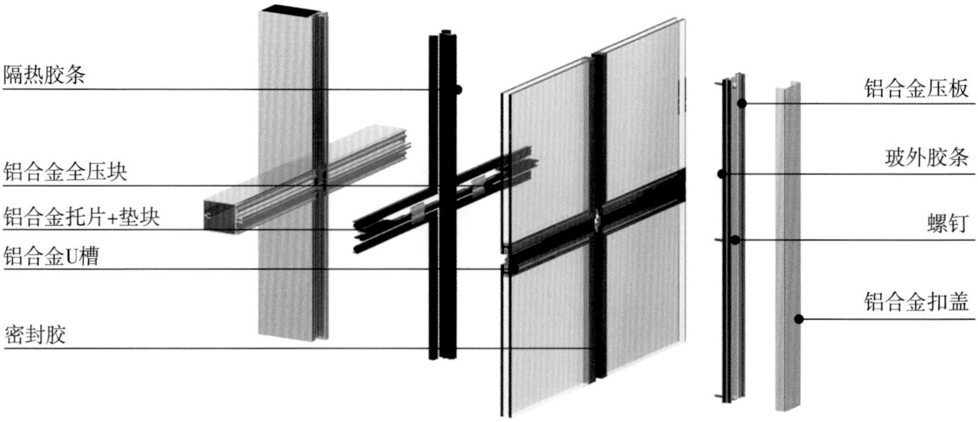

图5-20 竖明横隐玻璃幕墙分解图

一、施工工艺流程

施工工艺流程如图5-21所示。

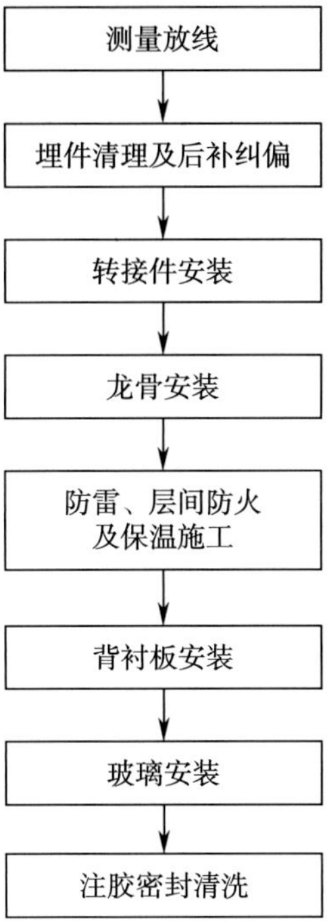

图5-21　施工工艺流程

二、测量放线

测量放线的前期施工步骤和工艺详见本章第一节。

三、埋件清理及后补纠偏

埋件施工方法详见本章第二节。

四、转接件安装

转接件安装详见本章第四节。

五、龙骨安装

玻璃幕墙铝立柱三维图如图5-22所示。

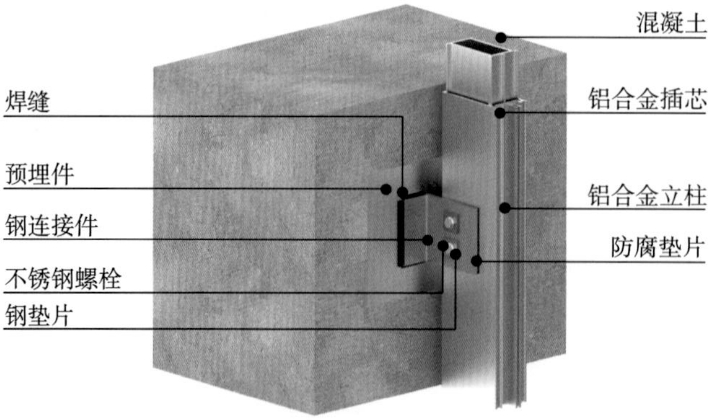

图5-22　玻璃幕墙铝立柱三维图

1. 前期准备

按施工图和测设好的立柱安装位置线，拉通线按顺序安装立柱，如图5-23所示。

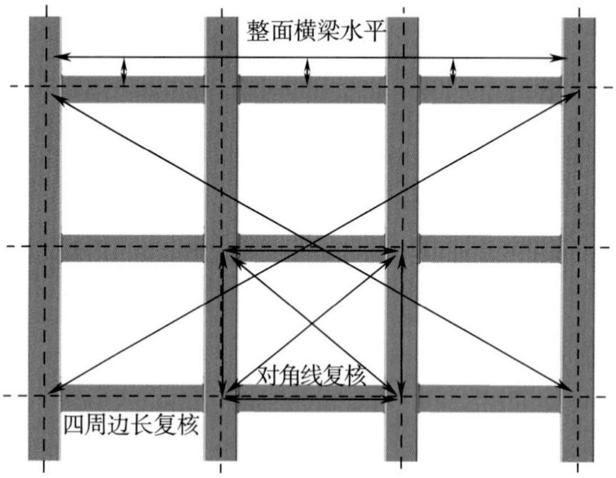

图5-23　立柱横梁复核尺寸示意图

2. 立柱安装

幕墙立柱是通过螺栓与转接件连接固定。安装时，将立柱按节点图与连接件先进行初步连接，并在立柱与两侧转接件相接触面放置柔性垫片，穿入连接螺栓，并按要求垫入平、弹垫片及钢垫片（钢垫片厚度需计算确定，根据要求与钢连接件满焊），调平，拧紧螺栓。立柱之间连接采用插芯插接（缝隙处用密封胶填充），完成立柱的安装，再进行整体调平。

立柱安装具体流程如下：

检查立柱型号、规格：安装前先要熟悉图样，同时要熟悉材料加工图，准确了解各部位所使用立柱规格、型号及安装要求。

对号就位：按照作业计划将要安装的立柱运送到指定位置，同时注意其表面的保护。

立柱安装一般由下而上进行，插芯一端朝上。第一根立柱按悬垂构件先固定上端，通过吊锤调正后固定下端；第二根立柱将下端对准第一根立柱上端的芯套用力将第二根立柱套上，并保留15mm以上厚度的伸缩缝，再吊线或对位安装梁上端，依此往上安装。

注意事项：

1）立柱安装拉通线进行垂直度控制与进出位控制。

2）铝合金立柱与转接件之间若为不同材质时，易产生接触腐蚀，需设置金属绝缘垫片或采取其他防腐蚀措施。

3）转接件应按要求与埋件之间满焊。焊缝应饱满，焊接高度应符合规范要求。

4）立柱插芯安装及长度应符合设计要求。

3. 立柱与横梁的连接

在进行横梁安装之前，横梁与立柱之间先贴柔性垫片，再通过对穿螺杆将角码与立柱连接，调整好各配件的位置以保证横梁的安装质量，其余横梁依据以上方法依照顺序依次安装，如图5-24所示。

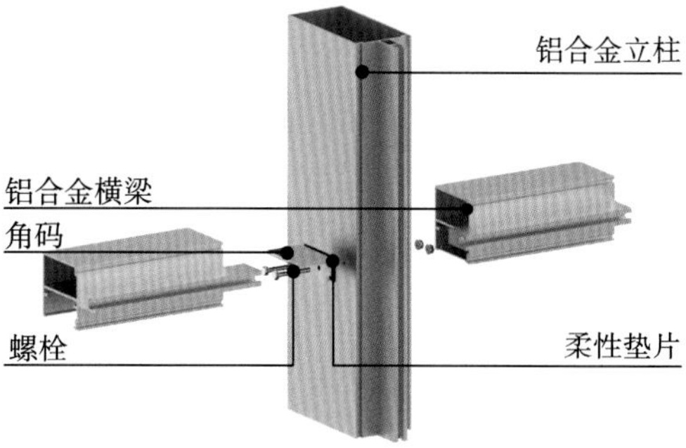

图5-24 立柱横梁安装示意图

六、防雷、层间防火及保温施工

防雷施工：

幕墙的整个金属框架安装完后，框架体系的非焊接连接处，应按设计要求做防雷、接地并设置均压环，使框架成为导电通路，并与建筑物的防雷系统做可靠连接。导体与导体、导体与框架的连接部位应清除非导电保护层，相互接触面材质不同时，应采取措施防止发生电化学反应，腐蚀框架材料。

明敷接地线一般采用镀锌圆钢或镀锌扁钢，也可采用铜编线，如图5-25所示。一般接地线与铝合金构件连接宜使用镀锌螺栓压接，接地圆钢或扁钢与钢埋件、钢构件采用焊接进行连接；圆钢的焊缝长度不小于10倍的圆钢直径，需进行双面焊；扁钢搭接不小于2倍的扁钢宽度，需进行三面焊，焊完后应进行防腐处理。防雷系统使用的钢材表面应采用热镀锌处理。

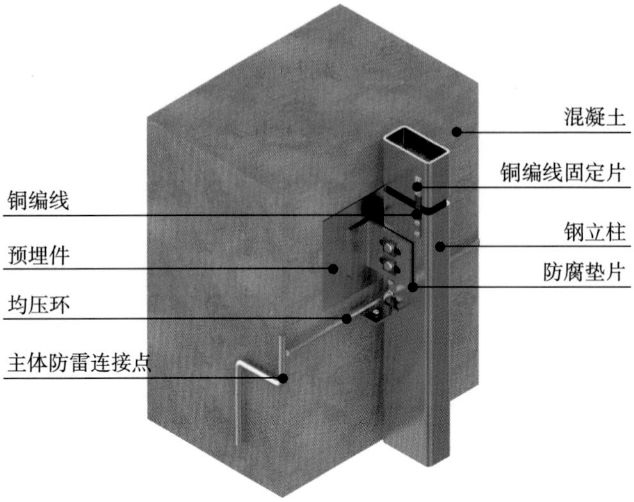

图5-25　防雷三维节点

层间防火保温施工：

1）防火封堵安装。安装防火棉之前先安装防火托板，防火托板是通过射钉和自攻钉分别固定于楼板混凝土结构上，防火托板采用镀锌钢板。

防火板与横梁、立柱连接及防火板与防火板搭接时，连接与搭接部位需加工翘边，翘边位置采用防火密封胶进行密封。

2）防火岩棉施工。将防火棉填塞入每层楼板与幕墙之间的空隙用镀锌钢板封盖严密并固定，防火棉填塞应连接、严密，中间不得有空隙，如图5-26所示。

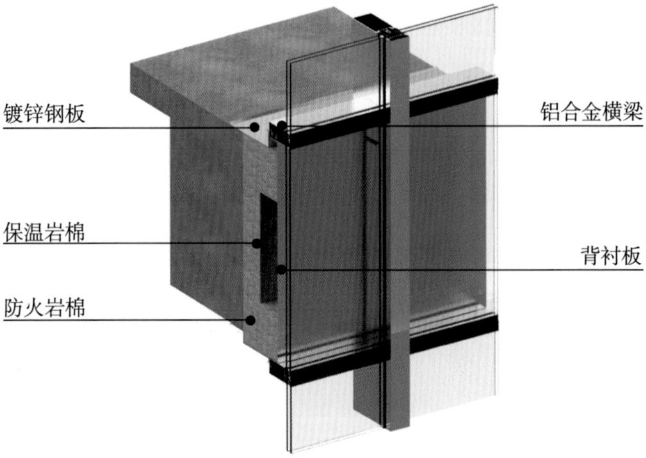

图5-26　幕墙层间示意图

3）层间保温岩棉施工。为防止保温材料受潮失效，一般存放时采用铝箔或塑料薄膜将保温材料包扎严密后再安装，保温材料安装应填塞严密、无缝隙。防火、保温材料的安装应严格按设计要求施工，固定保温材料的衬板应安装牢固。不宜在雨、雪天或大风天气进行保温材料的安装施工。

七、背衬板安装

隐蔽验收合格后根据图样所示安装背衬板。

八、玻璃安装

1）按设计要求将玻璃垫块固定在横梁的相应位置，用中空吸盘将玻璃板块运到安装位置，随后将玻璃板块由上向下轻轻放在玻璃垫块上，使板块的左右中心线与分格的中心线保持一致。

2）采用临时压板将玻璃压住，防止倾斜坠落，调整玻璃板块的左右位置。

3）调整完成后，将穿好胶条的压板采用螺栓固定在横梁（立柱）上。

4）玻璃板块由下至上安装。

5）选择相应规格、长度的扣盖。

6）将扣盖由上向下挂入压板齿槽内。

7）注意事项：

①玻璃与构件避免直接接触，玻璃四周与构件凹槽底保持一定空隙。

②检查密封胶条的穿条质量。

③玻璃板块安装与框架型材的间隙、平整度、垂直度、误差在允许偏差范围内。

④玻璃板块在工厂里已经预制完成，每块板片上有各自所对应的型号，施工人员应按板片编号图进行对应安装。

九、注胶密封清洗

1）说明：安装调整后即可开始注密封胶，该工序是防雨水渗漏的关键工序。

2）材料：耐候密封胶、聚乙烯泡沫棒、清洁剂、清洁布、注胶枪、美纹纸、刮胶铲。

3）工艺流程：

填塞泡沫棒 → 清洁注胶缝 → 粘贴美纹纸 → 注密封胶 → 刮胶 → 撕掉美纹纸 → 清洁饰面层 → 检查验收

4）基本操作说明：

①填塞泡沫棒：选择规格适当质量合格的泡沫棒填塞到拟注胶缝中，保持泡沫棒与玻璃侧面有足够的摩擦力。

②注密封胶：胶缝在清洁后半小时内应尽快注胶，超过时间后应重新清洁。

③刮胶：刮胶应沿同一方面将胶缝刮平（或凹面），同时应注意密封的固化时间。

5）清洁收尾是工程竣工验收前最后一道工序。最后工序时揭开保护膜胶纸，若已产生污染，先用中性溶剂清洗后，再用清水冲洗干净。

第四节　铝板幕墙施工工艺

铝板幕墙分解图如图5-27所示。

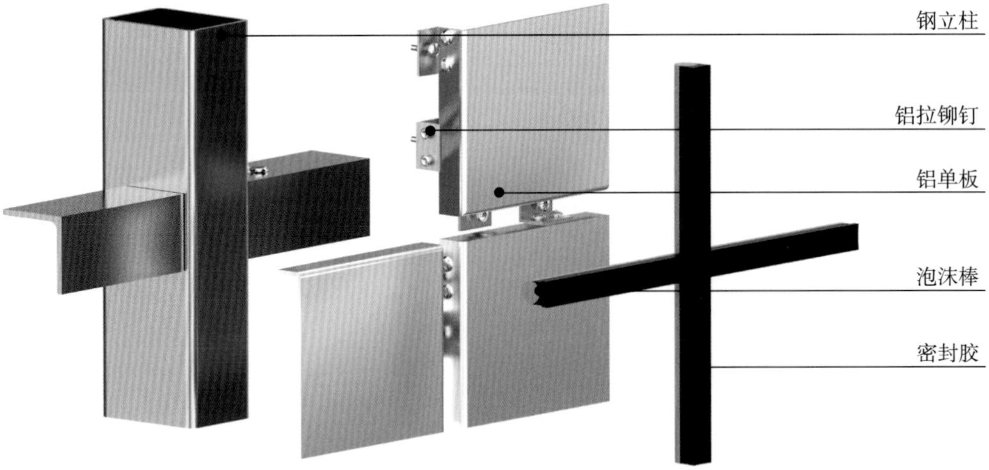

图5-27　铝板幕墙分解图

一、施工工艺流程

施工工艺流程如图5-28所示。

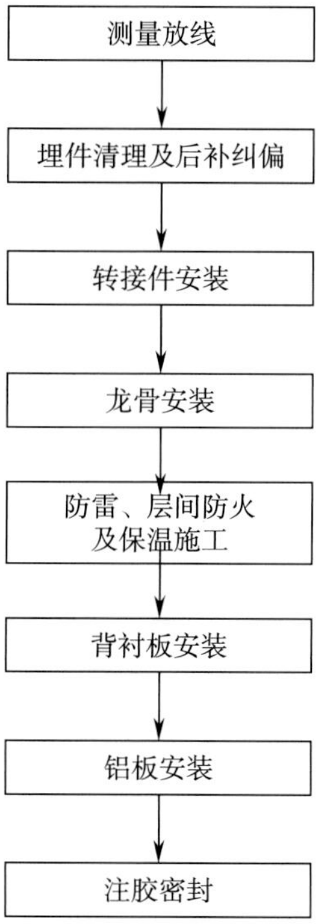

图5-28　施工工艺流程

二、测量放线

测量放线的前期施工步骤和工艺参照详见本章第一节。

三、埋件清理及后补纠偏

埋件施工方法详见本章第二节。

四、转接件安装

转接件的整体工序如下：

1）根据图纸选择对应转接件型号。

2）对照立柱中心线：立柱的中心线也是转接件的中心线，在安装时要注意控制转接件的位置。

3）拉水平线控制水平高低及进深尺寸：安装转接件时要拉水平线控制其水平及进深的位置以保证转接件的安装准确无误。

4）在转接件三维空间定位确定准确后要进行转接件的临时固定即点焊。

5）对初步固定的转接件逐个检查定位的准确性。

6）对验收合格的转接件进行固定焊接。

7）对焊接好的转接件，现场管理人员要对其进行逐个检查验收。

8）焊接完毕并检验验收完毕后进行防腐处理。

五、龙骨安装

铝板幕墙钢立柱三维图如图5-29所示。

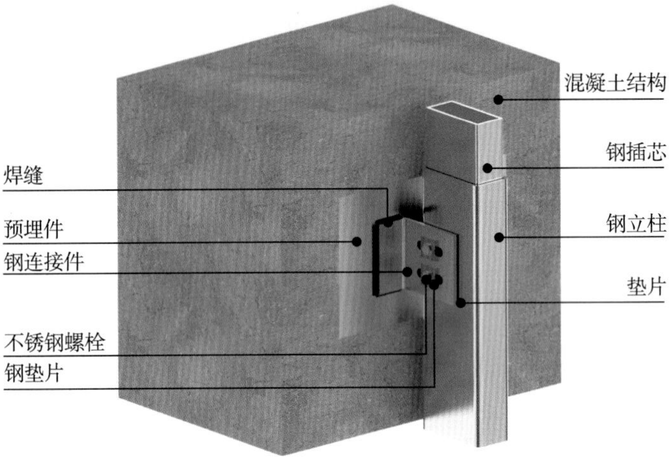

图5-29　铝板幕墙钢立柱三维图

1. 前期准备

按施工图和测设好的立柱安装位置线，拉通线按顺序安装立柱。

2. 立柱的安装

幕墙立柱是通过螺栓与转接件连接固定。将立柱按节点图放入两连接件之间，在立柱与两侧转接件接触面放置柔性垫片，穿入连接螺栓，并按要求垫入平、弹垫片。随后调平，拧紧螺栓。立柱之间连接采用插芯插接（缝隙处用密封胶填充），完成立柱的安装，再进行整体调平。主柱的垂直度可用吊锤控制，平面度由两根定位轴线之间所引的水平线控制。

具体流程如下：

检查立柱型号、规格 → 对号就位 → 插芯固定立柱下端 → 穿螺栓固定立柱上端 → 三维方向调正

检查立柱型号、规格：安装前先要熟悉图样，同时要熟悉材料加工图，准确了解各部位使用何种立柱，避免出差错。

对号就位：按照作业计划将要安装的立柱运送到指定位置，同时注意其表面的保护。

立柱安装一般由下而上进行，带插芯的一端朝上。第一根立柱按悬垂构件先固定上端，通过吊锤调正后固定下端；第二根立柱将下端对准第一根立柱上端的插芯用力将第二根立柱套上，并保留15mm以上的伸缩缝，再吊线或对位安装梁上端，依此往上安装。龙骨安装完毕后进行全面检查。

注意事项：

1）立柱安装拉通线进行垂直度控制与进出位控制。

2）立柱与转接件之间若为不同材质时，需设置金属绝缘垫片或采取其他防腐蚀措施。

3）转接件应按要求与埋件之间满焊。焊缝应饱满，焊接高度应符合规范要求。

4）立柱插芯安装及长度应符合设计要求。

3. 横梁的安装

根据图纸分格要求及横梁型号，结合龙骨布置图中横梁与水平控制线的关系，进行安装固定。

六、防雷、层间防火及保温施工

内容详见本章第三节。参见图5-30、图5-31。

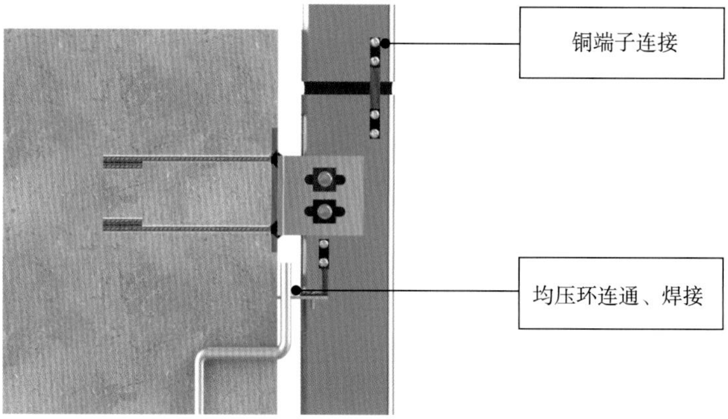

图5-30　防雷三维节点

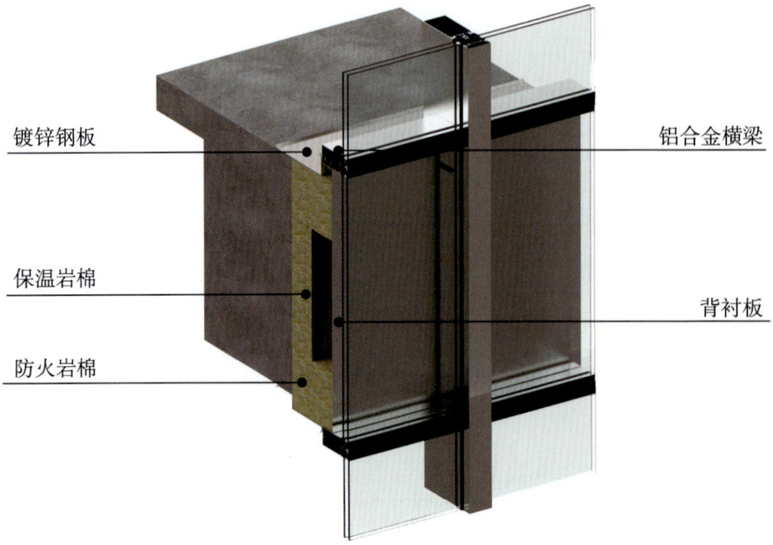

图5-31　层间封修防火三维节点

七、背衬板安装

保温、防火的安装完成，隐蔽验收合格后根据图样所示安装背衬板。

八、铝板安装

1. 主要材料

铝板、结构胶、双面胶、铝型材（框料）及托块、密封胶条等。

2. 工艺操作流程

施工准备 → 检查验收铝板 → 将铝板按层次堆放 → 安装 → 调整 → 固定 → 验收

3. 基本操作说明

（1）施工准备

人员准备、材料准备、施工现场准备。

（2）安装铝板

安装铝板应按板块分配图上板号安置就位，将角码底部的绝缘胶垫安装到位，并检查相邻两块板角码是否错开，检查其水平度、垂直度，调整横竖缝间隙符合要求再固定。

九、注胶密封

1）说明：铝板板块安装调整后即可开始注密封胶，该工序是防雨水渗透漏的关键工序。

2）材料：耐候密封胶、泡沫棒、清洁剂、清洁布、注胶枪、美纹纸、刮胶铲。

3）工艺流程：

填塞泡沫棒 → 清洁注胶缝 → 粘贴美纹纸 → 注密封胶 → 刮胶 → 撕掉美纹纸 → 清洁棉饰面层 → 检查验收

4）基本操作说明：

①填塞泡沫棒：选择规格适当质量合格的泡沫棒填塞到拟注胶缝中，保持泡沫棒与铝板侧面有足够的摩擦力。

②注密封胶：胶缝在清洁后半小时内应尽快注胶，超过时间后应重新清洁。

③刮胶：刮胶应沿同一方面将胶缝刮平（或凹面），同时应注意密封的固化时间。

第五节 石材幕墙施工工艺

一、施工工艺流程

施工工艺流程如图5-32所示。

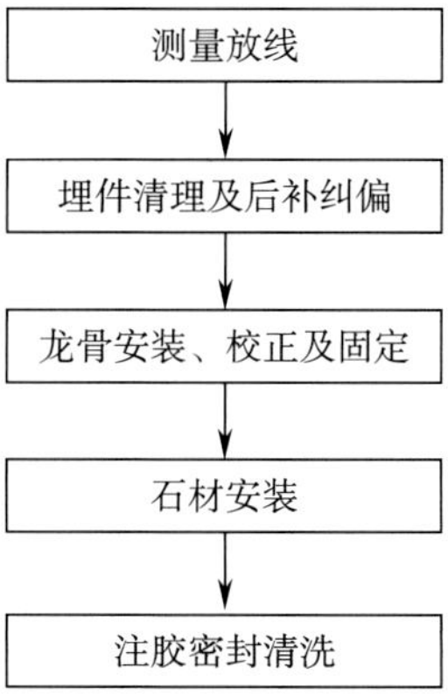

图5-32 施工工艺流程

二、测量放线

测量放线的前期施工步骤和工艺参照详见本章第一节。

根据主体结构各层柱上已弹竖向轴线，对照原结构设计图轴线尺寸，核实后，在各层楼板边缘弹出立柱的中心线，弹线应从两边往中间进行，对误差进行控制、分配、消化，不使其积累。同时核对各层预埋件中心线与立柱中心线是否一致。

核实主体结构实际总标高是否与设计总标高相符，同时把各层的楼面标高标在楼板边。幕墙进行竖向分格时，应综合考虑开启扇、防火层等与主体结构的位置关系。

根据主体结构的垂直度，结合幕墙节点的具体做法，确定出幕墙平面的进出线。定出的进出尺寸需保证该面幕墙的施工、安装不与主体结构相矛盾。

三、埋件清理及后补纠偏

埋件施工方法详见本章第二节。

四、龙骨安装、校正及固定

钢立柱是通过螺栓与转接件连接固定。立柱按节点图放入两连接件之间，在立柱与两侧转接件接触面放置柔性垫片，穿入连接螺栓，并按要求放置平垫片、弹垫片。随后调平，拧紧螺栓。立柱之间连接采用插芯插接（缝隙处用密封胶填充），完成立柱的安装，再进行整体调平。立柱垂直度可用吊锤控制，平面度由两根定位轴线之间所引的水平线控制。

具体流程如下：检查立柱型号、规格 → 对号就位 → 插芯固定立柱下端 → 穿螺栓固定立柱上端 → 三维方向调正。检查立柱型号、规格：安装前先要熟悉图纸，同时要熟悉材料加工图，准确了解各部位使用何种立柱，避免出差错。对号就位：按照作业计划将要安装的立柱运送到指定位置。立柱安装一般由下而上进行，带插芯的一端朝上。第一根立柱按悬垂构件先固定上端，通过吊锤调正后固定下端；第二根立柱将下端对准第一根立柱上端的插芯将第二根立柱套上，并保留15mm以上厚度的伸缩缝，再吊线或对位安装梁上端，依此往上安装。龙骨安装完毕后进行全面检查。

注意事项：

1）立柱安装拉通线进行垂直度控制与进出位控制。

2）立柱与转接件之间若为不同材质时，需设置金属绝缘垫片或采取其他防腐蚀措施。

3）转接件应按要求与埋件之间满焊。焊缝应饱满，焊接高度应符合规范要求。

4）立柱插芯安装及长度应符合设计要求。

根据图纸分格要求及横梁型号，横梁与立柱之间通常采用软连接或硬连接连接，结合施工图节点选用相应连接方式，并结合龙骨布置图中横梁与水平控制线的关系，进行安装固定。

五、石材安装

背栓石材幕墙三维节点如图5-33所示。

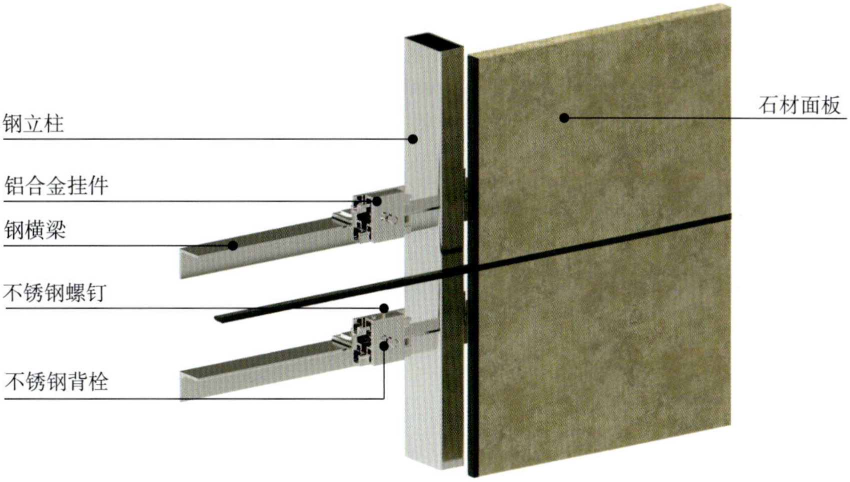

图5-33 背栓石材幕墙三维节点

石材板的背面按设计图样在工厂钻好背栓孔，现场安装时先将专用胀栓装入石材背栓孔内，并按胀栓使用要求确定缝隙内是否注胶，然后将挂件通过胀栓固定在石材背面，最后将装好挂件的石材预装到横梁上的挂件支撑座或专用龙骨上。先调整挂件支撑座在横梁上的进出位置，使石材表面平整、垂直（使用专用龙骨时，应通过调整挂件与石材之间垫片的厚薄或数量来调整石材表面的平整度和垂直度），再调整挂件顶部的调节螺栓，使石材上下两边水平，左右两边垂直，且与其他石材板块高低一致。调整好之后取下石材，将各固定、调节螺栓紧固牢固，将石材重新挂好，检查表面平整度和垂直度，横竖缝隙应均匀、顺直，检验合格后，将石材定位固定。最后用橡胶锤轻轻敲击石材，检查各挂件受力是否均匀一致，各螺栓有无松动，检查无误后再安装下一块石材。

六、注胶密封清洗

内容详见本章第四节。

第六节　单元式幕墙施工工艺

单元式玻璃幕墙三维图如图5-34所示。

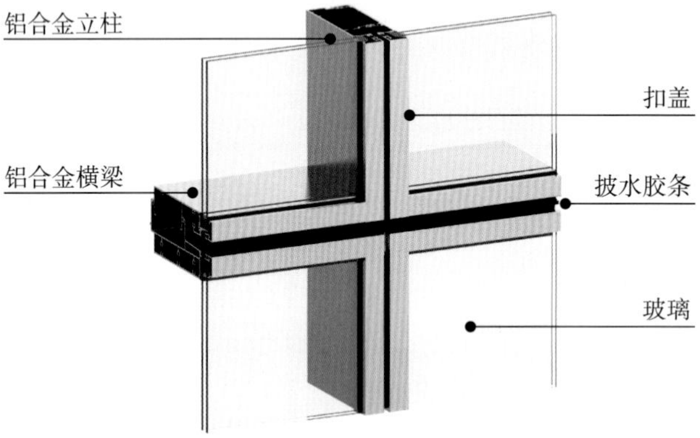

图5-34　单元式玻璃幕墙三维图

一、单元式幕墙施工工艺流程

单元式幕墙施工工艺流程如图5-35所示。

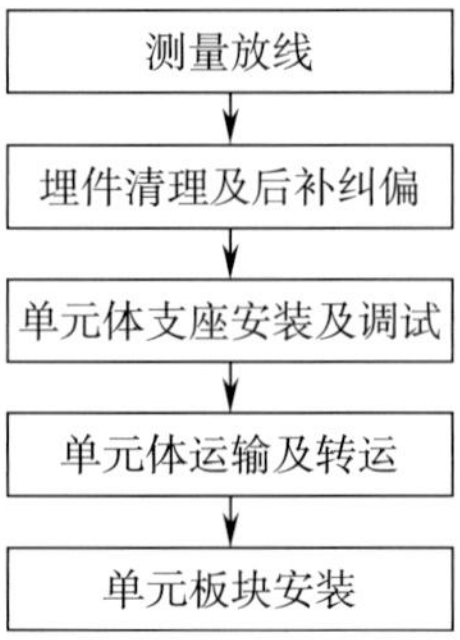

图5-35　单元式幕墙施工工艺流程

二、测量放线

测量放线的前期施工步骤和工艺参照详见本章第一节。

三、埋件清理及后补纠偏

埋件施工方法详见本章第二节。

单元式幕墙施工工艺三维示意图如图5-36所示。

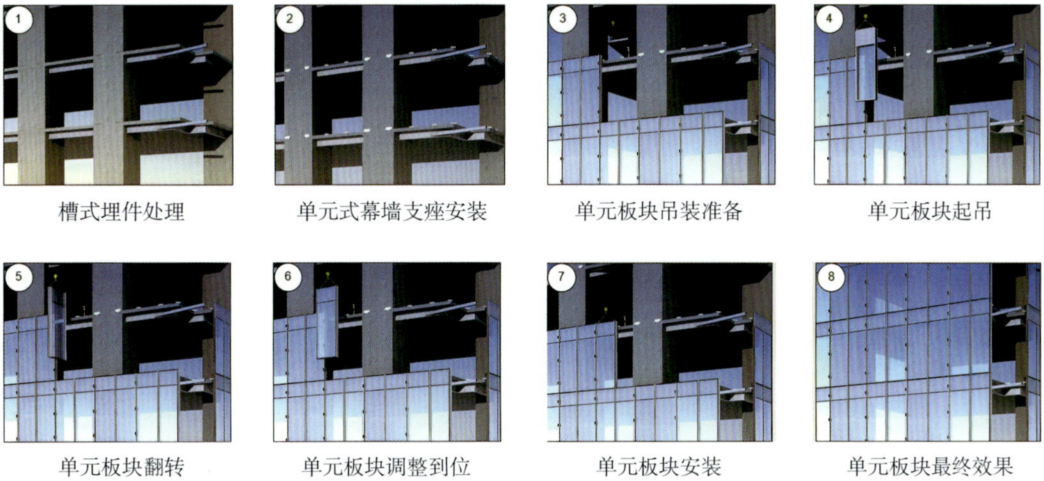

槽式埋件处理　单元式幕墙支座安装　单元板块吊装准备　单元板块起吊

单元板块翻转　单元板块调整到位　单元板块安装　单元板块最终效果

图5-36　单元式幕墙施工工艺三维示意图

四、单元体支座安装及调试

1）先对整个主体建筑进行测绘控制线，依据轴线位置的相互关系将十字中心线弹在预埋件上，作为安装挂座的依据。

面埋挂座三维示意图如图5-37所示。

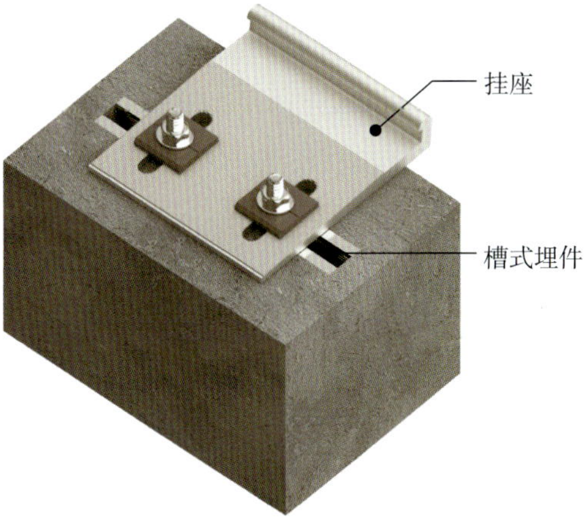

图5-37　面埋挂座三维示意图

2）幕墙施工为临边作业，须在楼层内将铝合金挂座与埋件连接，依据控制线来检查挂座的垂直度与左右偏差。

3）为保证挂座安装精度，除控制前后左右尺寸外，还要控制每个转接件标高，可用水准仪进行跟踪检查标高。

4）待挂座各部位校对完毕后即进行螺栓初步连接，连接时严格按照图样要求及螺栓紧固规定。

单元体幕墙面埋做法三维节点如图5-38所示。

图5-38　单元体幕墙面埋做法三维节点

五、单元体运输及转运

1. 单元板块的运输工具选择

1）为防止单元板块在运输途中颠簸擦伤，采用可拆卸式单元体运输的移动专架，此专架由方钢焊接而成，每个运输架可同时运输多个单元板块，运输时在钢架上搁置橡胶垫片，确保单元板块在运输途中不受损伤，如图5-39所示。

为防止小单元体在运输途中颠簸擦伤板块，应采用木质运输架，如图5-40所示。

图5-39　单元体钢制运输架

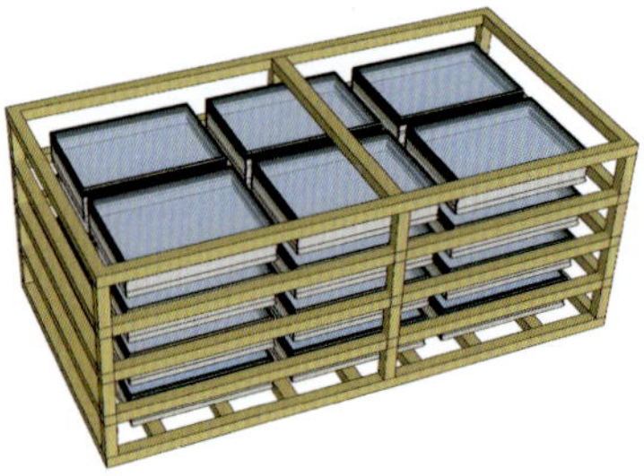

图5-40　层间小单元体专用木质运输架

2）为防止单元板块变形，在运输时板块必须平放，禁止立放。运输时两单元板块互相不接触，每单元板块独立放于一层，并可靠固定，以保证单元板块在途中不受破坏。

3）幕墙板块运输过程中，平放在运输架上，四周用压块压紧，避免产生滑移引起划伤。

2. 单元板块到货检查

单元板块运至施工现场后，由项目专职质检员对单元板块进行详细的检查，对发现有破损、尺寸偏差较大、胶密封不严情况等不符合要求的单元板块，做好标记，退回组装厂。严禁吊装不符合规范的单元板块。

3. 单元板块的工地转运

1）地面转运组根据吊运计划，将存放的单元板块，重新码放。

2）使用叉车进行运输，在交通员的指挥下驶向吊运存放点，行驶时注意施工现场交通安全，如图5-41所示。

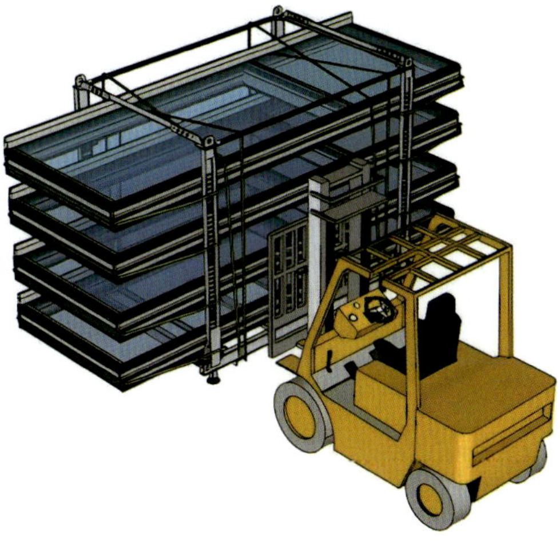

图5-41 单元体水平运输示意图

3）卸货叉车按起重机信号员的要求，将板块卸于起吊点。

4）地面转运组在单元板块转运架的吊点上装上绳索，等待吊运。吊绳连接必须牢固，注意防止吊绳滑脱。

4. 单元板块的垂直运输

单元板块的垂直运输采用吊装设备完成，将所需单元板块垂直运输至接料平台位置，转运至相应楼层内储存，如图5-42所示。

图5-42 单元板块垂直运输示意图

5. 板块转运

由于单元体整箱存放在楼内，所以需要在单元体吊装前将单个单元板块转运至待吊区准备吊装。

六、单元板块安装

以环形轨道吊装方案为例阐述单元板块的安装：

（1）吊运准备

1）吊运前，吊运组根据吊运计划对将要吊运的单元板块做最后检验，确保无质量、安全隐患后，分组码放，准备吊运。

2）对吊运相关人员进行安全技术交底，明确路线、停放位置。预防吊运过程中造成板块损坏或安全事故。

3）吊装设备操作人员按照操作规程，了解当班任务，对吊装设备进行检查，确保吊装设备能正常使用。

（2）吊具安装

待单元体初步清洁后，将吊具固定在起吊点上，准备吊装，如图5-43所示。

将单元板块运输至吊装位置，单元板块的单元体吊挂夹具安装在单元体顶部水槽上，挂点挂在起吊扁担的两侧，同时在背部耳板上装好防坠绳，板块底端绑好缆风绳，如图5-44所示。

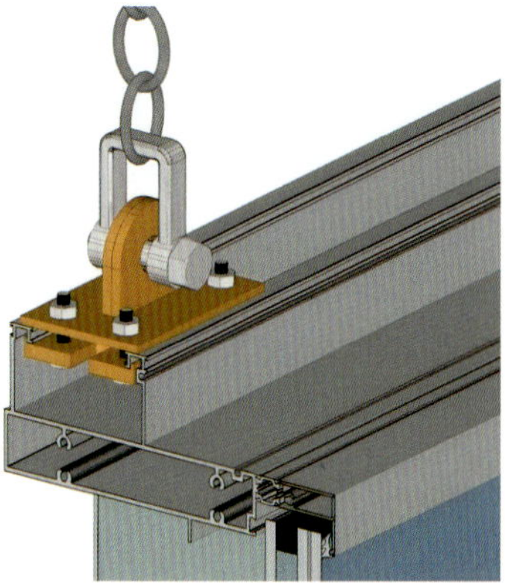

图5-43 单元板块吊装挂件示意图一

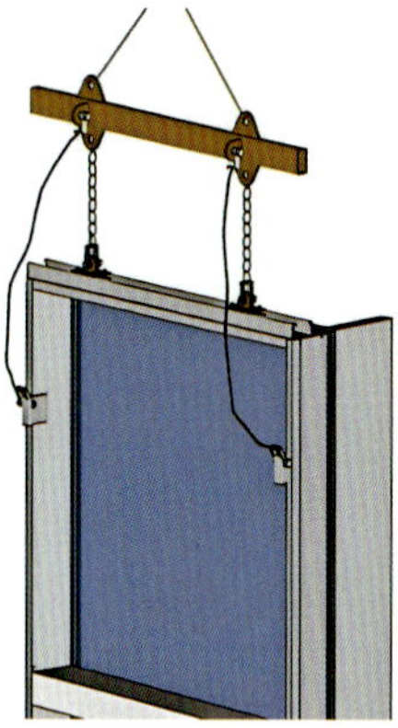

图5-44 单元板块吊装挂件示意图二

（3）单元板块安装

1）将单元板块与电动葫芦挂钩连接，钩好钢丝绳慢慢启动起重机，严格控制提升速度和重量，防止单元板块与结构发生碰撞，造成表面的损坏，如图5-45所示。

2）单元板块水平转运到安装位置后，安装技工在室内进行三维调节、单元体的定位、安装，如图5-46所示。

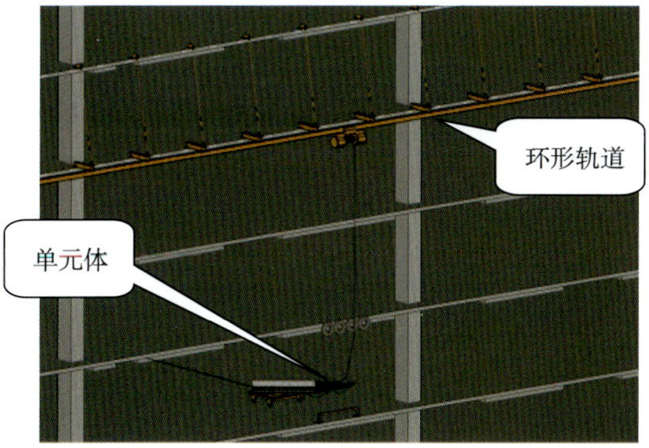

图5-45 单元体楼内边缘起吊

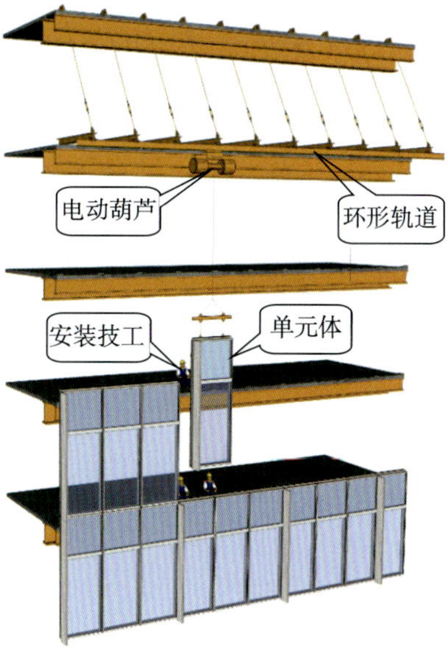

图5-46 单元体安装

单元体幕墙安装实景图如图5-47所示。

3）安装标高跟踪检查。单元板块安装完成后，对板块标高及缝宽进行检查。

（4）单元体幕墙的防水施工及闭水试验

单元体幕墙的防水施工是核心内容之一。

1）单元体的防水施工

①单元体水槽接缝处先塞泡沫棒，然后打密封胶进行密封。

②水槽端码安装前对安装部位全面打胶处理，水槽端码就位后对其四周打胶密封。

③单元体安装时十字接头处用海绵进行封闭处理，保证单元体T字接头处的密封性能。

④单元体防水施工完毕。

2）单元体闭水试验。每层单元体防水施工完毕，胶凝固后对水槽进行闭水试验，闭水试验合格后继续安装单元板块。

（5）隐蔽安装及层间收口

闭水试验完毕后，进行层间的隐蔽安装，如图5-48所示。

图5-47　单元体幕墙安装实景图

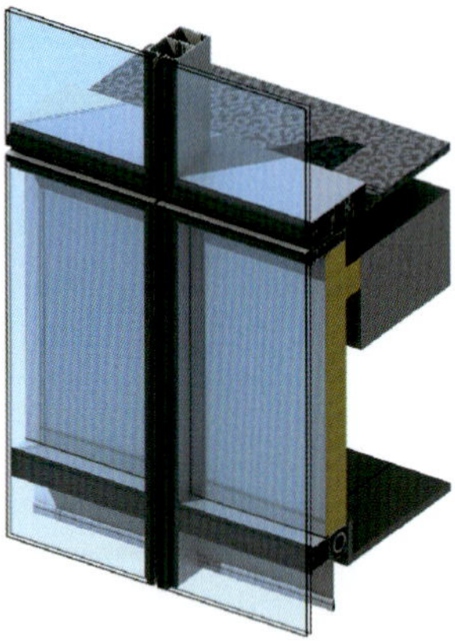

图5-48　层间封修防火三维节点

第六章 建筑幕墙主要安装施工措施

本章概述

本章简述建筑幕墙施工过程的主要安装措施，以及在措施执行过程中所涉及的相关要求和注意事项。常用的安装设施有高处作业吊篮、移动式轨道、脚手架和高处作业车等。在工程实施过程中，应在综合考虑施工的安全性、便利性、经济性以及施工效率等方面的因素后，选定适用性最高的安装措施，安装措施需根据项目实际情况进行分析选用。

第一节 建筑幕墙安装施工措施选用建议

在安装措施选用时，应优先重点考虑安装措施的安全性，对于常规性造型简单的幕墙工程安装施工措施选择可参照表6-1的建议。

表 6-1 常规性幕墙工程措施选用建议

序号	建筑高度/部位	安装措施
1	15m以下	可采用脚手架、升降车、高处作业车等
2	15m及以上，24m以下	可采用脚手架或吊篮进行施工
3	24m及以上	优先采用吊篮进行施工
4	首层	可采用脚手架、升降车等
5	建筑幕墙底面系统	可采用脚手架、高处作业车等
6	超高层	可采用移动式轨道吊装

上述建议仅针对造型相对简单，且现场施工条件良好的工程项目。在实际施工中，可能还会遇到工期紧张、建筑物造型复杂、措施搭设条件受限、特殊安装工艺等情况，因此需结合项目具体情况，采取多种措施相结合的方式来实施。所有措施的选用均应综合考虑安全性、经济性、便利性与施工效率。要严格执行《施工脚手架通用规范》GB 55023—2022、《建筑与市政工程施工质量控制通用规范》GB 55032—2022等强制性工程建设规范的要求。

第二节　建筑幕墙高处作业吊篮

高处作业吊篮㊀（简称吊篮）也可称为非常设悬挂接近设备，是悬挂装置架设于建筑物或构筑物上，起升机构通过钢丝绳驱动平台沿立面上下运行的一种设备。按照吊篮驱动方式的不同，可分为手动吊篮、电动吊篮和气动吊篮。吊篮通常由悬挂平台和悬挂装置组成，是建筑幕墙工程高处作业中常见的施工工具，被广泛应用在建筑幕墙安装、外墙清洗等作业中。

一、适用范围

在建筑幕墙施工中，吊篮主要适用于建筑高度较高或脚手架搭设困难的建筑幕墙安装，如图6-1所示。常见的吊篮设备额定载重量㊁有300kg、400kg、500kg、630kg等，幕墙工程中最常用的是额定载重量630kg型号，标记示例为“高处作业吊篮ZLP 630”。

图 6-1　吊篮施工范例

二、注意事项及管控要点

吊篮的使用需要根据具体的施工要求和工程特点进行调整和选择。在选择和使用吊篮时，要考虑幕墙结构的特点和要求，避免对幕墙造成损坏或影响施工进度。过程

㊀ 在住建部〔2018〕37号令《危险性较大的分部分项工程安全管理规定》与建办质〔2018〕31号文《危险性较大的分部分项工程安全管理规定》有关问题的通知中，吊篮属于危险性较大的分部分项工程，属于脚手架工程中的一类。

㊁ 吊篮的主参数用额定载重量表示，是指由制造商设计的平台能够承载由操作者、工具和物料组成的最大工作荷载。

管理应重点关注高处坠落、物体打击、火灾和触电风险，从吊篮设备选取、吊篮安全防护、检查和维护、内外部环境造成的使用限制以及拆除进行管控。

吊篮设备应选择符合国家标准和规范要求的高处作业吊篮；吊篮的悬挂和支承结构要满足工程需求并经过专业设计和验收；吊篮必须配备安全防护设施，如安全带、安全网、防护栏等；吊篮上应设置安全门和防滑地板。

吊篮在使用过程中，应定期对吊篮结构、悬挂装置、操纵系统等进行检查和维护，及时修复或更换损坏的部件，并进行必要的维护保养工作；应根据吊篮的额定载荷和使用限制，合理安排吊篮的使用范围和工作条件；避免超载使用；关注外部环境对吊篮使用造成的影响，如风力、温度等。

吊篮拆除时，要按照规定的顺序和方法进行，先拆除吊篮篮体，再对架体及配重进行拆除，同时要避免对幕墙造成损坏。

三、高处作业吊篮搭拆及使用

1. 常见的高处作业吊篮形式

常见的吊篮形式有双吊点平台、单吊点平台、悬吊座椅，如图6-2~图6-4所示。

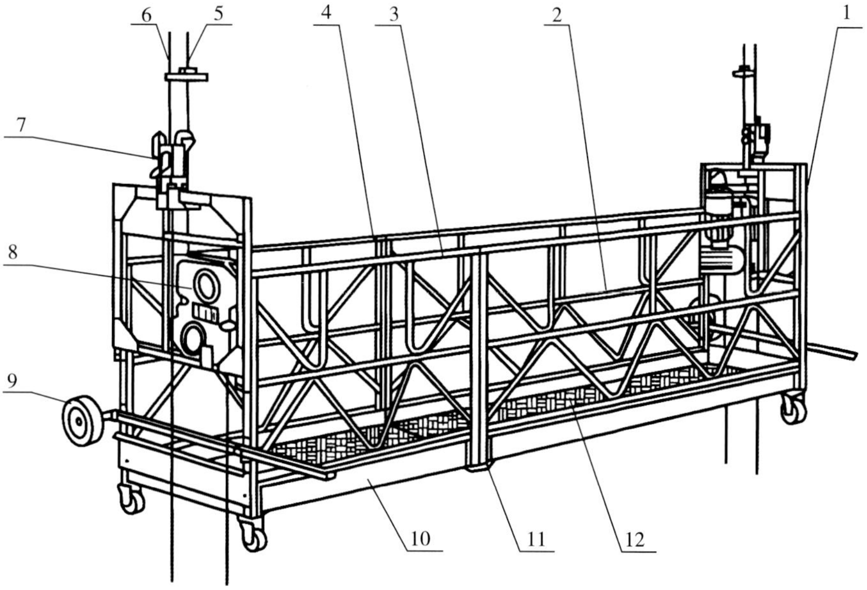

图 6-2 双吊点平台

1—安装架 2—护栏横梁 3—前部护栏 4—后部护栏 5—工作钢丝绳 6—安全钢丝绳
7—防坠落装置 8—爬升式起升机构 9—靠墙轮 10—踢脚板 11—垂直构件 12—底板

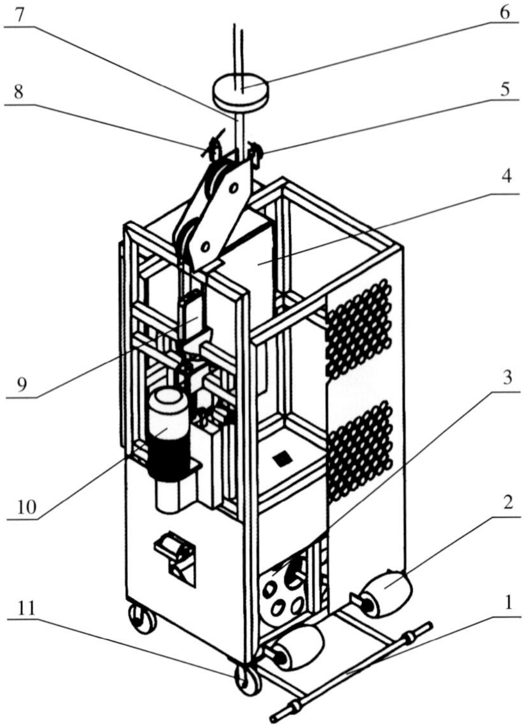

图 6-3　单吊点平台

1—防撞杆　2—靠墙轮　3—收绳器　4—电气控制系统
5—终端极限限位开关　6—安全钢丝绳　7—工作钢丝绳
8—顶部限位开关　9—防坠落装置　10—爬升式起升机构　11—脚轮

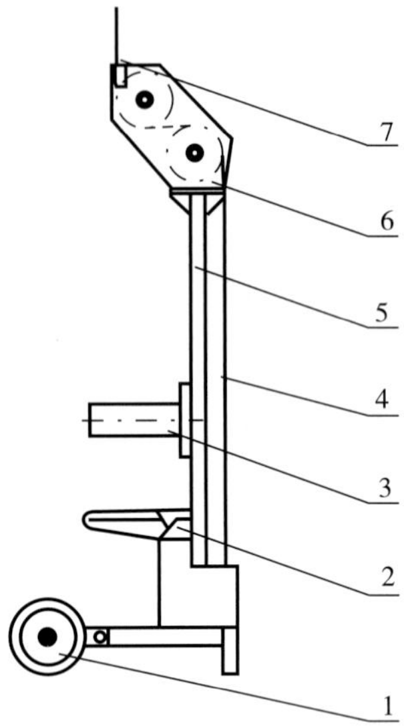

图 6-4　悬吊座椅

1—靠墙轮　2—座椅　3—靠背
4—钢丝绳　5—吊架　6—滑轮架
7—顶部限位开关

2. 吊篮构造形式

吊篮包括提升机、电气控制箱、防倾斜安全锁、吊篮工作平台、高处作业吊篮钢丝绳、重型五芯电缆线、安全绳、防坠器、断电手动备降柄。所有安装材料均要有产品合格证，安装前应对其进行查验。

3. 环境条件要求

距离吊篮现场10m范围内不能有高压线，以确保安全；在恶劣天气条件下，如雷雨、雾、雪或风力大于等于5级等情况下，不能使用吊篮；在进行电焊作业时，必须确保火花不会伤及钢丝绳，同时，环境温度应在-10℃~+55℃；环境相对湿度不得超过90%。

此外，每台电动机功率一般为1.5kW，建筑物顶部需要预备足够的电源，以供吊篮的电动机使用。

4. 高处作业吊篮的搭设与安装

（1）吊篮安装条件

用于架设吊篮标准悬挂支架的屋面承载能力应满足使用说明书的要求；特殊悬挂支架安装作业前，应对基础支撑机构进行承载验算；施工总承包单位、监理单位和安装单位应在吊篮安装前对基础进行验算，合格后方能安装。

吊篮安装前，安装单位应查验吊篮的产品合格证及其他资料；查看吊篮的周围环境及影响安装和使用的不安全因素；核实现场的配电和供电符合说明书要求；有架空输电线场所，吊篮的任何部位与输电线的安全距离应不小于10m；并对各部件进行清点、核对及检查㊀。

安装作业前，安装单位应对用于安装悬挂支架的锚固件、后置埋件的承载能力进行检测，合格后方可进行安装。安装技术人员应对安装作业人员进行安全技术交底，安全技术交底应主要包括吊篮的性能参数，安装、拆卸的程序和方法，各部件的连接形式及要求，悬挂机构及配重的安装要求，作业中的安全操作措施和应急预案。

当遇有属于国家明令淘汰、禁止使用或超过国家相关法规和安全技术标准、超出制造厂家规定使用年限的吊篮不得安装使用。经吊篮检验达不到安全技术标准规定、无完整安全技术档案、无齐全有效的安全保护装置，有以上情况之一的不得安装使用。

（2）吊篮布设

吊篮安装前，应根据实际的施工作业面与吊篮型号、平台尺寸等进行布设，吊篮布设示意图如图6-5所示。

（3）吊篮安装作业

安装作业人员根据安装方案和安全技术交底内容进行施工作业，安装过程中应做好安全防护，当遇到雨天、雪天、雾天或工作处风速大于8.3m/s等恶劣天气时应停止安装作业，夜间应停止安装作业。

吊篮安装作业应按照“悬挂支架安装→悬吊平台安装→吊篮整机组装→整机运行实验→验收”进行。所有安装步骤均应按照吊篮使用说明书规定的程序进行安装。

吊篮安装方法如下：

㊀ 清点、核对及检查的要点：提升机、安全锁和整机标牌及安全警示标志应清晰、完整，对有可见裂纹的构件应进行修复或更换；对锈蚀、磨损和变形超标的构件应进行更换；对达不到原厂规定的零部件、紧固件的替代品要进行更换。

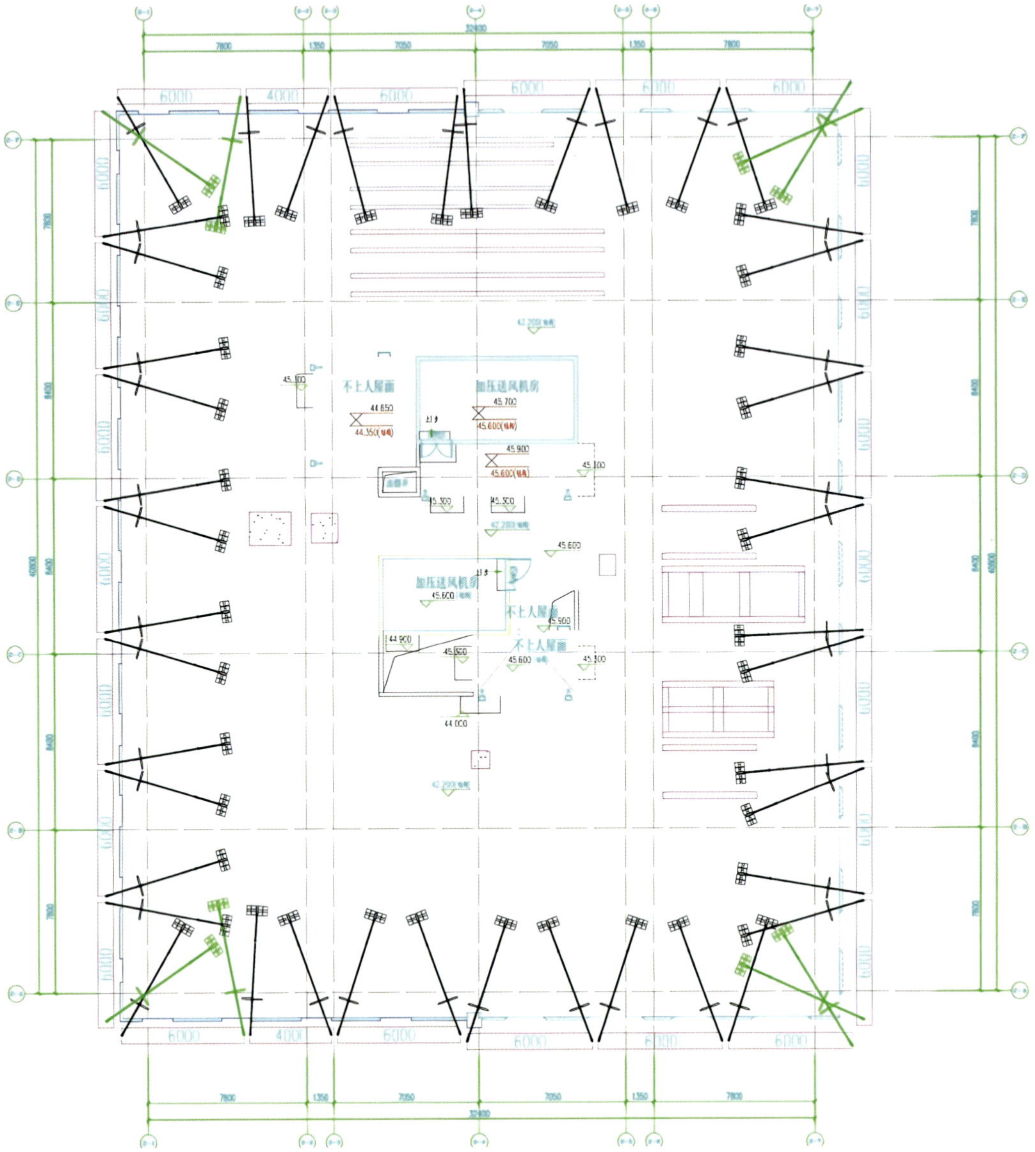

图6-5　吊篮布设示意图

1）悬挂支架安装。按照吊篮使用说明书进行悬挂支架安装，首先进行安装地面的处理，尽量选择水平面，如遇到斜面则需要在脚轮下用可靠材料垫平，并将前后座脚轮固定；如果安装面是防水保温层，需要在前后座下面加垫保护层，以防止压坏防水保温层。然后安装支架架体，先安装悬挂支架的支座，再安装前梁，调节支座高度使前梁下侧面略高于女儿墙或其他障碍物的高度，并在悬挂机构定位后，在前梁伸出端下侧面和障碍物之间加垫固定。完成架体安装后，张紧并装夹钢丝绳，装夹时应从吊装点处开始依次夹紧。装夹完成后，垂放钢丝绳，垂放时应将钢丝绳自由盘放在楼面上，将绳头仔细抽出后沿着墙面缓慢向下滑入。放置完钢丝绳后应将缠结的绳子分开并压住，多余的钢丝绳要盘好并扎紧。悬挂支架定位后，将前后座脚轮用销固定。装配完成后，将配重块放入后支架专用放置槽内，确保防滑落。配重块要码放整齐，完成后锁上钢管顶部的防脱落销。左右支架按照说明书码放相同数量的配重块。

同时，在安装悬挂支架的时候还需要注意以下事项：

①前梁的外伸长度不应大于产品使用说明书规定的上极限尺寸，且使用产品使用说明书规定的配重，配重应有重量标志、码放整齐、安装牢固。

②悬挂机构横梁安装严禁前低后高，同一台吊篮悬挂机构间的安装距离应不小于悬吊平台两点间距，其误差不应大于100mm。

③不允许不安装前支架而将横梁直接担在女儿墙或其他支撑物上作为支点。

④当主要结构发生腐蚀、磨损或永久性变形的，应及时报废更新，当悬挂机构的载荷由屋面预埋件或锚固件承受时，其预埋件和锚固件的安全系数应不小于3。

2）悬吊平台安装。悬吊平台的安装顺序一般是先将框体组装完成后再安装提升机，如图6-6所示。

框体固定螺栓应按要求加装垫圈；提升机和安全锁与悬吊平台应采用专用高强度螺栓进行连接；销轴端部应安装开口销或轴端挡板等止推装置，开口销开口角度均应大于30°。

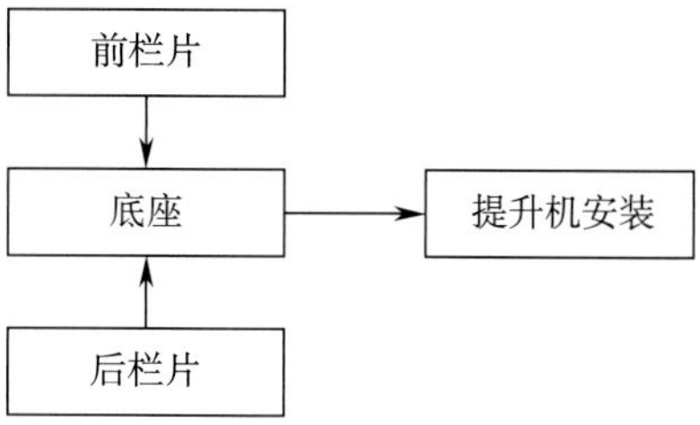

图 6-6　悬吊平台安装顺序

3）吊篮的整机组装与调试。完成悬挂支架和悬吊平台安装后，进行吊篮的整机组装，安装电控箱、提升机、安全锁等。安全锁应安装在悬挂平台的提升机安装架上的安全锁支架上，确保安装时摆臂滚轮朝向平台的内侧；提升机安装时需将提升机背面的矩形凹框对准提升机支承，插入销轴并使用锁销锁定，然后，在提升机箱体的上端使用连接螺栓将提升机固定在提升机安装架的横框上；电控箱应安装在悬吊平台的护栏上，安装固定后，将电源电缆、电动机电缆、操纵开关电缆的接插头插入电控箱下端的相应插座中，电源电缆线端部固定或绑牢在悬吊平台护栏上；将钢丝绳穿入安全锁摆臂上的滚轮槽后，插入提升机上端的进绳口，转动转换开关后，并按下相应的上升按钮，使钢丝绳平稳地自动穿绕于提升机的转动盘上；将穿出的钢丝绳通过提升机支架下端，垂直引放到悬吊平台外侧，并将其盘放好；分别穿绳至钢丝绳拉紧时即刻停止，然后将转换开关转至中间位置，点动上升按钮，同时，拉住悬吊平台的两端，使其在自重作用下平稳处于悬吊状态，以防止悬吊平台离开地面时与墙面或其他物体发生碰撞；当悬吊平台离地面20~30cm时停止上升，检查悬吊平台是否处于水平状态，如果有倾斜，可以将转换开关转至低端检查，并点动上升按钮，使悬吊平台低端提升直至处于水平位置；最后安装安全大绳与吊篮平台两侧的重锤，可采用将两个半片夹在钢丝绳下端离开地面5~6cm，然后用螺栓紧固于钢丝绳上。

整机组装应注意以下问题：

①钢丝绳最小直径应为6mm，且安全钢丝绳直径不应小于工作钢丝绳直径，钢丝绳端头形式应为金属压制接头、自紧楔形接头等，如图6-7、图6-8所示。

②钢丝绳穿头端部应经过烧焊处理，并应符合图6-9所示形状及尺寸。

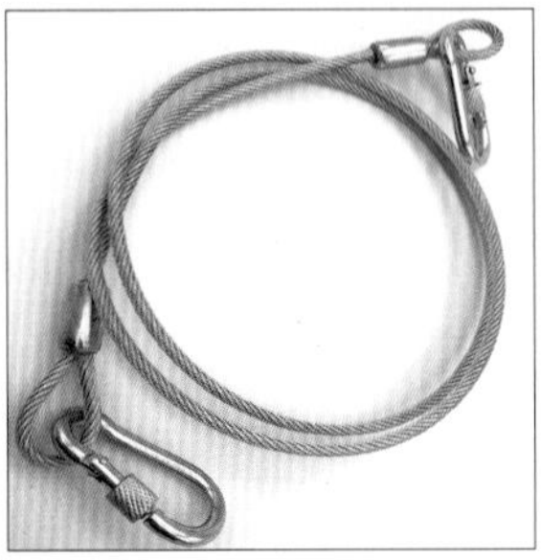

图 6-7　金属压制接头

图 6-8　自紧楔形接头

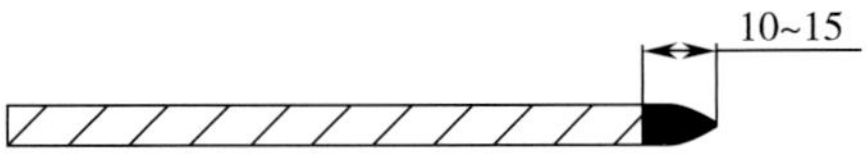

图 6-9　钢丝绳穿头端部烧焊处理示意图

③安全大绳的性能指标应符合《坠落防护安全带》GB 6095—2021的规定；安装前应逐段严格检查有无损伤，将确定合格的安全大绳独立地固定在屋顶可靠的固定点上；不得固定在吊篮的悬挂机构上，绳头固定应牢靠；在安全大绳与女儿墙或建筑结构的转角接触处应采取有效保护措施；将安全带扣到安全大绳上时，应采用专用配套的自锁器或具有相同功能的单向自锁卡扣，自锁器不得反装。

④安全锁与吊架安装时应采用专用高强度螺栓。安装后应检查外观，确保无缺陷、无损伤；按使用说明书要求进行试验，保证动作灵敏、可靠，锁绳角度在规定范围内或快速抽绳应锁绳，试验合格符合标准后方可使用。

⑤电气系统安装完应检查电缆线外观及固定情况，保证电缆线无破损、无明显变形；电气系统接地电阻应不大于4Ω；带电零件与机体间的绝缘电阻应不低于2MΩ。

⑥整机组装调试完应进行空载和额定载重量运行试验。

（4）电动吊篮的拆卸

所有电动吊篮的拆卸需先将吊篮降至地面并停放稳妥，拆卸程序如下：

吊篮检查并记录 → 拆除绳坠铁 → 切断电源 → 电源线拆除 → 钢丝绳拆除 → 悬挂装置拆除 → 前后拉杆拆卸 → 配重拆除

吊篮拆卸应按照专项施工方案，并在专业人员的指导下实施；遵循先装部分后拆卸的原则；拆除前应将吊篮悬吊平台落地，并将钢丝绳从提升机、安全锁中退出，先收到屋面，再切断电源；拆卸后的零部件不得放置在建筑物边缘，不得将吊篮的任何部件从高处抛下，并应在拆卸现场设置警示标志或安全防护。

第三节　建筑幕墙移动式轨道吊装

一、适用范围

建筑幕墙移动式轨道吊装可以沿着设定的轨道进行移动，通常由具有起重能力的悬臂臂架和支撑结构组成，在幕墙工程施工中，可通过架设水平移动的吊篮系统，内侧轨道用于幕墙单元板块吊装，外侧轨道用于悬挂吊篮安装幕墙连接件等，同时进行单元体幕墙板块吊装与安装。这是超高层单元体幕墙施工中常用的一种安装措施。

二、注意事项及管控要点

吊装的轨道分为固定部分和移动部分。固定部分通常安装在地面或建筑物的结构上，以提供稳定的支撑和导向。移动部分通常由轨道段组成，可以在工地上进行快速组装和拆卸。在作业时应重点对高处坠落、物体打击、火灾和触电进行风险管控，需要注意以下几点：

轨道架设前应进行结构计算，通常采用工字钢作为支撑杆，轨道需根据建筑外墙造型进行布设（图6-10）。

图 6-10　轨道架设案例

在移动式轨道吊装中，在吊装下方需搭设防护棚防止垂直交叉作业。在吊装作业前要对吊运的单元板块进行检验，确保无质量、安全隐患。如需在吊装轨道上加设水平移动的吊篮，需对轨道极限荷载进行验算，避免超载运行。

三、搭设步骤

1. 设备选用

搭设的主要设备包括钢支撑杆、支点抱箍、轨道夹板、电动葫芦和行走小车，设备选型结合项目具体情况而定。

（1）电动葫芦

电动葫芦根据具体项目需要选定具体参数与型号，关注的具体参数包含额定载荷、起升高度、链条直径、电动机功率、起升速度和整机重量等。

（2）行走小车

电动小车根据具体项目需要选定具体参数与型号，关注的具体参数包含额定载荷、电动机功率、速度、跨距以及整机重量等。

2. 轨道式吊装安装作业及拆除作业流程

轨道式吊装安装作业及拆除作业流程如图6-11、图6-12所示。

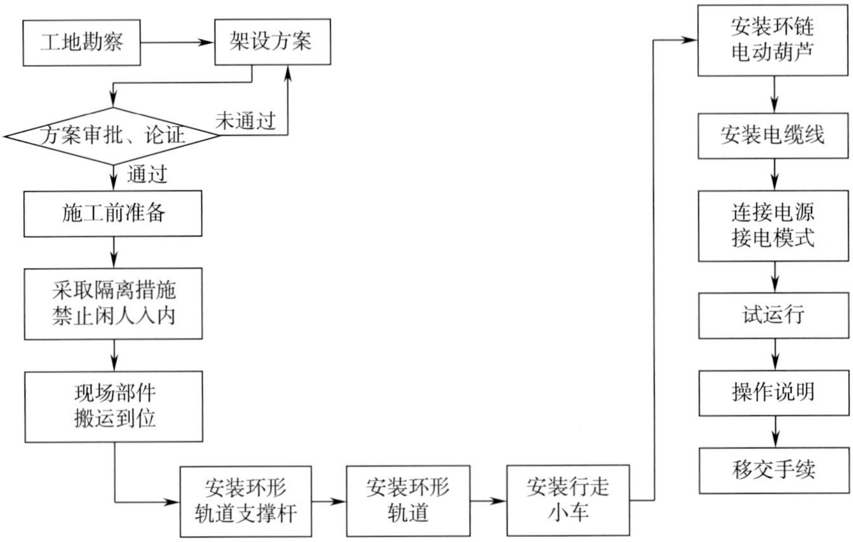

图 6-11　轨道式吊装安装作业流程

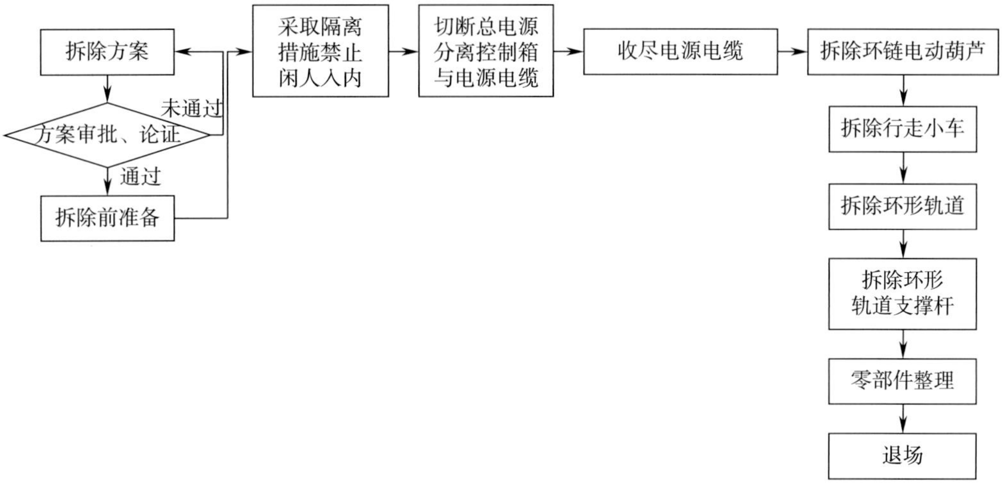

图6-12　轨道式吊装拆除作业流程

3. 安装前的准备

环形轨道构配件进场前由使用方负责进场验收工作，主要检查构配件尺寸规格是否符合设计方案要求，螺栓等级是否满足设计要求，焊接位置焊缝是否平滑、是否有裂纹、高度是否满足要求、是否有气孔夹渣等焊接缺陷。

工具配合：运部件需要工地塔式起重机及施工升降机的配合，需工地提供可满足使用要求的电源。

4. 轨道安装

轨道安装前，首先在轨道安装层放线定位支撑横杆的安装位置。然后进行前后立柱的安装，先安装前立柱，上下端分别焊接钢板，下端钢板通过螺栓与结构固定；前立柱安装完成后进行后立柱安装，上下端分别焊接钢板，下端钢板通过槽式预埋件和螺栓与结构固定。

前后立柱安装完成后安装轨道支撑横杆。安装横杆前先将轨道支撑杆连接件套在轨道支撑横杆上，轨道支撑横杆前、后支点分别通过钢件和螺栓与前后立柱上端钢板连接固定，相邻支撑横杆之间用角钢或其他刚性材料连接防止左右摇摆。

在支承架体安装牢固后，进行轨道安装。钢轨道两端上部分别对称开2个适配孔径的孔，调整好轨道位置使轨道两端上部的孔与轨道和支撑杆连接钢板上的孔对齐，用螺栓固定。轨道接头两侧分别用钢板夹住后用螺栓固定。

最后，在轨道上安装电动葫芦行走系统，再把电动葫芦挂在行走系统的挂钩上，接上电源及手柄控制开关。

5. 环链电动葫芦的调试

（1）空载试验

用手按下相应按钮，检查各机构动作是否与按钮装置上标定的符号相一致，确定正确后，应再连续各做两个循环。将吊钩升到极限位置，查看限位器是否可靠。点动按钮，目测电动机轴轴向窜动量，应在1~2mm范围内。空车运行检查，进行上下循环各三次，行程一般不小于1/2起升高度。进行空机在轨道上的直线和曲线试运行，在整体轨道上往返两次。经空载试验后，无异常，即可进行负载试验。

（2）静载试验

额定电压下，以1.25倍的额定载荷，起升离开地面，离地高度一般不小于100mm，静止不少于10min后卸载，检查有无异常现象。

（3）负载运行

按安全操作规范要求，进行起重电动机的负载起重试运行，所负载的重量为最重物料重量的1.25倍；电动葫芦整体负载在轨道上直线和曲线运行。电动葫芦整体安装完成后，进行整体验收，合格后方可使用。

单轨安装工序应为：

埋件安装 → 支臂安装 → 导轨安装 → 电动葫芦安装

（4）限位保护

电动葫芦属于定型产品，产品本身自带有限位保护措施。

四、轨道吊装的技术措施

1. 电动葫芦直接吊装单元板块

第一步：将单元板块运输至吊装位置，单元板块的单元体吊挂夹具安装在单元体顶部水槽上，挂点挂在起吊扁担的两侧，同时在背部耳板上装好防坠绳，板块底端绑好缆风绳，如图6-13~图6-15所示。

第二步：起吊时电动葫芦缓慢起吊，防护人员拉住板块下端的缆风绳防止板块摆动，直至单元体慢慢垂直稳定后松开缆风绳，起吊至安装部位适当偏上位置。

第三步：通过微调调节板块高度到适当位置安装在转接件上，不断进行三维调整，直至完成安装。

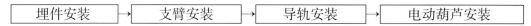

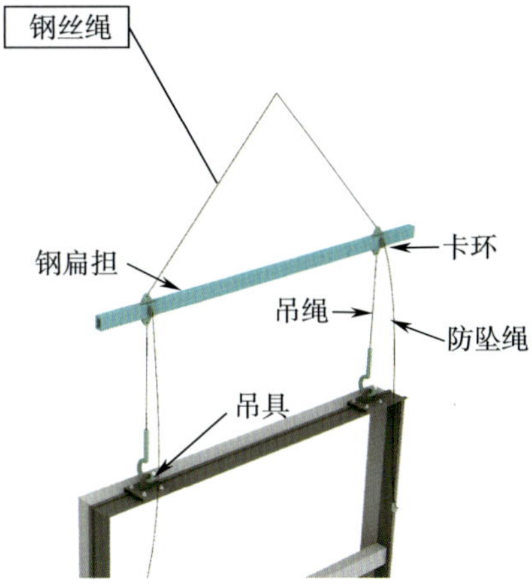

图6-13 板块吊装挂件示意图

图6-14 板块吊装防坠示意图

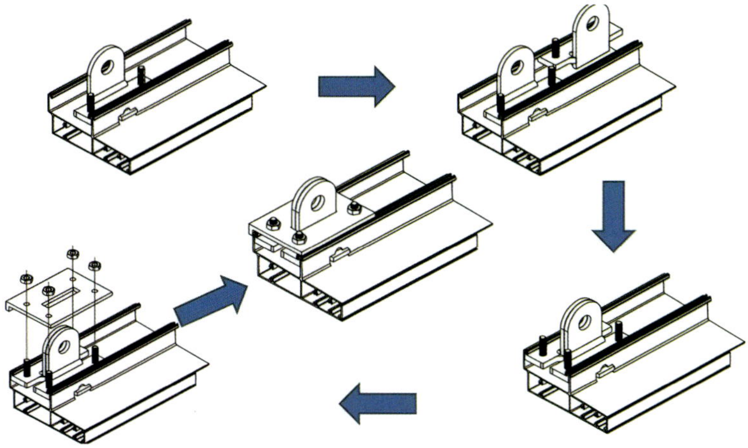

图6-15 吊挂件安装示意图

2. 电动葫芦换钩吊装单元板块

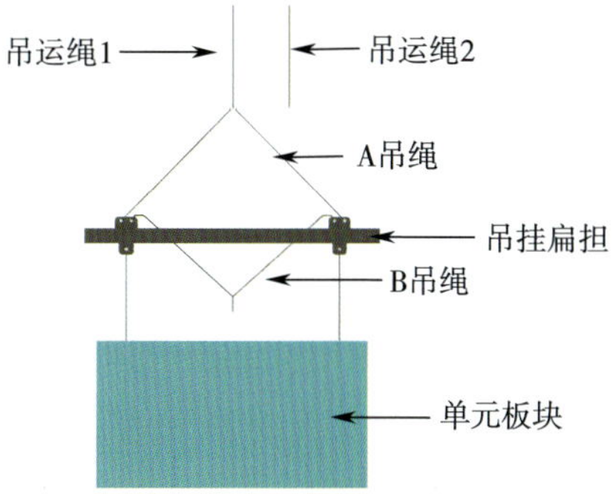

图6-16 吊装示意图一

由于轨道起重机链条伸缩长度限制，对于高层的板块，可采用空中换钩的方式进行吊装，换钩吊装包括板块垂直运输（可使用塔式起重机、悬臂式起重机、两台轨道式起重机交替等方式）和水平运输（主要使用轨道式起重机），换钩吊装步骤如下：

如图6-16所示，吊运绳 1 为悬臂式起重机卷扬机钢丝绳、塔式起重机或轨道式起重机吊运绳（负责垂直吊运），吊运绳2 为等待换钩的另一台轨道式起重机吊运绳

（负责水平移动），在板块吊挂扁担上制作A、B两道吊绳，也可直接购买高强度的吊运钢环代替。

1）开始吊运前，使用吊运绳1和吊挂扁担上的A吊绳挂接，使用吊运绳1将单元板块吊运至待换钩楼层，同时另外一台轨道式起重机将吊运绳2放至待换钩楼层，等待换钩用。

2）待单元板块吊运至待换钩楼层，将吊运绳2调节至与板块吊绳B挂接点同高的高度，将吊运绳与吊挂扁担上的B吊绳连接牢固，待检查无误后，慢慢起吊吊运绳2，使单元板块的全部重量由吊运绳2承担，如图6-17所示。

3）待吊运绳2完全承受单元板块重量后，将吊运绳1与吊挂扁担上的A吊绳分离，调节吊运绳2的左右位置，继续向上吊运或左右水平移动进行安装，如图6-18所示。

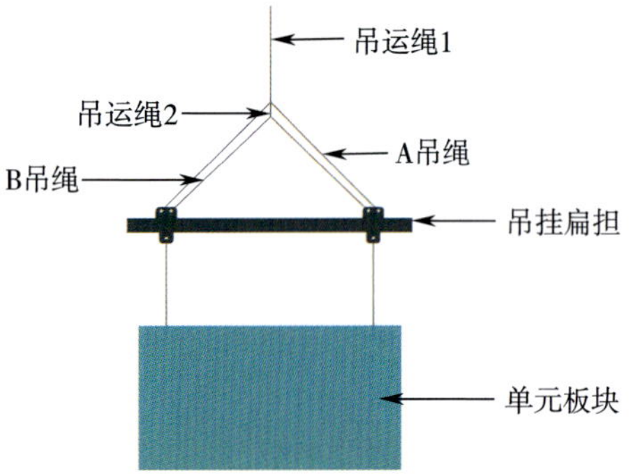

图6-17　吊装示意图二

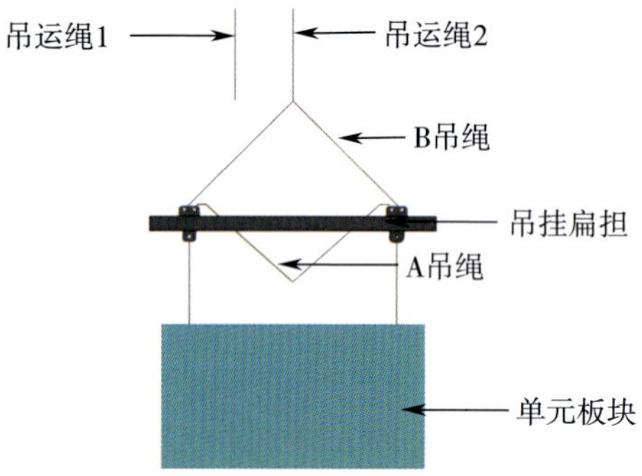

图6-18　吊装示意图三

第四节　建筑幕墙脚手作业架

本节仅针对由杆件、构件、配件搭设的供建筑幕墙施工用的脚手作业架进行说明，包含建筑幕墙施工中常用的扣件式钢管脚手作业架和盘扣式脚手作业架。

一、适用范围

脚手作业架是一种较为常见的幕墙安装措施。综合考虑安全性、经济性和施工便利性，在幕墙安装作业中，幕墙安装作业高度低于15m时，一般情况下建议采用脚手作业架施工，建筑围护底面系统、建筑幕墙的首层及首层挑檐位置也建议采用脚手作业架进行施工。

二、注意事项及管控要点

脚手作业架设计应结合幕墙结构的特点，在搭设和拆除作业前，应编制脚手作业架专项施工方案，并在作业前向施工现场管理人员及作业人员进行安全技术交底。在脚手作业架施工作业过程中，“安全”是第一管控点，重点关注高处坠落、物体打击、火灾和触电风险，分别从搭设、定期检查和维护以及过程管控进行管理。

1）搭设：脚手作业架的设计符合相关标准和规范；搭设材料与构配件的性能指标满足脚手作业架使用需要；严格按照搭设方案进行搭设，确保脚手作业架的稳固和安全；设置适当的安全防护措施，如安全网、安全带和防护栏等；搭设完成，经验收通过后方可使用。

2）定期检查和维护：定期对脚手作业架连接件、支撑点、斜撑、水平杆等进行检查和维护，确保其稳定性和安全性。

3）过程管控：由现场安全管理人员和施工管理人员，严格按照《建筑施工高处作业安全技术规范》JGJ 80—2016与安全技术交底要求，对现场作业人员的个人防护用品、用电作业、动火作业、警戒标识、作业规范等进行约束与监督。

三、脚手作业架搭拆及使用

1. 扣件式钢管脚手作业架

扣件式钢管脚手作业架是一种通过扣件相互连接钢管杆件组成的脚手作业架系统。根据搭设结构参数的不同，可分为单排脚手作业架、双排脚手作业架、满堂脚手架和型钢悬挑扣件式钢管脚手作业架等类型。常见的扣件有三种类型：回转扣件、直角扣件和对接扣件。扣件式钢管脚手作业架由钢管杆件、扣件、底座和脚手板等组成。

（1）扣件式钢管脚手作业架的构造

扣件式钢管脚手作业架的基本构造包括立杆、横向水平杆、纵向水平杆、连墙件、剪刀撑、横向斜撑、脚手板、密目网、门洞、斜道。

（2）扣件式钢管脚手作业架的搭设

扣件式钢管脚手作业架的搭设一般可分为以下步骤：

定位放线 → 底座或垫板安放 → 扫地纵向水平杆安装 → 立杆安装 →
扫地横向水平杆安装 → 第一步纵向水平杆安装 → 第一步横向水平杆安装 →
第二步纵向水平杆安装 → 第二步横向水平杆安装 → 加设临时斜撑杆 →

第三、四步水平杆安装→连墙件→接立杆→加设剪刀撑→铺设脚手板→加挂密目网

同时在搭设过程中应注意以下内容：

施工前应按专项施工方案向施工人员进行交底；按照《建筑施工扣件式钢管脚手架安全技术规范》JGJ 130—2011对钢管、扣件、脚手板、可调托撑等进行检查验收；对构配件进行分类堆放，对搭设场地进行平整处理。

根据脚手作业架所受荷载、搭设高度、搭设场地土质情况与《建筑地基基础工程施工质量验收标准》GB 50202—2018的有关规定进行；立杆垫板或底座底面标高宜高于自然地坪50~100mm。

一次搭设高度不应超过最上层连墙件2个步距，且自由高度不应大于4m。连墙件安装随脚手作业架搭设同步进行，当脚手作业架操作层高高出相邻连墙件2个步距以上时，在上层连墙件安装完毕前，应采取临时拉结措施。

剪刀撑、斜撑杆等加固杆件应随架体同步搭设；搭设应自一端向另一端延伸，自下而上逐层搭设，并逐层改变搭设方向。

脚手作业架安全防护网和防护栏杆等防护设施应随架体搭设同步安装到位。

（3）扣件式钢管脚手作业架拆除

脚手作业架拆除前应根据专项施工方案对作业人员进行交底。扣件式钢管脚手作业架拆除作业必须是由上而下逐层进行的，严禁上下同时拆除作业；连墙件必须随脚手作业架逐层拆除，严禁先将连墙件整层或数层拆除后再拆除脚手作业架；分段拆除高差大于两步时，应增设连墙件加固。

当脚手作业架拆至下部最后一根长立杆的高度时，应先在适当位置搭设临时抛撑加固后，再拆除连墙件。当脚手作业架采取分段、分立面拆除时，对不拆除的脚手作业架两端，应先设置连墙件和横向斜撑加固。拆下的材料应及时分类集中运至地面，严禁抛扔。

2. 盘扣式脚手作业架

盘扣式脚手作业架又称圆盘式多功能脚手作业架，是继碗扣式脚手作业架之后的升级换代产品，具有承载力高、结构稳固、安全可靠、搭拆便捷、使用寿命长、易于管理等诸多优点。在盘扣式脚手作业架的搭设、施工、拆除、验收过程中，要注意以下几点。

（1）盘扣式脚手作业架构配件用材的要求

盘扣式脚手作业架结构设计应根据现行国家标准《建筑结构荷载规范》GB

50009—2012、《钢结构设计标准》GB 50017—2017、《冷弯薄壁型钢结构技术规范》GB 50018—2002和《建筑结构可靠性设计统一标准》GB 50068—2018的规定，采用概率极限状态设计法，采用分项系数的设计表达式。

应按照脚手作业架计算书及盘扣式脚手作业架设计要求，选用构配件进行搭设。

（2）盘扣式脚手作业架构造要求

1）盘扣式脚手作业架的高宽比宜控制在3以内，当脚手作业架高宽比大于3时，应设置抛撑或揽风绳等抗倾覆措施。

2）当搭设双排外脚手作业架时或搭设高度24m及以上时，应根据使用要求选择架体几何尺寸，相邻水平杆步距不宜大于2m。双排外脚手作业架首层立杆宜采用不同长度的立杆交错布置，立杆底部宜配置可调底座或垫板。

3）当设置双排外脚手作业架人行通道时，应在通道上部架设支撑横梁，横梁截面大小应按跨度以及承受的荷载计算确定，通道两侧脚手作业架应加设斜杆；洞口顶部应铺设封闭的防护板，两侧应设置安全网；通行机动车的洞口，应设置安全警示和防撞设施。

4）双排脚手作业架的外侧立面上应设置竖向斜杆，并应符合下述要求：

在脚手作业架的转角处、开口型脚手作业架端部应由架体底部至顶部连续设置斜杆；应每隔不大于4跨设置一道竖向或斜向连续斜杆；高度在24m及以上的双排脚手作业架应在外侧全立面连续设置剪刀撑；高度在24m以下的单、双排脚手作业架，均必须在外侧两端、转角及中间间隔不超过15m的立面上，各设置一道剪刀撑，并由底至顶连续设置；竖向斜杆应在双排脚手作业架外侧相邻立杆间由底至顶连续设置。

5）连墙件的设置应符合下述要求：

连墙件应采用可承受拉、压荷载的刚性杆件，并应与建筑主体结构和架体连接牢固；连墙件应靠近水平杆的盘扣节点设置；同一层连墙件宜在同一水平面，水平间距不应大于3跨；连墙件之上架体的悬臂高度不得超过2步；在架体的转角处或开口型双排脚手作业架的端部应按楼层设置，且竖向间距不应大于4m；连墙件宜从底层第一道水平杆处开始设置；连墙件宜采用菱形布置，也可采用矩形布置；连墙点应均匀分布；当脚手作业架下部不能搭设连墙件时，宜外扩搭设多排脚手作业架并设置斜杆形成外侧斜面状附加梯形架。

6）三角架与立杆连接及接触的地方，应沿三角架长度方向增设水平杆，相邻三角架应连接牢固。

（3）盘扣式脚手作业架搭拆与使用

盘扣式脚手作业架使用过程中需注意的事项与扣件式脚手作业架相同。搭设步骤：

按照地基处理→测量放样→安装底座、调整水平→安装立杆、水平杆、斜杆→按图搭设→安装顶托→调整高程→人行通道踏梯、平台安装→安装防护措施→检查、验收

搭拆过程注意事项如下：

1）脚手作业架立杆应定位准确，并应配合施工进度搭设，双排外脚手作业架一次搭设高度不应超过最上层连墙件2步，且自由高度不应大于4m。

2）双排外脚手作业架连墙件应随脚手架高度上升同步在规定位置处设置，不得滞后安装和任意拆除。

3）作业层设置应符合下列规定：

应满铺脚手板；双排外脚手作业架外侧应设挡脚板和防护栏杆，防护栏杆可在每层作业面立杆的0.5m和1.0m的连接盘处布置两道水平杆，并应在外侧满挂密目安全网；作业层与主体结构间的空隙应设置水平防护网；当采用钢管脚手板时，钢管脚手板的挂钩应稳固扣在水平杆上，挂钩应处于锁住状态。

4）加固件、斜杆应与脚手作业架同步搭设。当加固件、斜撑采用扣件钢管时，应符合现行行业标准《建筑施工扣件式钢管脚手架安全技术规范》JGJ 130—2011的有关规定。

5）脚手作业架顶层的外侧防护栏杆高出顶层作业层的高度不应小于1500mm。

6）当立杆处于受拉状态时，立杆的套管连接接长部位应采用螺栓连接。

7）脚手作业架应分段搭设、分段使用，应经验收合格后方可使用。

8）脚手作业架应经单位工程负责人确认并签署拆除许可令后，方可拆除。

9）当脚手作业架拆除时，应划出安全区，应设置警戒标志，并应派专人看管。

10）拆除前应清理脚手作业架上的器具、多余的材料和杂物。

11）脚手作业架拆除应按先装后拆、后装先拆的原则进行，不应上下同时作业。双排外脚手作业架连墙件应随脚手架逐层拆除，分段拆除的高度差不应大于2步。如因作业条件限制，当出现高度差大于2步时，应增设连墙件加固。

第五节　建筑幕墙高处作业车

一、适用范围

高处作业车种类繁多，以工作半径区分可分为垂直升降作业和多角度立体作业两

种，多角度立体作业形式又分为直臂式和曲臂式，一般可适用于造型复杂、不宜搭设脚手作业架或吊篮的施工位置或挑檐处施工等。

二、注意事项及管控要点

因为不同机械设备所需作业条件不同，所适用的作业环境也有所差异，在幕墙工程中使用高处作业车进行高处作业时，需要重点关注车辆选择、操作人员的培训、安全装备使用和过程监督、车辆稳定性、工作范围以及环境。

在幕墙工程中使用高处作业车进行高处作业时，需要注意以下几个方面：

1）车辆选择：选择适合幕墙工程需求的高处作业车型号，确保其载重能力和作业半径符合要求。

2）操作人员培训：确保高处作业车的操作人员具有相关的驾驶和操作证书，并接受过专业培训，熟悉车辆的操作规程和安全要求。

3）安全装备：在高处作业车上配备必要的安全装备，如安全带、安全网等，确保操作人员在高处工作时的安全。

4）车辆稳定性：在使用高处作业车进行高处作业时，要确保车辆的稳定性，避免车辆倾斜或摇晃导致事故发生。

5）工作范围及环境：在使用高处作业车进行幕墙施工时，要根据实际情况确定车辆的工作范围，避免超出承载能力或工作高度限制。同时要考虑工作环境的因素，如电线、树木和天气状况等，避免影响工作安全。

三、高处作业车特点

1. 垂直升降高处作业车

垂直升降高处作业车优点：

1）驱动方式灵活：垂直升降高处作业车一般采用电力驱动，可以选择220V交流插电式或蓄电池充电式，经济性较强。

2）自动驱动功能：剪叉式升降平台车具有行走及转向的自动驱动功能，无需人工牵引，可单人独立完成前进、后退、转向、快速或慢速行走以及上升和下降等动作，如图6-19所示。

3）广泛适用：它可以在不同的工作环境中灵活运用，满足大多数高度较低的垂直高处作业需求。

图 6-19 升降平台

2. 多角度立体高处作业车

多角度立体高处作业车是一种多功能的高处作业机械，可以将作业人员和小型设备送到指定高度进行空中作业，能够实现多角度、多方向的伸展和作业，适用于需要跨越障碍物、造型复杂或到达距离较远区域的作业。

多角度立体高处作业车又分为直臂式和曲臂式两种，根据改装车辆的不同又可以适用于不同的空间、不同的施工环境，以及满足不同的经济要求。因多角度立体高处作业车种类繁多，本节仅针对常见的作业车辆进行简单介绍，具体措施选定需要根据现场不同的施工环境和安全性、经济性、便捷性综合考虑，如图6-20~图6-23所示。

图 6-20　直臂式高处作业车

图 6-21　曲臂式高处作业车

图6-22　汽车载曲臂式高处作业车

图6-23　蜘蛛式高处作业车

第六节　建筑幕墙其他材料运输措施

在建筑幕墙施工中，还会涉及到其他安装措施，本节中不再一一赘述，仅对搭设形式进行简要说明，如图6-24~图6-28所示。

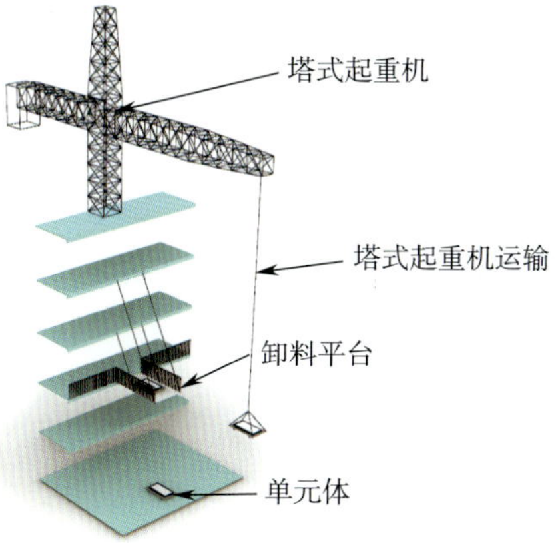

图6-24　塔式起重机吊装垂直运输

图6-25　悬臂式起重机垂直运输

图6-26　施工电梯垂直运输

图6-27　蜘蛛式起重机垂直运输

图6-28　汽车式起重机垂直运输

第七节 建筑幕墙综合措施方案和案例

一、青岛东方影都大剧院幕墙工程项目实施案例

1. 项目介绍

图6-29 青岛东方影都大剧院

青岛东方影都大剧院（图6-29）幕墙工程的特点：整体造型复杂，由15层垂直方向锯齿形分布的铝板和橙色夹胶玻璃组成带状幕墙，围合形成建筑外立面曲线螺旋上升，幕墙完成立面腰线上下向内倾斜的抽象海螺造型。建筑幕墙檐口高度最低点23.4m，最高点41m。建筑幕墙的龙骨体系采用钢龙骨组成，面板主要由异形铝板和玻璃组成。

2. 安装措施选择

由于幕墙造型中间相对上下口外鼓近6m，经各项论证对比，最终措施选择如下：幕墙外表皮施工以高处作业挂篮为主；幕墙内表皮采用吊篮为主，高处作业车、汽车式起重机配合的综合安装措施方案。施工过程照片如图6-30所示。

图6-30 青岛东方影都大剧院施工过程照片

二、长治万达广场外立面装饰工程项目实施案例

1. 项目介绍

长治万达广场工程外幕墙采用裙摆造型，为了保证整个造型效果，外幕墙曲面

平滑过渡，全部采用双曲面铝板拟合而成，如图6-31所示。项目整体外立面面积26500m²，其中双曲面铝板幕墙面积约22000m²，玻璃幕墙约4500m²，大面积外挑宽度从2.5~5.5m不等，东西两侧主入口钢架外挑尺寸最大位置达14m。

图6-31　长治万达广场

2. 安装措施选择

综合考虑幕墙造型、工期要求、安全性及经济性等，经各项论证对比，最终措施选择如下：幕墙主桁架龙骨采用汽车式起重机及吊篮相互配合吊装，表皮龙骨及面层板材采用落地式钢管脚手架、高处作业车、升降车、起重机相互配合的综合安装措施。施工过程照片如图6-32所示。

图6-32　长治万达广场施工过程照片

三、汕头苏埃通道风塔幕墙工程项目实施案例

1. 项目介绍

汕头苏埃通道风塔工程设计创意主体为“海丝门户”，采用比较现代的形构手法，通过对建筑外形体的扭转、变形，表达了海绵与丝绸的波纹和柔美的意向，如图6-33所示。建筑外幕墙为竖明横隐玻璃幕墙，包含玻璃幕墙、百叶，幕墙面积约7200m^2。风塔造型呈整体螺旋扭曲向上，共22层。

2. 安装措施选择

由于项目一面临江，建筑造型扭曲，受内侧钢结构骨架影响无法搭设常规脚手架，异形脚手架搭设成本过高、施工周期长。综合考虑幕墙造型、工期要求、安全性及经济性等，经各项论证对比，最终措施选择如下：采用以异形吊篮为主，高处作业车、汽车式起重机等配合的综合安装措施方案。施工过程照片如图6-34所示。

图6-33　汕头苏埃通道风塔

图6-34　汕头苏埃通道风塔施工过程照片

四、航天工研院总部大厦项目实施案例

1. 项目介绍

航天工研院总部大厦项目（图6-35）幕墙工程，幕墙类型包含单元板块玻璃幕

墙、竖明横隐玻璃幕墙、铝板幕墙、栏板幕墙等。其中单元板块玻璃幕墙约3万m^2，建筑高度211.2m。

图6-35　航天工研院总部大厦

2. 安装措施选择

综合考虑幕墙造型、工期要求、安全性及经济性等，经各项论证对比，最终措施选择如下：采用移动式轨道吊装进行单元体板块安装。施工过程照片如图6-36所示。

图6-36　航天工研院总部大厦施工过程照片

第七章　建筑幕墙的BIM技术应用

本章概述

本章主要针对建筑幕墙BIM技术的介绍、建筑幕墙技术的特点、建筑幕墙BIM案例分析，以及在实际工程的应用总结进行叙述。BIM技术贯通设计、施工和运维以及整个建筑全生命周期，从而有效促进绿色建筑和建筑产业化发展。建筑幕墙智能化是建筑幕墙设计与建造发展大趋势，在建筑幕墙施工领域，相比常规幕墙，BIM技术在异形建筑幕墙的应用上更加广泛。本章以重庆展示中心山茶花形多曲面幕墙、成都丹景台幕墙等异形项目为例，简述BIM技术在异形幕墙工程中的应用。

第一节　建筑幕墙BIM技术介绍

随着科技的不断进步和建筑行业的发展，BIM技术通过数字化的方式，对建筑幕墙的全生命周期进行模拟和管理，从而提高了建筑幕墙的设计质量、施工效率和维护便利性。BIM技术是一个信息共享的平台，应用方包括业主、建筑设计院、幕墙设计单位、加工厂、幕墙施工单位、运维单位等。以项目为核心，通过智能化和协同化的技术搭建协作平台。协作平台分层级搭设，各层级按领域层、交互层、核心层、资源层进行区分，通过权限的设置，不同使用者有不同的权限，实现平台的共享及信息安全。

第二节　建筑幕墙BIM技术特点

在建筑幕墙中，BIM技术具有精准建模与数据分析、优化设计与施工协同、材料管理与成本控制、模拟分析与风险预测、信息共享与协同管理、高效沟通与决策支持、绿色环保与可持续发展以及精细维护与资产管理等多方面的特点。这些特点使得

BIM技术在建筑幕墙领域具有广泛的应用前景和巨大的发展潜力。

一、精准建模与数据分析

BIM技术在建筑幕墙领域的应用，首先体现在其精准建模的能力上。通过BIM软件，可以精确构建幕墙的三维模型，不仅包含几何形状、尺寸大小等基本信息，还能涵盖材料属性、构造细节等深层次信息。这种精准建模为后续的数据分析提供了可靠的基础，使得幕墙的性能评估、优化设计等成为可能。

二、优化设计与施工协同

BIM技术可以整合设计、施工等各方资源，实现设计与施工的协同工作。在设计阶段，通过BIM模型进行碰撞检测，及时发现并解决设计中的冲突问题，减少后续施工中的变更。在施工阶段，BIM模型可以作为施工指导，确保施工的准确性和高效性。

三、材料管理与成本控制

BIM技术可以实现幕墙材料的精细化管理。通过BIM模型，可以准确统计所需材料的数量、种类等信息，为材料采购提供可靠依据。同时，通过对材料使用情况的实时监控，可以有效控制成本，避免材料的浪费和损失。

四、模拟分析与风险预测

BIM技术还可以进行模拟分析和风险预测。通过对幕墙的受力性能、热工性能等进行模拟分析，可以评估幕墙的性能表现，为后续设计提供依据。同时，通过对施工过程的模拟，可以预测可能存在的风险和问题，提前制订应对措施，确保施工的安全和顺利。

五、信息共享与协同管理

BIM技术可以实现信息的共享和协同管理。在幕墙项目中，设计、施工、监理等各方可以通过BIM模型共享信息，确保信息的准确性和一致性。同时，通过对BIM模型的协同管理，可以实现对项目全过程的监控和管理，提高项目管理的效率和质量。

六、高效沟通与决策支持

BIM技术可以提高项目团队之间的沟通效率。通过BIM模型，各方可以直观地了解幕墙的设计意图、构造细节等信息，减少沟通中的误解和冲突。同时，BIM模型还可以为决策提供支持，帮助决策者更好地理解项目情况，做出科学合理的决策。

七、绿色环保与可持续发展

BIM技术在建筑幕墙中的应用，还体现了绿色环保和可持续发展的理念。通过精准建模和数据分析，可以优化幕墙的设计和施工方案，减少能源消耗和环境污染。同时，BIM技术还可以促进建筑废弃物的回收和再利用，推动建筑行业的可持续发展。

八、精细维护与资产管理

BIM技术可以为幕墙的精细维护和资产管理提供支持。通过BIM模型，可以详细记录幕墙的构造信息、使用历史等数据，为后续的维护和资产管理提供依据。同时，通过对BIM模型的持续更新和维护，可以确保数据的准确性和完整性，提高维护与资产管理的效率和质量。

第三节　重庆展示中心山茶花形多曲面幕墙BIM应用案例

重庆展示中心山茶花形多曲面幕墙结构复杂、施工难度大、施工工期短，具有工序穿插多、钢结构节点数量多、节点样式复杂、外幕墙均为曲面、龙骨及玻璃面弧度类型多而复杂、图纸深化量大等特点，要高质、高效地完成施工任务，必须做好施工工序的统筹安排。将传统的设计、加工、施工这条“线”，捏合成一个“整体”，通过利用BIM技术实现整体加工控制和整体定位、安装控制，有效提高建造效率，保证了施工质量。

一、工程概况

重庆展示中心总建筑面积6000m^2，高度28m。展示中心的建筑设计最终为重庆市市花山茶花的造型设计，项目不但在外形上完全对照真实山茶花，颜色上也多次进行配色比对，整朵“山茶花”由11瓣“花瓣”构成，多达31个曲面，单瓣“花瓣”面积达560m^2，内层“花瓣”由1583块特制玻璃构成，外层“花瓣”由2422块铝板构成，幕墙面积2万m^2，“花瓣”总重量约700t。外观上独立漂浮的花瓣采用骨架支撑。每片花瓣由33根至197根骨架组成，同时由于每根骨架又是由1~3根不同长度、曲度的钢管组成，如图7-1所示。

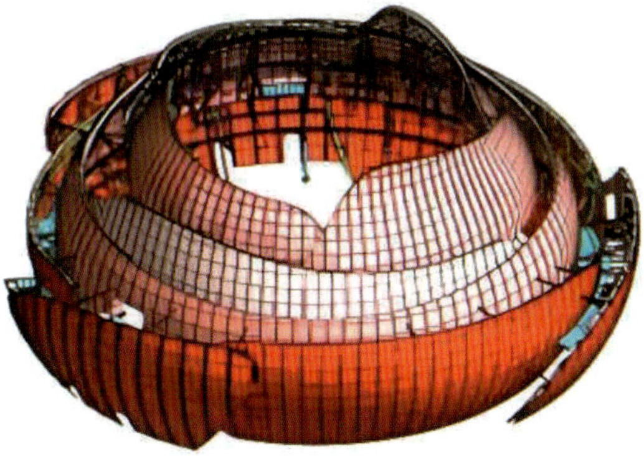

图7-1　展示中心立体模型图

二、BIM应用流程

异形幕墙BIM应用流程图展示了BIM技术在异形幕墙设计、制造和安装过程中的应用，如图7-2所示。从项目启动到现场安装与调试，BIM技术在初步设计、深化设计、生产制作、物流配送等阶段发挥重要作用。通过BIM可以进行精确设计、性能模拟和优化，同时进行碰撞检测、负荷分析等。生产制作阶段，BIM模型可自动生成加工图样和清单，提高生产效率和准确性。物流配送阶段，BIM模型可规划物流配送路线和方案，降低运输成本和时间。现场安装与调试阶段，BIM模型可进行精确的预装配和安装指导，提高安装效率和质量。BIM技术的应用可提高设计、制造和安装的效率和质量，降低项目成本和风险，为异形幕墙建设带来更大价值。

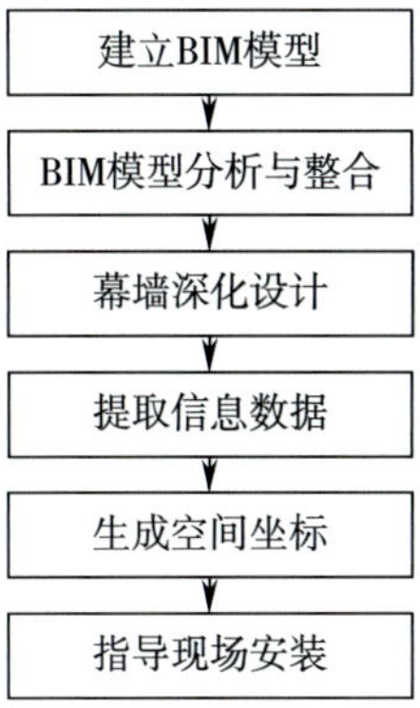

图7-2　异形幕墙BIM应用流程图

三、建立BIM模型

针对双曲面异形幕墙，使用BIM软件辅助幕墙深化，基于建筑施工图样建立幕墙整体BIM模型。利用BIM软件的三维建模功能，对幕墙的形状、尺寸、材料等进行精确的设计，并通过软件的分析工具进行性能模拟和优化。

四、BIM模型分析与整合

将幕墙模型和其他专业进行整合后做碰撞检查，发现施工图样中存在的问题，对幕墙构件和面板进行深化处理。

1. 整合主体结构模型

将幕墙模型与主体钢结构施工模型整合，检查幕墙专业和钢结构专业间的碰撞问题，完善模型、辅助深化、优化设计，如图7-3所示。

2. 整合其他专业模型

将按照建筑施工图和幕墙表皮建立的幕墙模型与机电专业施工模型整合一起。初始模型根据轴网和结构柱位置匹配到现场点云模型中，综合考虑预留转换层、风口、柱墩等定位，将模型大面调至标高适合部位，查找碰撞部位。在建模后期，各专业模型已基本结束的情况下，为保证模型充分匹配，可链接所有专业模型自动执行碰撞检查，依据碰撞报告进行协调和空间优化，如图7-4所示。

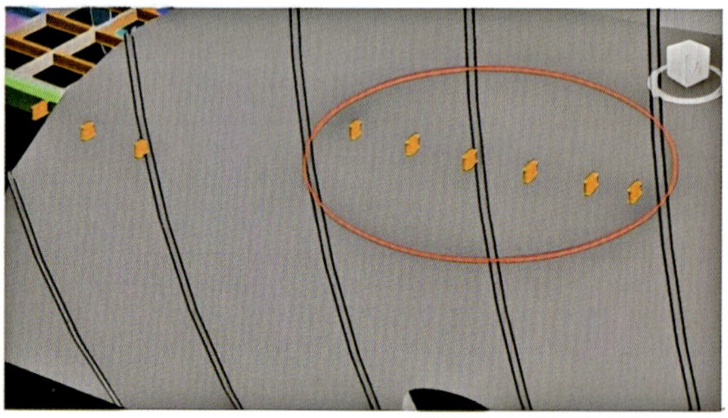

图7-3 主体钢结构与幕墙模型碰撞图

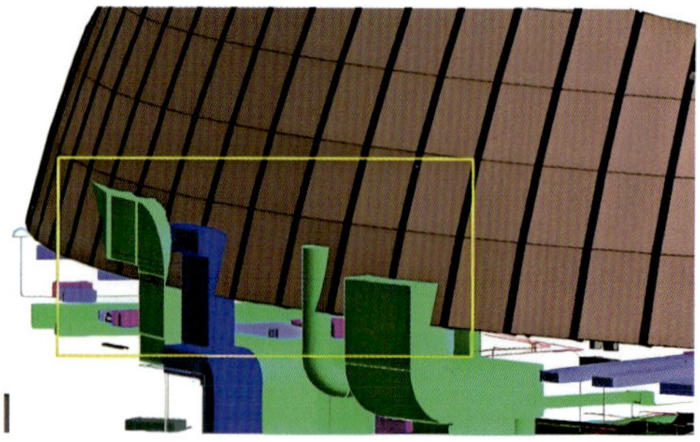

图7-4 机电与幕墙碰撞图

五、幕墙深化设计

根据建筑幕墙表皮模型和节点详图，利用软件建立出主龙骨的模型，然后细化出各个标高次龙骨的模型，最后建立面板的模型以及连接件、其他构件模型。

鉴于本项目对加工周期、施工安装效率、整体外观效果等因素，对幕墙面板进行了优化，有效提高整体建筑外观的顺滑度以及流畅度，使其更加美观，如图7-5所示。

优化连接方式，设计原定方案中玻璃幕墙的固定采用地是铝型材固定安装，但是由于铝型材开模量大，制作周期长，于是采用BIM软件针对适合于玻璃幕墙固定的连接材料进行优化，最终确定的连接件为驳接爪，提高施工工效。连接的支座通过三维优化布置，提供空间三维定位，为控制花瓣板块安装的精确性，在每个花瓣板块的支座上做标记，然后再制作专用的凹槽钢夹具，因结构有偏差，在夹具制作前测量板块安装完成后调节螺栓的高度，因此每层楼的每个转角花瓣的夹具均需单独制作，夹具的模型与板块安装完成后的模型一致，提前焊接在做好标记的支座上，便于板块的定位安装。

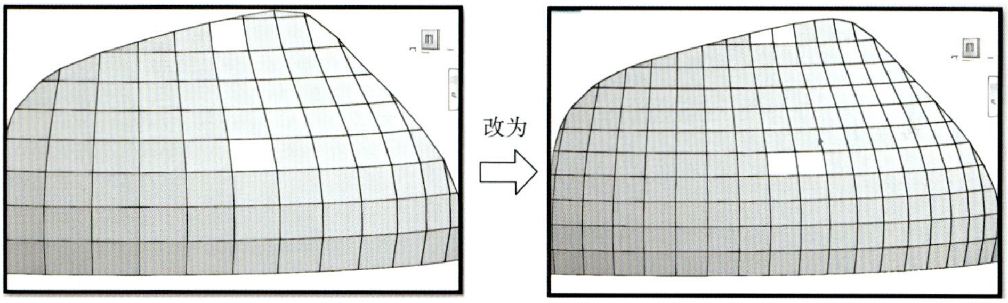

图7-5　面板优化

通过采用新型桁架花瓣造型规避了受力桁架角度、标高各不相同，形状各异，造型梁空中形态难控制的问题如图7-6所示。

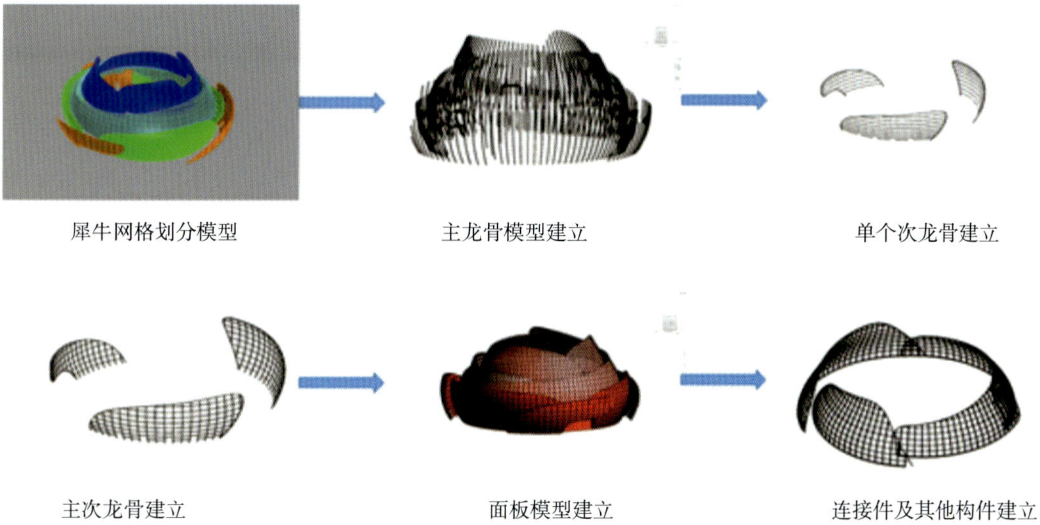

图7-6　幕墙二次深化分析示意图

六、提取信息数据

通过三维信息软件对每一块面板、龙骨进行编号、出图，指导加工、安装。

利用BIM模型的高精度特性，将1∶1比例的龙骨模型导出成CAD图样，并标注其拟合后的曲线弧度尺寸，如图7-7所示。

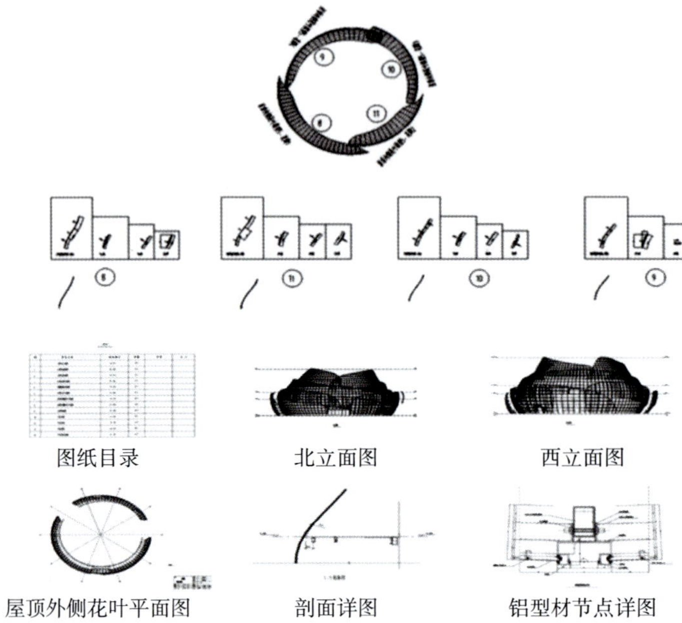

图7-7　数据提取示意

七、生成空间坐标

BIM模型中对每一块面板进行了编号，每个编号对应一个坐标点，实现三维坐标定位，方便现场施工测量定位，如图7-8、图7-9所示。

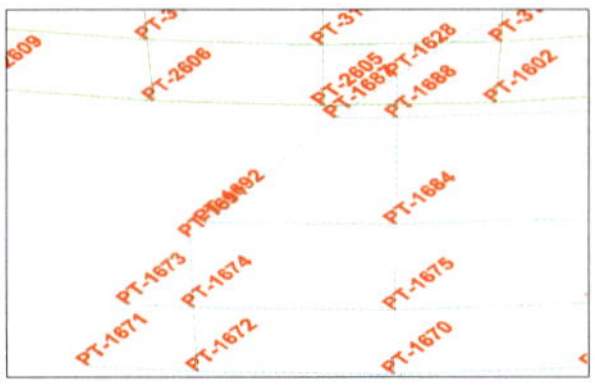

图7-8　三维坐标图

编号	X（mm）	Y（mm）	Z（mm）
PT-0001	-37303.11	8757.19	13745.28
PT-0002	-37788.16	8873.62	11355.16
PT-0003	-36529.39	11669.87	6624.54
PT-0004	-36134.43	11541.59	14456.12
PT-0005	-35098.92	14338.48	14982.31
PT-0006	-34173.14	13955.2	3024.4
PT-0007	-31257.44	15728.02	14789.63
PT-0008	-33854.88	17050.84	14983.14
PT-0009	-32408.04	19663.7	14673.12
PT-0010	-30774.59	22167.94	14983.24
PT-0011	-28968.39	24555.73	14978.23
PT-0012	-27000.2	26819.31	14352.67
PT-0013	-24876.92	28949.01	13524.98
PT-0014	-22601.07	30930.33	13567.89
PT-0015	-20172.02	32741.26	13524.57
PT-0016	-17592.27	34354.7	12945.23

图7-9　三维坐标统计表

八、指导现场安装

根据工程进度要求，结合现场施工部署，以纵轴为施工工序，横轴为时间，做出可视化网络计划。

利用时空网络计划结合BIM模型，在面板上进行可视化标注，以面板不同颜色来区分面板不同的安装时间，直观地表示出施工顺序，如图7-10所示。

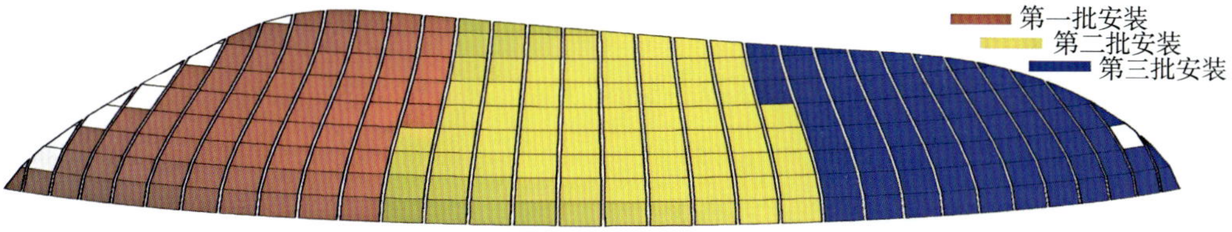

图7-10 进度计划示意

三维坐标的BIM模型，将现场11块“花瓣”划分为三个施工区域，每块区域具体到每块面板的三维坐标都可以从模型中导出，且每块面板都有具体的安装时间，可以从外到内安排多个施工班组，按照三维定位，依次施工。

1. 现场放线定位

测量方法采用外控制点投射法进行幕墙的测量放线，并将底层的内控网主控线延伸至各个楼层楼板上，再进行平移、投射的方法测量放线。通过投射的方法找出模型中面板的X、Y坐标点，然后通过延伸至各楼层的主控线确定面板标高。

2. 龙骨拼装

龙骨拼装分为工厂加工及预拼装和现场拼装。

（1）工厂加工及预拼装

根据设计图样要求的相贯线和弯曲方向关系，参照BIM模型优化的数据，对于半径均匀的管件，在圆管弧长四等分位置进行放线和标记，然后弯曲成型；对于半径不均匀的管件，弯管前使用钢印在半径变化相交位置给予标识，安装夹具，先按照半径的最大值（弧度小）对构件进行拉弯，然后对半径小（弧度大）的构件位置逐段进行精调直至弯曲成型。

工厂根据深化后三维模型将圆管构件从三维模型转化成线性模型，然后采用相贯线软件将线性模型导出下料程序，车间根据程序完成自动下料。

为确保现场一次拼装和吊装成功率，减少现场拼装和安装误差，在工厂加工后进行预拼装。根据花瓣结构特点，将花瓣分为内圈径向桁架单元、外圈径向桁架单元、环向圆管桁架单元三类进行预拼装，然后矫正、记录，方便现场安装。

（2）现场拼装

根据BIM模型和施工详图，详细分辨出各零部件标识、规格尺寸、形状，按照组装顺序分类码放。

1）进行胎架的定位，在胎架完成后，在胎架上根据定位图样，画出钢架立杆的定位线，焊接定位挡板。

2）桁架立杆根据定位线位置摆放杆件。

3）根据定位线拼装横杆。

4）在横杆拼装完成后进行次杆嵌补。

5）进行焊接、矫正、加固拼装。为了防止起吊之后产生变形，使用角钢对龙骨进行加固。

6）施工流程图如图7-11所示。

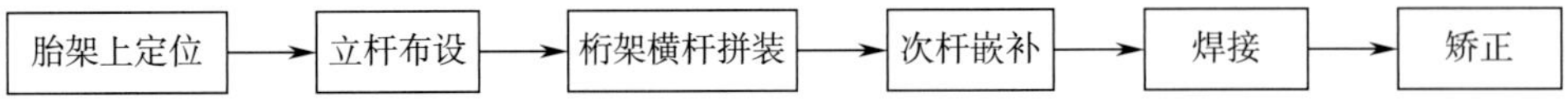

图7-11　施工流程图

3. 龙骨安装

根据BIM模型模拟施工，采用汽车式起重机进行吊装。

1）利用BIM技术分析龙骨重心，然后将吊点设置在龙骨节点上。

2）设置三至四个吊点，其中两根钢丝绳搭配进行调节，吊钩在重心正上方，绑扎完成后起吊。

3）安装定位时，使用溜绳进行控制。

4）在定位点，使用全站仪进行定位控制、调整，防止安装位置及构件的偏位。

5）调整之后使用揽风绳和拉紧器，进行固定。

4. 幕墙安装

依据BIM模型安装，将“花瓣”分别编号，按照施工区域以及部署进行安装。

5. 案例总结

BIM技术的运用实现了项目管理人员对多曲面幕墙施工进行质量、安全控制，保证施工进度、节约成本、缩短工期，成功解决了多曲面幕墙的安装施工难题，如图7-12所示。

图7-12　竣工实景图

第四节　成都龙泉山丹景台螺旋形幕墙BIM应用案例

一、工程概况

成都龙泉山丹景台幕墙工程，位于简阳市丹景乡—龙泉山森林公园丹景台东进展览馆，项目主体采用钢结构，幕墙造型独特且复杂，总面积12000m^2，建筑高度为23.95m。

幕墙外观效果呈现出螺旋上升造型，将丹景台山顶平台与丹景阁巧妙连接。这一设计不仅美观，更满足了实际的功能需求。幕墙系统主要包括倾斜竖明横隐玻璃幕墙、不锈钢玻璃栏杆、铝合金吊顶格栅等。采光顶设计植入了太阳神鸟元素，设计造型独特。玻璃幕墙的竖龙骨采用钢结构龙骨，间距约为2m。每根龙骨朝不同方向倾斜，共同形成向上倾斜的整体效果，如图7-13所示。

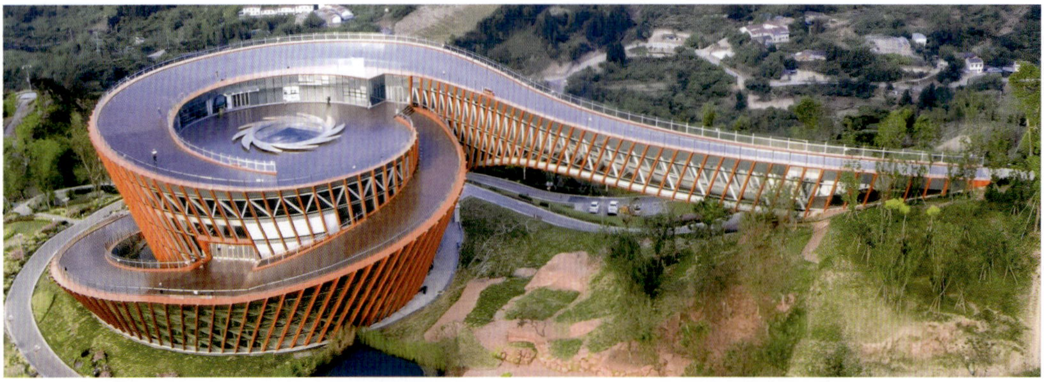

图7-13　实景照片

二、重难点分析及解决措施

重难点分析：项目造型复杂多变，幕墙系统种类繁多、结构龙骨复测难度大、安装定位困难等。

解决措施：为解决造型复杂复测、深化设计、定位安装等难题，本项目采用三维激光扫描技术对主体结构进行复测，提取现场实际的坐标数据和造型数据；通过整合模型、碰撞分析，查找碰撞点优化调整；应用BIM技术进行深化，对幕墙的支承结构、饰面系统进行整体优化，并进行数据整合，精准定尺下料、辅助定位安装。

三、幕墙三维激光扫描技术的应用

利用三维激光扫描仪对钢构件进行三维测量，得到精确的三维模型，通过与BIM模型对比分析得出钢构件的偏差度，及时调整偏差，为钢结构精确快速安装提供数据支持，如图7-14、图7-15所示。

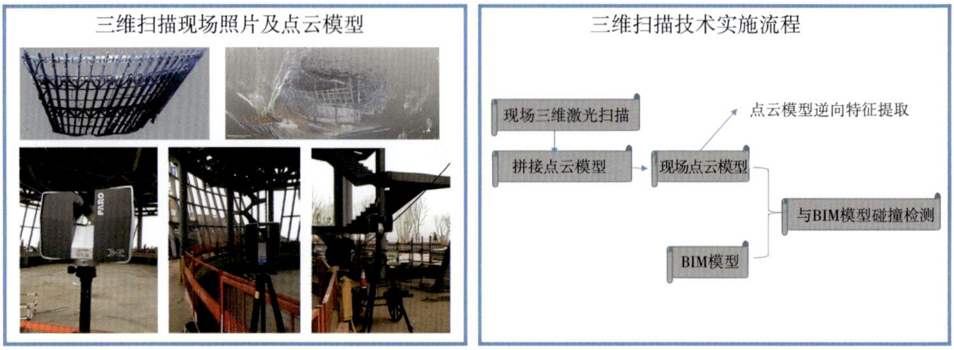

图7-14　三维扫描流程示意

图7-15 点云数据提取示意

四、整合模型碰撞分析

根据三维激光扫描的结构实测数据与模型进行对比，龙骨模型与钢结构模型碰撞，形成碰撞报告进行模型调整，确定最优施工方案。幕墙模型与土建模型整合，碰撞优化并协调土建预埋预留工作，进行幕墙模型与机电、钢结构模型整合，查找碰撞点优化调整，如图7-16所示。

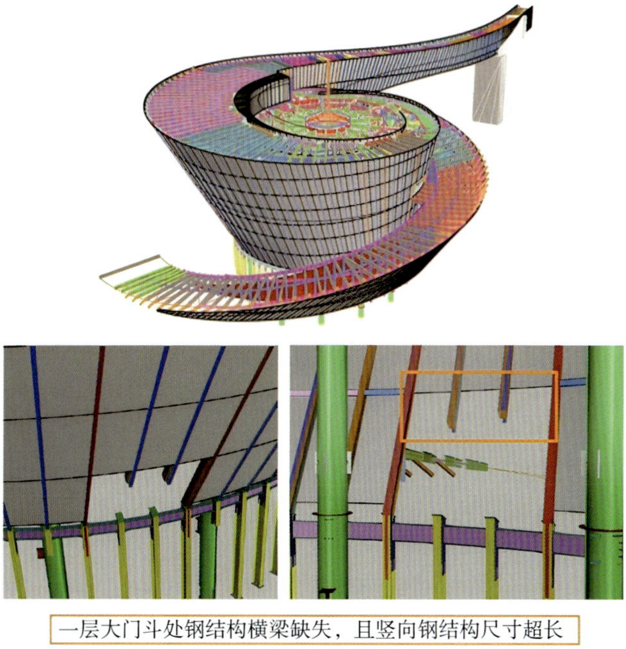
一层大门斗处钢结构横梁缺失，且竖向钢结构尺寸超长

图7-16 碰撞检查示意

五、幕墙BIM技术深化应用

1. 数据模型优化

根据设计单位提供的幕墙三维表皮模型，建立建筑幕墙的三维模型，采用BIM三维建模软件，将幕墙参数化信息模块导入幕墙三维模型中，自动生成幕墙材料下料单；最后通过BIM软件与三维模型进行关联，自动生成幕墙材料下料单及加工工艺图，如图7-17所示。

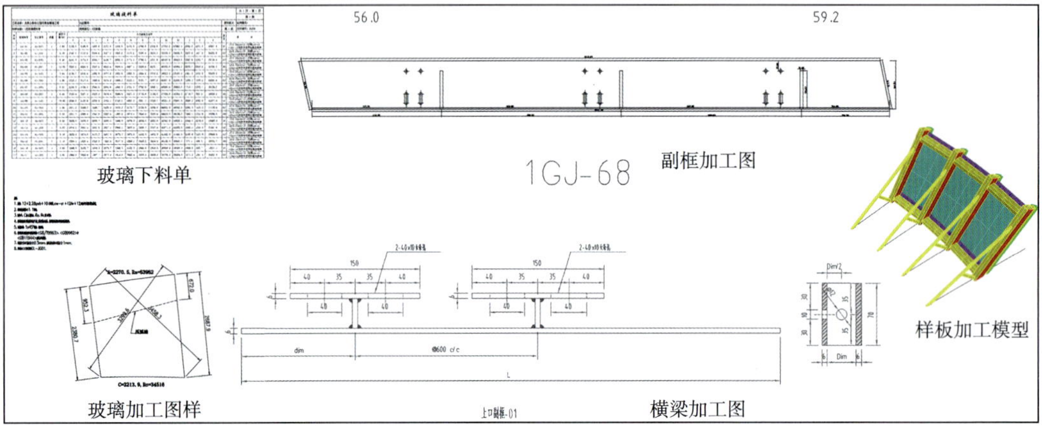

图7-17　深化示意

2. 幕墙龙骨、面板下单

通过运用犀牛模型网格划分优化，基于犀牛划分模型进行主龙骨及相应铝型材建模，再进行次龙骨及相应铝型材建模，划分模型进行幕墙面板建模以及幕墙面板编号，如图7-18所示。通过插件参数化自动生成加工图和加工单，如图7-19所示。

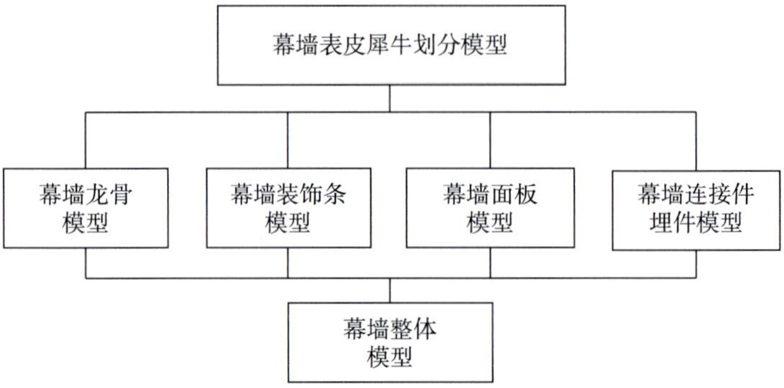

图7-18　表皮模型划分

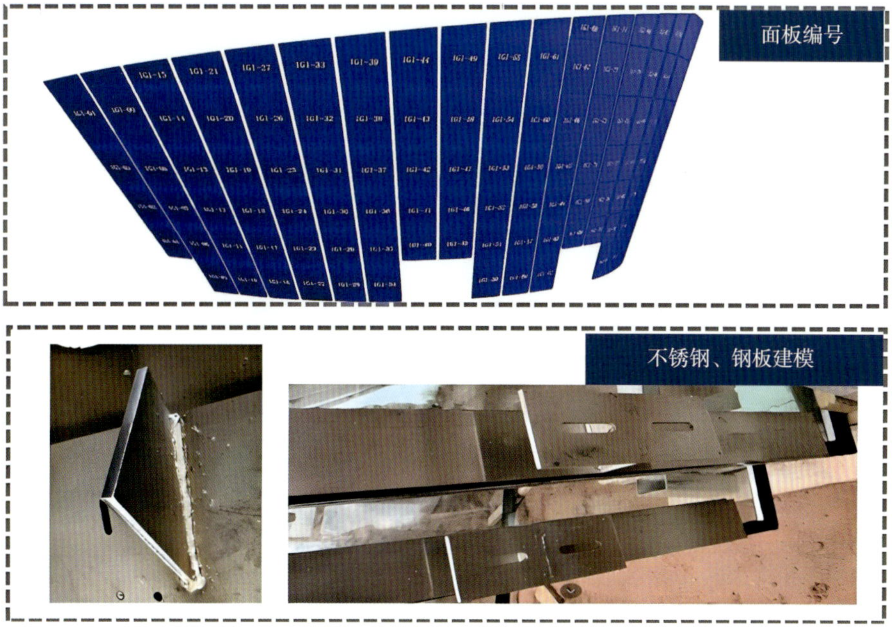

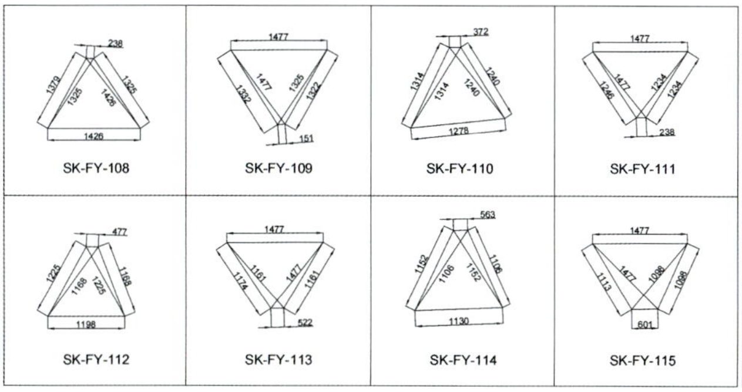

编号	尺寸	尺寸	尺寸	尺寸	对角线	对角线	面积
SK-FY101	1477	316	1312	1129	1477	1312	0.91
SK-FY102	1122	666	1477	723	1477	1122	0.81
SK-FY103	708	636	520	1373	520	708	0.16
SK-FY104	524	262	1485	1403	1485	524	0.49
SK-FY105	260	78	1485	1421	1485	260	0.21
SK-FY106	84	1485	1432	1435	1459	1529	0.97
SK-FY107	1477	1439	41	151	1458	1457	0.94
SK-FY108	1426	1379	1325	238	1325	1426	0.82
SK-FY109	1477	1332	1322	310	1322	1477	0.94
SK-FY110	1314	1278	1240	372	1240	1314	0.7
SK-FY111	1477	1246	1234	427	1234	1477	0.92
SK-FY112	1225	1198	1168	477	1168	1225	0.62
SK-FY113	1477	1174	1161	522	1161	1477	0.9
SK-FY114	1152	1130	1106	563	1106	1152	0.55
SK-FY115	1477	1113	1098	601	1098	1477	0.89

图7-19　加工图展示

3. 龙骨、面板定位安装

通过模型三维坐标点，将高程点输入全站仪进行定位，采用汽车起重机、曲臂车等综合施工措施进行龙骨以及面板的安装，采取分区分段的方式，控制施工安装误差，确保安装精度，如图7-20所示。

4. 案例总结

通过BIM技术将传统的设计、加工、施工这条“线”，捏合成一个“整体”，整体深化设计，整体加工控制和整体定位放线，减少实际施工中可能遇到的难题、保证幕墙安装的施工质量、优化施工工序、保证施工工期、节约工程成本，减少时间、材

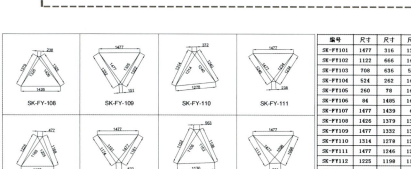

料、人力的浪费。案例展示如图7-21所示。

图7-20　幕墙定位安装示意

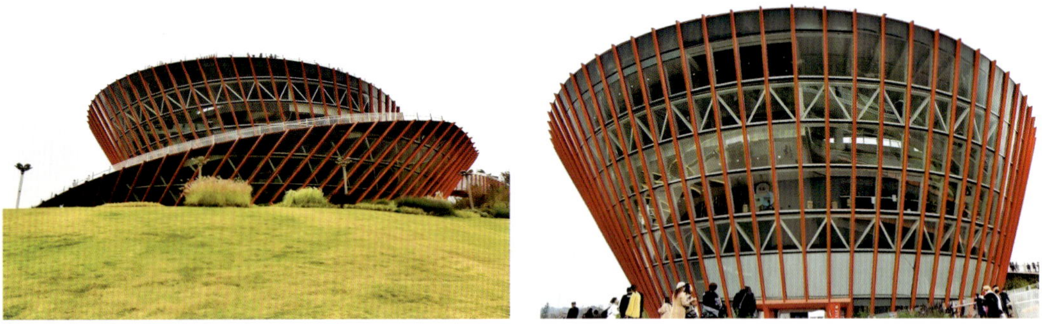

图7-21　案例展示

第八章　建筑幕墙的工程验收

本章概述

幕墙作为建筑外立面的重要组成部分，应满足防水、隔热、隔声等功能。幕墙工程安装完毕后，应进行验收。工程验收参照《建筑与市政工程施工质量控制通用规范》GB 55032—2022、《建筑装饰装修工程质量验收标准》GB 50210—2018、《建筑工程施工质量验收统一标准》GB 50300—2013等相关标准。

幕墙工程验收应在建筑物完工（不包括二次装修）后进行，验收前应将表面清理干净。幕墙工程验收前，应进行隐蔽工程验收，对隐蔽工程验收文件应进行认真的审核。

本章重点阐述金属幕墙、石材幕墙、玻璃幕墙、人造板材幕墙等质量验收。

第一节　幕墙质量验收标准

幕墙工程施工质量验收，除应遵循《建筑装饰装修工程质量验收标准》GB 50210—2018、《建筑工程施工质量验收统一标准》GB 50300—2013外，还应符合我国现行相关标准《建筑与市政工程防水通用规范》GB 55030—2022、《建筑与市政工程施工质量控制通用规范》GB 55032—2022、《民用建筑通用规范》GB 55031—2022、《玻璃幕墙工程技术规范》JGJ 102—2003、《金属与石材幕墙工程技术规范》JGJ 133—2018、《人造板材幕墙工程技术规范》JGJ 336—2016、《建筑设计防火规范》GB 50016—2014、《民用建筑隔声设计规范》GB 50118—2010、《建筑用硅酮结构密封胶》GB 16776—2005、《建筑玻璃应用技术规程》JGJ 113—2015、《玻璃幕墙工程质量检验标准》JGJ/T 139—2020、《钢结构工程施工质量验收标准》GB 50205—2020、《建筑幕墙》GB/T 21086—2007等的规定。在工程实施过程中，所采用的上述标准、规范等若有新修改或有新颁布的内容，以新修改或新颁布的内容为准。

第二节　工程验收一般规定

幕墙工程验收时，为确保工程质量与设计规范相符，应检查的文件和记录包括施工图、结构计算书、热工性能计算书、设计变更文件、设计说明及其他设计文件；建筑设计单位的确认文件；材料、构件、组件、紧固件及附件的产品合格证书、性能检验报告、进场验收记录和复验报告；硅酮结构胶的抽查合格证明、相容性和剥离粘结性检验报告以及石材用密封胶的耐污染性检验报告；后置埋件和槽式预埋件的拉拔力检验报告；封闭式幕墙的气密、水密、抗风压及层间变形性能检验报告；注胶和养护环境的温度、湿度记录以及硅酮结构胶的混匀性和拉断试验记录；防雷接地点的电阻检测记录；隐蔽工程验收记录；幕墙构件、组件和面板的加工制作检验记录；安装施工记录；张拉杆索体系的预拉力张拉记录以及现场淋水检验记录。这些文件和记录的审核是验证幕墙工程是否达到预期性能和安全性的重要环节，确保了工程的完整性和可靠性。

首先，在幕墙工程的施工与验收环节中，对关键材料及其性能指标的复验是确保工程质量的重要步骤。这包括对石材及其他板材的抗弯强度和抗冻性、室内用花岗石的放射性、幕墙用结构胶的邵氏硬度及粘结性能、中空玻璃的密封性能、防火保温材料的燃烧性能，以及铝材和钢材主受力杆件的抗拉强度进行细致的检测。这些复验工作确保了所用材料在耐久性、安全性和功能性方面达到国家和行业的标准，同时适应特定的气候和环境条件，为幕墙工程的整体性能和长期稳定性提供了坚实的保障。

其次，幕墙工程的质量验收过程中，对隐蔽工程项目的检查至关重要，这包括对预埋件或后置埋件、锚栓及连接件的牢固性和位置准确性进行验证；对构件连接节点的完整性和质量进行审查；评估幕墙与主体结构间的封堵效果，确保其密封性；检查伸缩缝、沉降缝、防震缝及墙面转角节点的适应性和耐久性；确认隐框玻璃板块的固定措施的安全性；测试幕墙防雷连接节点的有效性；检查防火、隔烟节点的设置是否满足消防安全要求；以及验证单元式幕墙封口节点的密封性和整体性。

再次，在幕墙工程的施工质量管理中，检验批的合理划分是确保工程质量的关键措施。检验批应根据设计、材料、工艺和施工条件的一致性，每1000m^2作为一个检验批，对于不足1000m^2的工程也需单独划分；同一单位工程中不连续分布的幕墙工程需单独划分检验批；对于异形或有特殊要求的幕墙，检验批的划分则需依据幕墙的结构和工艺特点以及工程规模，由监理单位（或建设单位）与施工单位共同协商确定。

另外，幕墙与主体结构连接的各种预埋件，其数量、规格、位置和防腐处理必须符合设计要求。幕墙及其连接件须具备充足的承载力、刚度以及与主体结构的位移能力。当幕墙构架立柱的连接金属角码与其他连接件采用螺栓连接时，应有防松动措施，同时不同金属材料接触处应采用绝缘垫片进行隔离。

玻璃幕墙采用中性硅酮结构密封胶时，其性能应符合现行国家标准《建筑用硅酮结构密封胶》GB 16776—2005的规定，硅酮结构密封胶应在有效期内使用。硅酮结构密封胶的注胶应在洁净的专用注胶室进行，且养护环境、温度、湿度条件应符合结构胶产品的使用规定。

最后，幕墙防火设计应遵循设计要求及现行国家标准《建筑设计防火规范》GB 50016—2014（2018年版）的规定，变形缝等部位处理应保证缝的使用功能和饰面的完整性。

第三节 工程验收主控项

一、金属幕墙

通过检查产品合格证书、性能检测报告、材料进场验收记录和复验报告对所使用的各种材料和配件的质量进行验证；采用观察和尺量检查方法，并检查进场验收记录确保金属幕墙的造型、立面分格、颜色、光泽、花纹和图案与设计要求相符；通过拉拔力检测报告和隐蔽工程验收记录确认主体结构上的埋件质量；对连接安装质量进行手扳检查，并审查隐蔽工程验收记录；检查防火、保温、防潮材料的设置是否恰当；验证金属框架及连接件的防腐处理是否满足要求；通过检查隐蔽工程验收记录确保防雷系统安全；评估变形缝、墙角的连接节点的准确性；通过淋水检查确认金属幕墙的防水效果。

二、石材幕墙

对材料质量的严格把关，通过观察、尺量和审查合格证书、性能检测报告、进场验收记录及复验报告；确保造型、立面分格、颜色、光泽、花纹和图案与设计要求的一致性；检查进场验收记录或施工记录，以验证石材孔、槽的加工质量；通过拉拔力检测报告和隐蔽工程验收记录来确保主体结构上埋件的牢固性；采用手扳检查和隐蔽工程验收记录的审查，以确保石材幕墙的连接安装质量；审查金属框架和连接件的防腐处理记录；确认防雷系统的安全性；检查防火、保温、防潮材料的设置；检查隐蔽工程验收记录和施工记录，评估结构变形缝、墙角连接节点的准确性；观察石材表面和板缝的处理；对有防水要求的区域进行淋水检查，以验证石材幕墙的防水性能。

三、玻璃幕墙

对所用材料、构件和组件的质量进行审查，通过检查产品合格证书、进场验收记录、性能检测报告和复验报告来验证其合规性；对幕墙的造型、立面分格进行视觉观察和尺量检查；对主体结构埋件、连接安装质量、隐框或半隐框玻璃托条、明框玻璃安装、全玻璃幕墙吊夹具和密封、节点和连接点进行细致的检查，通过观察和审查隐蔽工程验收记录及施工记录来确保其正确性和可靠性；审查隐蔽工程验收记录和施工记录，以确保防火、保温、防潮材料的正确设置；通过在易渗漏部位进行淋水检查，验证玻璃幕墙的防水效果；通过检查隐蔽工程验收记录，评估金属框架和连接件的防腐处理质量；对玻璃幕墙开启窗的配件安装质量进行观察、手扳检查以及开启和关闭操作检查，以确保其功能性和耐用性；防雷系统的检查包括观察和审查隐蔽工程验收记录及施工记录，确保防雷措施满足安全要求。

四、人造板材幕墙

对材料、构件和组件的质量进行检验，检查产品合格证书、力学性能复验报告以及进场验收记录以确保满足质量标准；评估幕墙的造型、立面分格、颜色、光泽、花纹和图案的一致性；确保主体结构的埋件牢固可靠，通过进场验收记录、隐蔽工程验收记录、拉拔试验检测报告验证；检查连接安装质量，保障幕墙的稳定性；通过检查隐蔽工程验收记录确认金属框架和连接件的防腐处理满足要求；通过观察、检查隐蔽工程验收记录评估防雷措施的有效性；检查防火、保温、防潮材料的设置是否得当；检查隐蔽工程验收记录和施工记录验证变形缝、墙角连接节点的牢固性；通过现场淋水记录来测试防水性能。

第四节 工程验收一般项

一、金属幕墙

金属幕墙的外露框架应确保横平竖直，造型应符合设计要求。胶缝应横平竖直，表面需光滑无污染。铝合金板应无脱膜现象，颜色均匀，色差不得超出与色板一级的差异。沉降缝、伸缩缝、防震缝的处理应与外观保持一致性，并满足设计要求。金属板材表面应平整，3m外肉眼观察应无明显变形、波纹或压砸等缺陷。

每平方米金属板的表面质量应符合表 8-1 的规定。

表8-1 金属板的表面质量要求

项目	质量要求
0.1~0.3mm宽划伤痕	长度小于100mm，不多于8条
擦伤总面积	不大于500mm^2

注：1. 露出金属基体的为划伤。
2. 没有露出金属基体的为擦伤。

一个分格铝合金型材表面质量应符合表 8-2 的规定。

表8-2 一个分格铝合金型材表面质量要求

项目	质量要求
0.1~0.3mm宽划伤痕	长度小于100mm，且不多于2条
擦伤总面积	不大于500mm^2
划伤在同一个分格内	不多于 4 处
擦伤在同一个分格内	不多于 4 处

注：1. 一个分格铝合金型材是指该分格的四周框架构件。
2. 露出铝基体的为划伤。
3. 没有露出铝基体的为擦伤。

金属幕墙立柱、横梁的安装质量应符合表8-3的规定。

表8-3 金属幕墙立柱、横梁的安装质量要求

项目		允许偏差/mm	检查方法
金属幕墙立柱、横梁安装偏差	宽度高度不大于30m	≤10	激光经纬仪或经纬仪
	宽度高度大于30m，不大于60m	≤15	
	宽度高度大于60m，不大于90m	≤20	
	宽度高度大于90m	≤25	

金属幕墙的安装质量应符合表 8-4 的规定。

表8-4　金属幕墙的安装质量要求

项目		允许偏差/mm	检查方法
幕墙垂直度	幕墙高度不大于30m	≤10	激光经纬仪或经纬仪
	幕墙高度大于30m，不大于60m	≤15	
	幕墙高度大于60m，不大于90m	≤20	
	幕墙高度大于90m	≤25	
竖向板材直线度		≤3	2m靠尺、塞尺
横向板材水平度不大于2000mm		≤2	水平仪
同高度相邻两根横向构件高度差		≤1	钢板尺、塞尺
幕墙横向水平度	不大于3m的层高	≤3	水平仪
	大于3m的层高	≤5	
分格框对角线差	对角线长不大于2000mm	≤3	3m钢卷尺
	对角线长大于2000mm	≤3.5	

二、石材幕墙

石材幕墙的外露框架应横平竖直，造型符合设计要求；胶缝应横平竖直且表面光滑无污染。使用的石材颜色需均匀，色泽与样板一致，花纹图案也应遵循设计要求。此外，石材幕墙的沉降缝、伸缩缝、防震缝等特殊接缝的处理应保持外观的一致性，并满足结构设计的需求。石材表面应无凹坑、缺角、裂缝或斑痕等缺陷。

石材的表面质量应符合表 8-5 的规定。

表8-5　石材的表面质量要求

项目	质量要求
0.1~0.3mm 划伤	长度小于100mm，且不多于2条
擦伤总面积	不大于500mm^2

注：1. 石材花纹出现损坏的为划伤。
　　2. 石材花纹出现模糊现象的为擦伤。

石板的安装质量应符合表8-6的规定。

表8-6　石板的安装质量要求

项目		允许偏差/mm	检查方法
竖缝及墙面垂直缝	幕墙层高不大于3m	≤2	激光经纬仪或经纬仪
	幕墙层高大于3m	≤3	

（续）

项目	允许偏差/mm	检查方法
幕墙水平度（层高）	≤2	2m靠尺、钢板尺
竖缝直线度（层高）	≤2	2m靠尺、钢板尺
横缝直线度（层高）	≤2	2m靠尺、钢板尺
拼缝宽度（与设计值比）	≤1	卡尺

石材幕墙的安装质量应符合表8-6的规定。

三、玻璃幕墙

1. 框支撑玻璃幕墙

框支撑玻璃幕墙铝合金材料和玻璃表面应保持整洁，不得有铝屑、毛刺、电焊痕迹、油斑或其他污渍。幕墙玻璃安装应牢固，橡胶条嵌入应紧密，密封胶填充应均匀平整以确保良好的密封性能。此外，工程的抽样检验应覆盖竖向和横向构件或接缝，每幅幕墙抽查数量不得少于5%，且竖向构件或接缝不少于3根，横向构件或接缝不少于3根，分格不少于10个。

注：1. 抽样的样品，1根竖向构件或竖向接缝是指该幕墙全高的1根构件或接缝；1根横向构件或横向接缝是指该幅幕墙全宽的1根构件或接缝。
2. 凡幕墙上的开启部分，其抽样检验的工程验收应符合现行国家标准《建筑装饰装修工程质量验收标准》GB 50210—2018的有关规定。

每1m^{2}玻璃的表面质量应符合表8-7的规定。

表8-7　每1m^{2}玻璃的表面质量要求

项次	项目	质量要求
1	0.1~0.35mm宽划伤痕	长度小于100mm，不超过8条
2	擦伤总面积	不大于500mm^2

一个分格铝合金框料表面质量应符合表8-8的规定。

表8-8　一个分格铝合金框料表面质量要求

项目	质量要求
擦伤、划伤深度	不大于氧化膜厚度的2倍
擦伤总面积	不大于500mm^2
划伤总长度	不大于150mm
擦伤和划伤处数	不大于4

注：一个分格铝合金框料是指该分格的四周框架构件。

铝合金框架构件安装质量应符合表8-9的规定，测量检查应在风力小于四级时进行。

表8-9　铝合金框架构件安装质量要求

项次	项目		允许偏差 /mm	检查方法
1	幕墙垂直度	幕墙高度不大于30m	10	激光仪或经纬仪
		幕墙高度大于30m、不大于60m	15	
		幕墙高度大于60m、不大于90m	20	
		幕墙高度大于90m、不大于150m	25	
		幕墙高度大于150m	30	
2	竖向构件直线度		2.5	2m靠尺，塞尺
3	横向构件水平度	长度不大于2000mm	2	水平仪
		长度大于2000mm	3	
4	同高度相邻两根横向构件高度差		1	钢板尺、塞尺
5	幕墙横向构件水平度	幅宽不大于35m	5	水平仪
		幅宽大于35m	7	
6	分格框对角线差	对角线长不大于2000mm	3	对角线尺或钢卷尺
		对角线长大于2000mm	3.5	

注：1. 表中1~5项按抽样根数检查，第6项按抽样分格数检查。
2. 垂直于地面的幕墙，竖向构件垂直度包括幕墙平面内及平面外的检查。
3. 竖向直线度包括幕墙平面内及平面外的检查。

隐框玻璃幕墙的安装质量应符合表8-10的规定。

表8-10　隐框玻璃幕墙的安装质量要求

项次	项目		允许偏差 /mm	检查方法
1	竖缝及墙面垂直度	幕墙高度不大于30m	10	激光仪或经纬仪
		幕墙高度大于30m，不大于60m	15	
		幕墙高度大于60m，不大于90m	20	
		幕墙高度大于90m，不大于150m	25	
		幕墙高度大于150m	30	
2	幕墙平面度		2.5	2m靠尺，钢板尺
3	竖缝直线度		2.5	2m靠尺，钢板尺
4	横缝直线度		2.5	2m靠尺，钢板尺
5	拼缝宽度（与设计值比）		2	卡尺

2. 全玻幕墙

全玻幕墙外观应平整，胶缝应平整光滑、宽度均匀，与设计值偏差不应大于

2mm。玻璃面板与玻璃肋的垂直度偏差应不大于2mm，相邻玻璃面板的平面高低偏差应小于1mm，以保持整体的整齐和精确度。玻璃与镶嵌槽的间隙应符合设计要求，密封胶灌注应均匀、饱满且连续，确保良好的密封性。此外，玻璃与周边结构或装修的空隙宽度不应小于8mm，密封胶填缝必须均匀、密实且连续。

3. 点支撑玻璃幕墙

点支撑玻璃幕墙表面需保持平整，胶缝应横平竖直且均匀平滑；钢结构焊缝应平滑，防腐涂层均匀无破损，不锈钢部件光泽度需符合设计要求且无锈斑；钢结构验收应遵循国家标准《钢结构工程施工质量验收标准》GB 50205—2020的要求。拉杆和拉索的预拉力应满足设计规范要求，安装允许偏差应符合表8-11具体规定。

表8-11 点支撑玻璃幕墙安装允许偏差

项目		允许偏差 /mm	检查方法
竖缝及墙面垂直度	高度不大于30m	10.0	激光仪或经纬仪
	高度大于30m但不大于50m	15.0	
平面度		2.5	2m靠尺、钢板尺
胶缝直线度		2.5	2m靠尺，钢板尺
拼缝宽度		2	卡尺
相邻玻璃平面高低差		1.0	塞尺

点支撑玻璃幕墙相邻钢爪水平、垂直间距应为±1.5mm，同层钢爪高度允许偏差应符合表8-12的规定。

表8-12 同层钢爪高度允许偏差

水平距离L/m	允许偏差/（×1000mm）
$L\leqslant 35$	$L/700$
$35<L\leqslant 50$	$L/600$
$50<L\leqslant 100$	$L/500$

四、人造板材幕墙

幕墙表面需平整洁净，色泽一致，无裂纹、缺角、裂缝、斑痕、龟裂等瑕疵；板缝应平直均匀，注胶或胶条封闭需饱满连续且无气泡，符合设计规范；框架与面板接缝应保持横平竖直；转角部位面板边缘需整齐顺直，压边方向需符合设计要求；滴水线应均匀光滑，流水方向正确；隐蔽节点的遮封装修应整洁美观。

幕墙面板的表面质量和检验方法应符合表8-13~表8-16的规定。

表8-13　单块瓷板、陶板、微晶玻璃幕墙面板的表面质量要求和检验方法

项次	项目	质量要求			检查方法
		瓷板	陶板	微晶玻璃	
1	缺棱：长度×宽度不大于10mm×1mm（长度小于5mm不计）周边允许/处	1	1	1	金属直尺
2	缺角：边长不大于5mm×2mm（边长小于2mm×2mm不计）/处	1	2	1	金属直尺
3	裂纹（包括龟裂、釉面龟裂）	不允许	不允许	不允许	目测观察
4	窝坑（毛面除外）	不明显	不明显	不明显	目测观察
5	明显接伤，划伤	不允许	不允许	不允许	目测观察
6	轻微划伤	不明显	不明显	不明显	目测观察

注：目测观察是指距板面3m处肉眼观察。

表8-14　每平方米幕墙面板的表面质量要求和检验方法

项次	项目	质量要求	检查方法
1	缺棱，最大长度<8mm，最大宽度<1mm，周边每米长允许（长度<5mm宽度<1mm不计）/处	1	金属直尺
2	缺角：最大长度≤4mm，最大宽度≤2mm 每块板允许（长度，宽度<2mm，不计）/处	1	金属直尺
3	裂纹	不允许	目测观察
4	划伤	不明显	目测观察
5	擦伤	不明显	目测观察

注：目测观察是指距板面3m处肉眼观察。

表8-15　单块木纤维板幕墙面板的表面质量要求和检验方法

项次	项目	质量要求	检查方法
1	缺棱、缺角	不允许	目测观察
2	裂纹	不允许	目测观察
3	表面划痕：长度不大于10mm，宽度不大于1mm每块板允许/处	2	金属直尺
4	轻微擦痕：长度不大于5mm，宽度不大于2mm每块板允许/处	1	目测观察

注：目测观察是指距板面3m处肉眼观察。

表8-16　纤维水泥板幕墙面板的表面质量要求和检验方法

项次	项目	质量要求	检查方法
1	缺棱：长度×宽度不大于10mm×3mm（长度小于5mm不计）周边允许/处	2	金属直尺

（续）

项次	项目		质量要求	检查方法
2	缺角：边长6mm×3mm（边长2mm×2mm不计）允许/处		2	金属直尺
3	裂纹、明显划伤、长度大于100mm的轻微划伤		不允许	目测观察
4	长度≤100mm的轻微划伤		每平方米≤8条	金属直尺
5	擦伤总面积		每平方米≤500mm²	金属直尺
6	窝坑（背面除外）	光面板	不明显	目测观察
		有表面质感等特殊装饰效果板	符合设计要求	目测观察

注：目测观察是指距板面3m处肉眼观察。

幕墙的安装质量检验应在风力小于四级时进行，幕墙的安装质量和检验方法应符合表8-17的规定。

表8-17　人造板材幕墙的安装质量要求和检验方法

项次	项目	尺寸范围	允许偏差/mm	检查方法
1	相邻立柱间距尺寸（固定端）	—	±2.0	金属直尺
2	相邻两横梁间距尺寸	≤2000mm	±1.5	金属直尺
		>2000mm	±2.0	金属直尺
3	单个分格对角线长度差	长边边长≤2000mm	3.0	金属直尺或伸缩尺
		长边边长>2000mm	3.5	金属直尺或伸缩尺
4	立柱，竖缝及墙面的垂直度	幕墙总高度≤30m	10.0	激光仪或经纬仪
		幕墙总高度≤60m	15.0	
		幕墙总高度≤90m	20.0	
		幕墙总高度≤150m	25.0	
		幕墙总高度>150m	30.0	
5	立柱、竖缝直线度	—	2.0	2.0m靠尺、塞尺
6	立柱、墙面的平面度	相邻两墙面	2.0	激光仪或经纬仪
		一幅幕墙总宽度≤20m	5.0	
		一幅幕墙总宽度≤40m	7.0	
		一幅幕墙总宽度≤60m	9.0	
		一幅幕墙总宽度>80m	10.0	
7	横梁水平度	横梁长度≤2000mm	1.0	水平仪或水平尺
		横梁长度>2000mm	2.0	
8	同一标高横梁，横缝的高度差	相邻两横梁、面板	1.0	金属直尺、塞尺或水平尺
		一幅幕墙幅宽≤35m	5.0	
		一幅幕墙幅宽>35m	7.0	
9	缝宽度（与设计值比较）	—	±2.0	游标卡尺

注：一幅幕墙是指立面位置或平面位置不在一条直线或连续弧线上的幕墙。

五、建筑材料

在建筑装饰装修工程中，材料和构配件的选用和管理应遵循严格的检验和验收流程，确保其符合设计要求和质量标准。所有材料必须具备完整的合格证明文件，并在进场后根据规范进行复验，特别是对于同一厂家生产的材料，应至少抽取一组样品进行复验。此外，对于连续合格的产品，可以适当扩大检验批容量，若出现不合格情况，必须重新按原容量进行验收。当国家规定或合同约定应对材料进行见证检验时，或发生材料质量争议时，应进行见证检验。在材料的运输、储存和施工过程中，需要采取有效措施以保护材料，防止损坏和污染环境。同时，所有材料还应根据设计要求进行必要的防火、防腐和防虫处理，以确保工程的安全性和耐久性。

六、过程施工

在进行幕墙工程施工前，首先需要对基体或基层进行质量验收，确保其合格后再施工。施工前，应准备并确认主要材料的样板或做样板间（件）。隐蔽工程验收应有书面记录，其中应包含隐蔽部位照片。施工质量的检验批验收应具备现场检查原始记录。施工过程中，要对半成品和成品进行有效保护，避免损坏。最后，在工程验收前，应确保施工现场清洁整齐，以展示施工的高标准和质量。

七、幕墙优质工程复查实施细则

1. 必要文件暨一票否决项

1）企业营业执照、资质等级证书、安全生产许可证。

2）项目经理注册建造师证及安全考核证。

3）幕墙工程施工合同（含施工范围、面积、金额）。

4）施工许可证（施工许可证不单独发给幕墙工程的，可以用总包单位的施工许可证）。

5）幕墙单项竣工验收资料（签章必须齐全）。

6）消防验收（工程名称、验收范围、主管部门公章、日期必须齐全；结论为合格；消防验收意见书中提出的整改意见如涉及幕墙部分应有有关部门的复查合格记录）。

7）工程验收合格备案证书。

2. 质量管理资料

1）施工组织设计、施工日志、技术交底及危险性较大分部分项工程论证报告。

2）幕墙使用的主要材料应符合标准、规范要求，符合设计要求。应有出厂合格证、检测报告。

3）石材幕墙不得使用云石胶，可使用石材干挂胶。不得使用普通的耐候密封胶，应使用石材幕墙专用耐候胶，并提供抗污染检测报告。

4）主要材料使用前应进行复验，提供检测报告。

5）幕墙的物理性能检测报告，沿海及台风多发地区要特别关注检测报告的幕墙抗风压性能指标与结构计算书、设计说明是否一致。

6）连接件、预埋件的焊缝质量检测报告，后置埋件现场拉拔力检测报告，石材背栓拉拔力检测报告，石材的抗弯强度检验报告，索杆体系预拉力张拉记录。

7）有隐框、半隐框玻璃板块或隐框做法开启扇的，必须提供硅酮结构胶、耐候密封胶的相容性、粘结性试验报告，结构胶打胶记录、蝴蝶试验记录、养护记录。

8）淋水试验记录，防雷检测报告。

9）每批单元板块组装件的出厂合格证、检验记录。每批隐框、半隐框玻璃板块的合格证、检验记录。

10）幕墙各连接部位应牢固、可靠，隐蔽工程符合图样要求，隐蔽工程记录真实、齐全并提供影像资料，并经监理签字认可（隐蔽工程包括预埋件或后置埋件，锚栓及连接件，构件的连接节点，幕墙四周、幕墙内表面与主体结构间封堵，伸缩缝、沉降缝、防震缝及墙面转角节点，玻璃板块的固定，幕墙防雷连接节点，幕墙防火、隔烟节点，单元式幕墙的封口节点等）。

11）采用新材料的须提供耐候性、耐久性、可靠性依据。含水材料使用在严寒地区的应提供冻融复试报告。复合材料应关注温度应力产生变形导致的安全问题。

12）合格证、检验记录、检测报告应提供原件且真实有效。检测结果应符合设计要求及相关标准规范要求。

13）进口材料应符合我国相关产品标准。

3. 热工计算书

1）工程所有的幕墙类型（包括采光顶）都应有热工计算；无保温隔热要求的装饰幕墙、开缝构造的幕墙不用热工计算。

2）各类型幕墙的热工计算应齐全完整不缺项，并有明确结论且满足建筑节能设计指标要求。

3）正确选择热工计算单元、正确选择计算参数，如气候分区、朝向、窗墙面积比等。

4）热工计算应符合现行国家和行业标准。

5）寒冷和严寒地区应进行结露性能评价计算。

6）应提供建筑设计院出具的建筑节能计算书或建筑施工图设计说明中的节能专篇，来明确各类型幕墙应当达到的热工性能具体数值。但是不能用建筑设计院出具的建筑节能计算书代替幕墙热工计算书。

7）热工计算书审批签字手续应齐全，加盖设计计算单位的公章或出图章。

4. 结构计算书

1）工程所有的幕墙类型（包括采光顶、雨篷、外挂遮阳及装饰构件）都应有结构计算书。

2）结构计算内容应齐全完整不缺项（面板及龙骨强度、挠度计算，结构胶宽度、厚度计算，所有连接件都应进行强度计算，预埋件计算，焊缝长度、高度、宽度计算，玻璃托条计算，横梁端头固定件计算），计算应有明确结论，计算结果满足工程设计要求。

3）有后置埋件的、采用背栓连接面材的，应当分别对后置锚栓、背栓做受力计算。

4）正确选择计算单元，对受力最不利的各个部位都应当计算。

5）正确、合理选择计算参数（各种荷载及作用的参数及其组合，材料力学特性数值）。

6）龙骨、面材、连接结构的计算模型应当与图样及实际施工情况一致，真实、正确反映受力情况。

7）沿海及台风多发地区应对开启窗做计算，计算内容应涵盖面材及所有传力的构件、配件和材料。

8）预应力索杆结构的计算书应当提供主体结构的拉力值和预应力值，跨度大于8m的，必须有主体结构设计单位出具的技术文件，确认主体结构能够承受索杆体系对其的作用力。

9）结构计算书审批签字手续应齐全，加盖设计计算单位的公章或出图章。

5. 竣工图样

1）竣工图样应按标准要求编制，审批手续齐全并经有资质的幕墙设计单位确认。

2）竣工图内容应包括目录、设计说明、平面图、立面图、剖面图、各类型幕墙的大样详图、节点图、构件图、型材截面图、预埋件或后置埋件图等。

3）设计说明应包括如下内容：工程概况、设计参数、设计依据、设计标准、设计范围、各主要幕墙类型及其设计构造、幕墙物理性能、热工性能、避雷防火说明、所用材料的材质规格、加工制作技术要求等。使用后置锚栓、石材背栓的，应当注明锚栓或背栓的拉拔力设计值和乘以2倍之后的拉拔力试验值。

4）节点图应包括各幕墙系统横梁立柱的典型节点、与主体结构连接节点、开启扇节点、转角节点、防火防雷节点、封口节点、沉降缝节点等。

5）幕墙设计（包括性能、节点构造、使用材料）应符合相关规范和标准的要求，符合原建筑设计的要求。

6）隐框或半隐框玻璃幕墙、隐框做法的玻璃开启扇等使用结构胶的部位，应标注结构胶的宽度、厚度尺寸。重要连接位置的焊缝应标注焊缝尺寸。寒冷和严寒地区的幕墙节点中不得有明显冷桥。

7）旧改工程应当有主体结构设计单位对幕墙工程图样进行受力复核，审核确认幕墙（含雨篷、采光顶）对主体结构作用力在其可承受范围内。

6. 工程实体

1）整体装饰效果好或很好。

2）工程现场实际的构造做法、使用的材料应当与幕墙设计图一致，按图施工。

3）幕墙的外观质量应符合要求。面材平整干净无污染、无破损、无漏水、无褪色。胶缝、装饰线条横平竖直，弧线造型顺滑，五金附件无锈蚀，收边收口密封严密。

4）玻璃反射影像应当无畸形或畸形较小，玻璃内衬板平整。

5）连接件、驳接爪等钢件无严重锈蚀；密封胶保持良好弹性，无硬化。

6）开启门窗密封性好、开启灵活，设置开启限位装置，高层外开窗安装防脱落装置。

7）隐框、半隐框玻璃板块及翻窗开启扇玻璃底部应安装玻璃托条。

8）石材幕墙面板色差小或无色差，幕墙胶缝无严重污染。

9）防火封修做法规范，符合设计要求，缝隙用防火密封胶密封。

10）屋面女儿墙防雷导线安装规范且符合设计要求。

11）工程无安全隐患。

7. 新技术

1）创新技术、工艺、工法等。

2）采用了新材料、新工艺、新技术或有利于环保节能等的材料、技术、措施、工艺、工法等。

3）获得了与申报工程相关的发明专利、实用新型专利、省级或以上工艺工法等。

4）本工程已获得的奖项。

8. 总体印象

1）组织工作准备充分，人员到位（项目经理或执行经理、技术负责人和资料员等相关人员应到场），汇报PPT内容重点突出、清晰简洁。

2）资料准备充分有序，易于查找。

3）用户沟通意见良好。

4）工程实体检查顺畅不受阻。

第九章　建筑幕墙的保养与维护

本章概述

建筑幕墙的维护保养，是其全生命周期中不可或缺的一部分，建筑幕墙保持安全、美观的前提和基础就是日常维护和保养。进行清洗、检查、维修、保养等日常维护保养工作，能保证建筑幕墙处于良好的状态。

第一节　一般规定

在幕墙工程交付使用前，承包商必须向使用单位提供详尽的幕墙使用维护说明书，该说明书应详细列出：幕墙的设计基础、性能参数、预期使用寿命；使用时的注意事项；环境变化对幕墙的潜在影响；日常和定期的维护保养指南；幕墙结构特点及更换易损部件的方法；备件清单，包括易损件的名称和规格；以及承包商的责任保修期限。承包商应对使用单位的维修及维护人员进行充分的专业培训。使用单位应严格按照说明书中的指导，制订并执行相应的维修和保养计划。此外，为确保安全和幕墙的完好性能，在遇到雨天或风力达到四级以上等恶劣天气时，应避免操作开启窗；当风力升至六级或以上时，必须关闭所有开启窗。幕墙的检查、清洗、保养和维修工作同样不宜在不利天气条件下进行。同时，所有作业机具设备，包括举升机、擦窗机、吊篮等，在每次使用前都必须经过严格的安全检查，以确保其功能正常、操作便捷且安全可靠。

第二节　检查与维修

幕墙日常使用中需要保持幕墙表面清洁，避免接触腐蚀性物质；确保排水系统畅通，及时处理堵塞；对门窗启闭不顺或附件损坏进行快速维修或更换；对脱落或损坏的密封胶和胶条及时进行修补或更换；定期检查螺栓、螺钉的紧固状态，防止松动或锈蚀；对锈蚀的幕墙构件进行除锈和防锈处理。

幕墙工程应在竣工验收一年后进行首次全面检查，之后每五年进行一次，包括检查整体结构的变形、错位、松动，评估承力构件、连接构件及螺栓的损坏和锈蚀情况，确认玻璃面板、密封胶、密封胶条、五金附件和安装螺栓的状态，以及排水系统的通畅性。不符合要求的部分需及时维修或更换。特别是施加预拉力的拉杆或拉索结构，竣工六个月后需全面检查预拉力并进行调整，之后每三年检查一次。使用十年后，还需对结构硅酮密封胶的粘结性能进行抽样检查，建议之后每三年检查一次。

在强风侵袭后，应立即进行全面检查，及时修复或更换受损的幕墙构件，特别是对施加预拉力的拉杆或拉索结构，还需进行预拉力检查和调整。此外，地震、火灾等灾害后，应由专业技术人员进行全面检查，根据损坏程度制订处理方案，并迅速执行，以确保幕墙的安全和功能性。

第三节　幕墙清洗

为确保建筑幕墙工程在验收交工后能够长期稳定使用，使用单位需要及时制订并执行保养维修计划和制度。保养工作应根据建筑物的地理位置和幕墙污染情况来确定清洗次数和周期，至少保证每年进行一次清洗。在清洗过程中，应采用中性清洗剂以避免对材料造成腐蚀，并由专业团队负责操作，确保使用机械设备灵活、方便，保护幕墙表面不受损伤。通过这样的规范保养，可以提升幕墙的使用性能和寿命。

第四节　相关安全规定

为确保幕墙清洗、检查和维修的安全性和高效性，特别是在室外高处作业时，应遵守以下安全措施：避免在恶劣天气下如风力四级以上或雨雪天气作业，使用稳固可靠的设备，遵循高处作业的现行国家标准《建筑施工高处作业安全技术规范》JGJ 80—2016的相关规定，使用中性的清洁剂避免腐蚀和污染，若幕墙发生损坏，应联系专业单位进行损坏修复。幕墙享有两年的三包服务期，期内因质量问题导致的维修免费，非质量问题或三包期外的维修需另行约定费用。不可抗力因素如自然灾害或政策变化导致的损坏不在三包范围内。

第十章　双碳环境下建筑幕墙的可持续发展

本章概述

我国建筑幕墙行业起步相对较晚，但近半世纪的发展以来，我国幕墙行业通过对国外先进技术的不断引进和改良，持续研发新产品，开拓新市场，以及不断地优化产业结构，逐步形成具有中国特色可持续发展的建筑幕墙技术创新机制。

建筑业是“排碳大户”，也是实现“双碳”目标的重点领域。建筑领域高质量发展的具体目标就是要大力推行实现低碳绿色建筑。

按照我国经济和社会科学发展与可持续发展的要求，建筑节能及绿色建筑已经成为我国建筑行业的发展方向之一。住房和城乡建设部发布的《关于发展节能省地型住宅和公共建筑的指导意见》给建筑幕墙行业指明了发展的方向，将推进建筑幕墙行业不断开发新产品及新技术，推动绿色、节能、环保等新型幕墙材料的发展。

第一节　建筑幕墙节能环保发展

由于我国建筑节能的迫切需要，以及国家政策对节能建筑的大力推广，节能幕墙和光伏幕墙开始盛行。幕墙和门窗作为建筑围护结构的组成部分，是建筑物热交换、热传导最活跃、最敏感的部位，特别是大型公共建筑因门窗幕墙传热所消耗的热量占全部热量损失较大比例。节能降耗政策为幕墙行业的发展提供了契机，有利于推动幕墙行业持续和健康发展。

建筑幕墙在实现建筑本身价值的同时，仍需兼具一定的社会价值、生态价值，建筑幕墙势必围绕智能化、工业化、低能耗趋势进行设计、建造。我国幕墙行业未来发展基本呈现以下几个趋势：

（1）建造更加智能化

在21世纪的前二十年里，三维和多维的设计建造模式在建筑领域逐步推广，这些模式均采取线性代数原理利用计算机专用语言编辑而成，是建筑信息化的基础，是实现智慧建筑、智慧城市的基本信息原件。而如何实现建筑信息化、城市智慧化，绝不仅仅只是构建一些建筑信息模型这么简单，实现以人为本、用户体验至上的设计目的，形成智慧建造、芯片植入、数据采集、远程监控、故障预评、用户体验提升的全链条建设运维服务是未来建筑幕墙设计建造的可能趋势。

在未来，随着国家对建筑智能化管理的需求，通过智慧建造技术，在建筑幕墙中植入智能芯片并与城市大数据连接，对围护系统进行建造、运维全周期监控。可以及时了解、解决各建筑在建造和运维过程中存在的缺陷及隐患，形成与客户的紧密互动，减少检修及维修成本，可以有效解决金属屋面系统的安全性问题，让客户享受到增值服务，进而为建筑智能化提供强有力的技术支撑。

（2）设计赋能建筑工业化

建筑幕墙将会向着更彻底的装配化、工业化发展，这离不开设计的加持。在未来建筑幕墙的设计中，要着重解决建筑幕墙产品一体成型的技术问题，其中不乏包含金属板一体成型技术、智能芯片植入技术、构件生命编码技术等。彻底装配化、工业化建筑将会付出更多的策划、设计周期，却能缩短施工周期，同时提高工程质量、提高劳动效率，降低不可抗力和人为因素对建筑幕墙建造的影响；同时能够较为有效地实现建筑的信息监测，能够即时检测到建筑材料的各种变化数据，保证建筑物的结构安全和使用寿命，符合建筑工业化、智能化的发展方向。

（3）低能耗趋势

我国太阳能光伏产业发展已初见成效，在光伏技术和成本控制上均已形成一定的国际竞争力，这为进一步发展光伏一体化建筑幕墙系统，实现建筑能源内循环提供了决定性的技术指引。太阳能与建筑幕墙系统集成一体化，既能减少建筑成本，达到防水、遮阳的效果，也能与建筑融为一体，达到更好的外观效果与节能作用，是未来建筑幕墙行业重要的发展方向，也是建筑幕墙节能环保的未来趋势。

第二节　光伏一体化建筑幕墙

一、光伏幕墙定义

光伏幕墙系统主要使用的是光伏幕墙结构技术、电能储存作用、并网技术以及光电转换系统等多种运用高新技术的综合应用系统。光电转换技术主要是指通过半导体所具有的光生伏特效应，将太阳辐射转变为电能，以此来充分利用资源。在普通建筑幕墙中用光伏玻璃替代普通玻璃使之成为光伏建筑一体化（BIPV）建筑，既为光伏玻璃提供了足够的面积，又不需要另占土地，还能省去光伏玻璃的支撑系统结构，是今后值得发展的重点领域，也被认为是BIPV的发展方向。光伏建筑一体化作为庞大的建筑市场和具有潜力的光伏市场的结合点，已成为未来建筑装饰板块主要的发展方向之一，而基于碳达峰、碳中和的国家战略，光伏幕墙绿色建筑将成为幕墙行业主要发展方向之一。

二、光伏幕墙的优点

光伏幕墙是当前高新的技术产品，将其贴在玻璃幕墙上，集发电、隔声、安全、隔热以及装饰功能于一身，使用太阳能作为光电的来源，在使用过程中不会排放出对环境有害的气体，也不存在噪声，是一种非常洁净的幕墙系统，与周围环境具有良好的融合性。但是光伏幕墙系统的造价比较高，因此使用范围比较窄，多用于建筑屋顶和外墙。光伏幕墙系统是太阳能光伏发电专业与建筑幕墙专业相互结合的一个新型系统，随着太阳能光伏发电的大力发展逐步发展起来。

光伏幕墙技术具有很多优点，首先光伏幕墙能够有效节约能源，光伏幕墙使用在幕墙系统中，能够直接吸收太阳能，有效降低了屋顶和墙面的温度，降低空调系统的负担，从而降低建筑物的整体能源消耗。其次，光伏幕墙能够有效对环境实现保护。在光伏幕墙的使用过程中，完全利用太阳能进行发电，不需要任何燃料，也不会产生任何废气、废渣，不存在噪声污染，能够实现周围环境的可持续发展。

光伏幕墙还具有很强的实用性，在白天用电高峰期的时候，能够有效缓解电力需求，尤其是一些电力比较紧张的地区，使用光伏幕墙能够有效缓解用电问题。光伏幕墙能够在原地发电、原地使用，不存在传输过程中的能源消耗，并且占用建筑物的空间较少，也无需使用额外的机械设备和材料，使建筑物的整体造价降低。而且光伏幕墙具有良好的装饰效果。

光伏发电技术应用在建筑领域称为“光伏建筑一体化（BIPV）”，这一技术普遍应用于建筑幕墙结构上，采用这种做法既能够保证建筑幕墙的安全性能，同时又能够对太阳能加以利用，是一种绿色建筑做法。太阳能光伏幕墙是集合了光伏发电技术和建筑幕墙构造的高科技产品，它集发电、节能、隔热隔声、安全装饰于一身。

目前，光伏一体化建筑幕墙的主要实现形式是加设光伏一体板，光伏一体板中主流的光伏材料有单晶硅太阳能电池、多晶硅太阳能电池、非晶硅太阳能电池、多元化合物太阳能电池等。在已列出的四种光伏材料中，多元化合物太阳能电池的光电转化率最高，在20%左右，但是该太阳能电池未实现工业化生产；而单晶硅太阳能电池光电转化率高，为18%左右，但因其制作成本高，也被限制了广泛推广与应用；多晶硅太阳能电池光电转化率15%，但相对来说生产成本较低，是现在较为常用的光伏一体板的光伏材料；非晶硅太阳能电池光电转化率仅有10%，但电耗低，而且在弱光条件下也能发电。

光伏组件一般由钢化玻璃、EVA、导电铜带、电池片、背板、铝合金边框、接线盒组成。其一般可以起到吸收太阳能的作用，避免墙面温度和屋顶温度过高，减轻空调负荷从而降低能耗；还可以通过太阳能发电，收集清洁能源，自供电能，有时还可为周边输送电能。

光伏构件用作建筑玻璃幕墙时，其质量应符合《玻璃幕墙工程技术规范》JGJ 102—2003中的规定，其整体构件可视为一个半单元式的玻璃幕墙板块。同时，光伏一体化幕墙要符合《建筑光伏系统应用技术标准》GB/T 51368—2019的规定。

墙面上安装光伏组件时，应符合以下规定：

1）光伏组件与墙面的连接不应影响墙体的保温构造和节能效果。

2）对设置在墙面的光伏组件的引线穿过墙面处，应预埋防水套管；穿墙管线不宜设在结构柱处。

3）光伏组件镶嵌在墙面时，宜与墙面装饰材料、色彩、风格等协调处理。

4）当光伏组件安装在窗面上时，应符合窗面采光等使用功能要求。

建筑幕墙上安装光伏组件时，应符合以下规定：

1）光伏组件的尺寸应符合幕墙设计模数，与幕墙协调统一。

2）光伏幕墙的性能应符合《玻璃幕墙工程技术规范》JGJ 102—2003中的规定。

3）由光伏幕墙构成的雨篷、檐口和采光顶，应符合建筑相应部位的刚度、强度、排水功能及防止空中坠物的安全性能规定。

4）开缝式光伏幕墙或幕墙设有通风百叶时，线缆槽应垂直于建筑光伏构件，并应便于开启检查和维护更换；穿过围护结构的线缆槽，应采取相应的防渗水和防积水措施。

5）光伏组件之间的缝宽应满足幕墙温度变形和主体结构位移的要求，并应在嵌缝材料受力和变形承受范围之内。

光伏采光顶、透光光伏幕墙、光伏窗应采取隐藏线缆和线缆散热的措施，并应方便线路检修；光伏组件不宜设置为可开启窗扇；采用螺栓连接的光伏组件，应采取防松、防滑措施；采用挂接或插接的光伏组件，应采取防脱、防滑措施。

第三节　双层呼吸式建筑幕墙

一、双层幕墙定义

双层呼吸式幕墙技术通常由两层玻璃组成，中间有一个气流可通过的腔体。腔体是温度、气流和声音的中间层，可以显著提高建筑物在不同温度下的节能效率。位于英国伦敦的圣玛丽斧街30号是著名的双层通风幕墙之一，如图10-1所示。

图10-1　圣玛丽斧街30号

通常双层幕墙流经中间腔体的气流可以是自然产生的或者是机械驱动产生的，玻璃上还可能包括防晒装置，如图10-2所示。

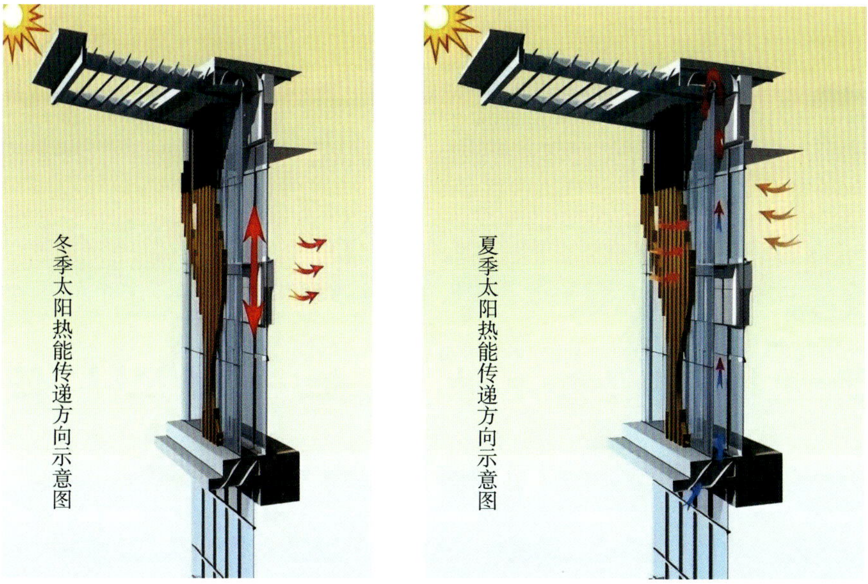

图10-2　冬季，夏季太阳热能传递方向示意图

二、双层幕墙优点

1）工厂化生产。工厂化生产程度高，安装方便，便于控制施工质量。在欧洲发达国家和地区，通风节能环保幕墙运用比较广泛。

2）热工性能好。幕墙传热系数K值可达1W/（K·m^2）左右，保温及隔声均可达到优异的性能，可以明显降低空调能耗，如图10-3所示。

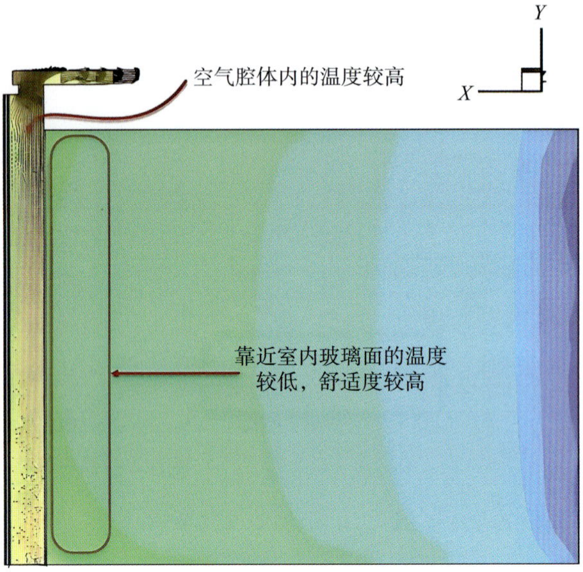

图10-3　温度示意图

3）提高隔声性能。双层结构幕墙特别舒适的一个重要原因是它的优良隔声性，不仅能隔内外噪声，而且也能隔房间之间和楼层之间的噪声，即使内层门窗打开也可达到单层幕墙门窗关闭时的隔声效果。根据专业机构对不同双层结构幕墙的隔声效果进行研究和检测，发现开口面积及位置影响隔声，对隔声效果影响最大的是通风口的面积和开口位置，如图10-4所示。

特别是在超高层建筑设计领域，双层幕墙因其透明的外墙、出色的隔热和隔声性、更低的温度调控成本，以及不需要特定窗户技术而备受青睐。

此外，无论是凉爽或者温暖的天气，双层幕墙都可以适应。这种多功能性也使双层通风幕墙变得很灵活，如通过打开或者关闭出入口，激活空气循环器，幕墙的效果就会有所改变，如图10-5所示。

在寒冷的气候中，这层空气的缓冲就像防止热量散失的屏障。腔内的被日照加热了的空气可以向室内传递热量，减少对室内供暖系统的需求。

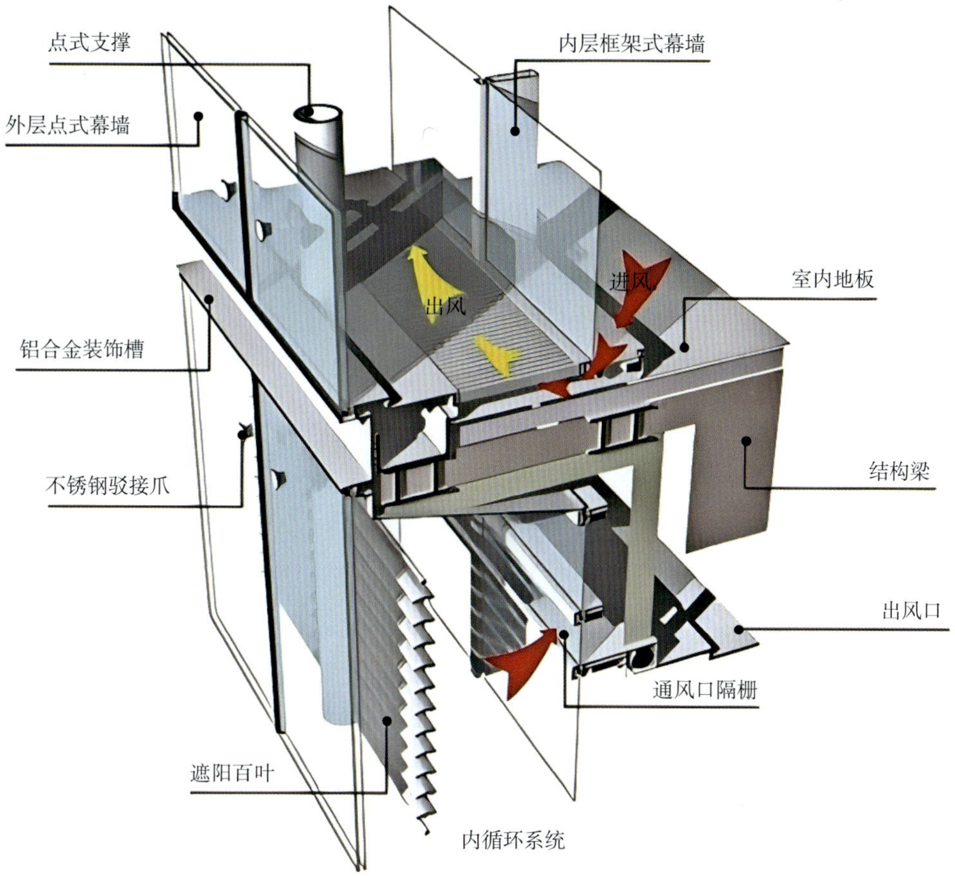

图10-4　通风系统示意图

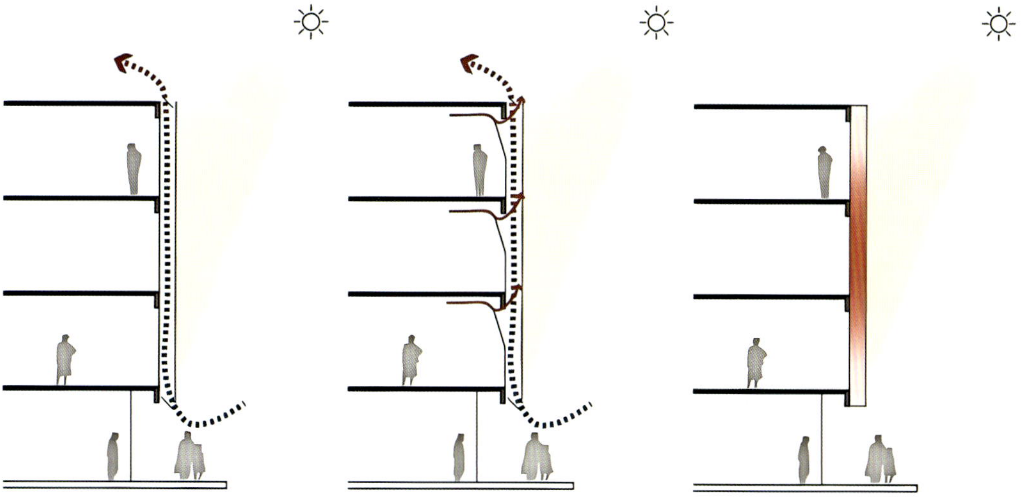

图10-5　日照通风系统示意图

在炎热的气候下，可以将腔体内热的空气排出建筑物外，以减轻太阳能的增益并降低冷却负荷。多余的热量通过称为烟囱效应的过程排出，空气密度的差异会产生一个环形运动，导致温暖的空气逸出。当空腔中的空气温度升高时，它被推出，给周围带来微风，同时隔离以对抗热量增加。

总体而言，双层通风幕墙在很大程度上依赖于太阳辐射、外部温度等外部条件，因为这些外部条件会直接影响室内的舒适性和用户生活质量，如图10-6所示。因此，仔细地设计对于每个案例都至关重要，需要详细了解太阳方向、背景、局部辐射、温度条件、建筑占用率等。

图10-6　双层通风幕墙

第四节　生态幕墙

一、生态幕墙的定义

生态幕墙是随着建筑生态化趋势而诞生的概念。生态建筑指的是依据建筑物的功能需求，能够实现建筑生态与色彩变化的建筑形式。生态幕墙以可持续发展为核心理念，运用高新技术，旨在节约资源、减少污染，打造健康舒适的生态建筑外围护结构。

二、生态幕墙的优势

生态幕墙在建筑与周围生态环境之间构建了缓冲区，有效抵御极端气候对室内的影响，并增强微观气候调节效果，满足人们的舒适需求，实现节能目标。其建造过程超越了传统建筑学和工程学的范畴，需要多学科协同合作，包括机械传动、机械加工、装配以及物理、化学和自动控制等专业知识。

生态幕墙的形式多样，其中绿色与智能化的结合是重要的发展方向。墙体垂直绿化是体现绿色幕墙生态内涵的有效方式。通过智能化管理，绿色种植与建筑幕墙相结合，形成建筑内部的绿色缓冲空间或附加于建筑外表面的绿色空间，不仅能改善视觉环境，使人更接近自然，还能有效改善小范围的气候环境。

此外，生态幕墙对于城市绿色空间的构建和城市生态良性循环具有重要意义。建筑外墙植物的色彩变化也丰富了城市景观，如图10-7所示。未来，房地产行业将向着健康低碳的方向转型，走可持续发展之路。

建筑幕墙的发展将更加高效，更加低碳，太阳能、空气能等可再生能源的建筑应用将成为未来发展方向之一。

图10-7　生态幕墙示意图

参考文献

[1] 中华人民共和国国家质量监督检验检疫总局、中国国家标准化管理委员会. 建筑幕墙：GB/T 21086—2007 [S]. 北京：中国标准出版社，2007.

[2] 中华人民共和国建设部. 金属与石材幕墙工程技术规范：JGJ 133—2001 [S]. 北京：中国建筑工业出版社，2001.

[3] 中华人民共和国建设部. 玻璃幕墙工程技术规范：JGJ 102—2003 [S]. 北京：中国建筑工业出版社，2003.

[4] 中华人民共和国住房和城乡建设部. 人造板材幕墙工程技术规范：JGJ 336—2016 [S]. 北京：中国建筑工业出版社，2016.

[5] 中华人民共和国住房和城乡建设部. 混凝土结构后锚固技术规程：JGJ 145—2013 [S]. 北京：中国建筑工业出版社，2013.

[6] 中国工程建设标准化协会建筑环境与节能专业委员会. 装配式幕墙工程技术规程：T/CECS 745—2020 [S]. 北京：中国计划出版社，2020.

[7] 中华人民共和国住房和城乡建设部、国家质量监督检验检疫总局. 建筑装饰装修工程质量验收标准：GB 50210—2018 [S]. 北京：中国建筑工业出版社，2018.

[8] 中华人民共和国住房和城乡建设部、国家质量监督检验检疫总局. 混凝土结构加固设计规范：GB 50367—2013 [S]. 北京：中国建筑工业出版社，2013.

[9] 中华人民共和国住房和城乡建设部、 国家市场监督管理总局、国家质量监督检验检疫总局. 建筑结构荷载规范：GB 50009—2012 [S]. 北京：中国建筑工业出版社，2012.

[10] 中华人民共和国住房和城乡建设部、国家质量监督检验检疫总局. 建筑设计防火规范：GB 50016—2014 [S]. 北京：中国建筑工业出版社，2014.

[11] 中华人民共和国住房和城乡建设部、国家质量监督检验检疫总局. 建筑物防雷设计规范：GB 50057—2010 [S]. 北京：中国建筑工业出版社，2010.

[12] 中华人民共和国住房和城乡建设部、国家质量监督检验检疫总局. 建筑结构可靠性设计统一标准：GB 50068—2018 [S]. 北京：中国建筑工业出版社，2018.

[13] 中华人民共和国住房和城乡建设部. 民用建筑热工设计规范：GB 50176—2016 [S]. 北京：中国建筑工业出版社，2016.

[14] 中华人民共和国住房和城乡建设部、国家质量监督检验检疫总局. 公共建筑节能设计标准：GB 50189—2015 [S]. 北京：中国建筑工业出版社，2015.

[15] 国家质量监督检验检疫总局、中国国家标准化管理委员会. 建筑幕墙气密、水密、抗风压性能检测方法：GB/T 15227—2019 [S]. 北京：中国标准出版社，2019.

[16] 阎玉芹. 建筑幕墙技术 [M]. 北京：化学工业出版社，2019.

住房和城乡建设领域新时期创新与实践培训教材

图解建筑幕墙专业施工与技术质量控制

石雨　董亚兴　朱天送　季愿军　编著

机械工业出版社
CHINA MACHINE PRESS

本图册是一部通过三维模型结合行业内规范以及节点做法，详细系统地介绍建筑幕墙工艺做法、幕墙质量管理的工具图册。全图册共九章，主要内容包括建筑幕墙埋件、建筑幕墙龙骨系统、玻璃幕墙、金属与石材幕墙、常规单元体幕墙做法、常规幕墙防火及防雷做法、常规幕墙收口做法、建筑幕墙产品质量检查、建筑幕墙安装质量检查等。

通过直观地学习本图册，从业人员可将理论知识充分地结合到实际工作中，有效地提高工作效率，更好地开展实际工作。本图册可供从事建筑幕墙设计、施工、检测等工作的从业人员、科研人员以及高校及高职高专院校相关专业在校大、中专师生参考使用。

编委会

前言

随着宏观经济环境的变化，建筑业发展也面临着转型升级的问题，需要持续健康的高质量发展。从1984年建筑幕墙在北京长城饭店出现至今四十余年，建筑幕墙在我国经历了从无到有的飞速发展时期。如今我国已成为世界建筑幕墙生产和使用大国。但由于行业起步晚，大专院校相关专业课程设置较少，尤其是行业从业的技术人员大部分是从土木、建筑和机械类专业转行过来，对建筑幕墙缺乏系统的认识，缺乏工程案例的分析以及实际幕墙施工应用的经验，导致行业高层次、专业化人才紧缺。

为适应行业的需求，我们组织编写了《建筑装饰工程施工管理与实践——幕墙》一书及所附《图解建筑幕墙专业施工与技术质量控制》图册。书籍、图册结合了幕墙理论知识与幕墙实际案例应用解析，有利于读者快速、直观了解建筑幕墙项目应用的重点，其中既包含了幕墙设计施工需要的实用、基本的内容，又涵盖了建筑幕墙发展的新技术、新材料、新工艺、新系统。可以作为大专院校相关专业的课程教材，建筑设计院幕墙设计以及深化的参考用书，同时也可以作为施工现场技术质量管控的依据与工具书。

本书讲解了从幕墙行业现状与趋势、定义与分类到幕墙深化设计、材料加工与质量控制的相关参数和规范、幕墙的施工工艺与质量检查要点、结合现场使用的常用措施、BIM技术应用的实际现场案例再到工程的验收以及保养维护、建筑幕墙在双碳环境下的节能环保趋势。书中深入剖析了建筑幕墙的基础知识、施工管理、技术质量控制等方面，将理论知识与实际施工经验相结合，为读者提供了全方位的学习和实践指导。

所附图册通过图解的形式解析幕墙体系、幕墙施工工艺、幕墙材料质量控制、幕墙安装质量控制。读者可以更加直观地了解幕墙的结构、材料、性能等方面的知识，并掌握施工过程中的质量控制要点和难点。

通过学习本书，可以使从业人员将理论知识充分地结合到实际工作中，有效地提高工作效率，更好地开展实际工作。

目录

目录

目录

幕墙三维大样及力的传导

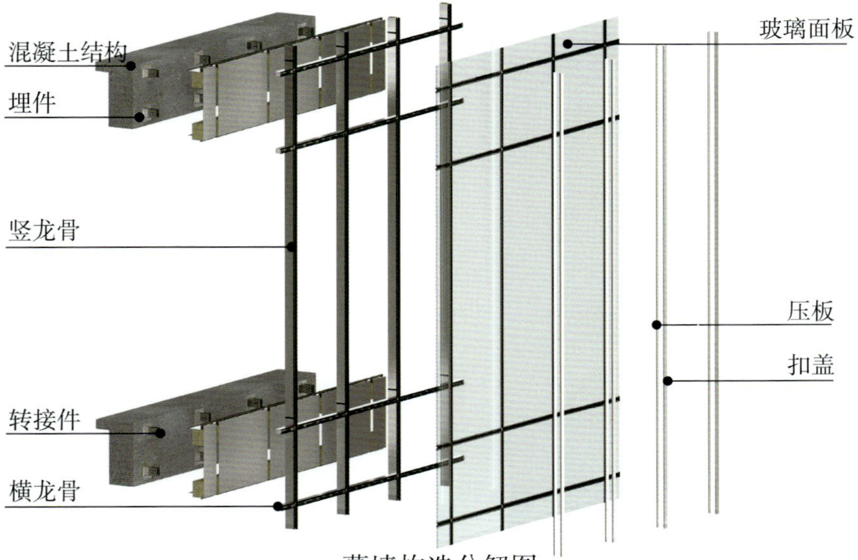

幕墙构造分解图

力的传导

1. 混凝土结构

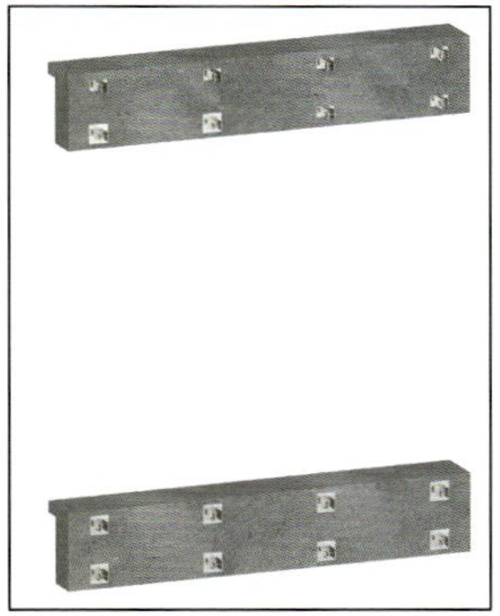

2. 埋件以及转接件

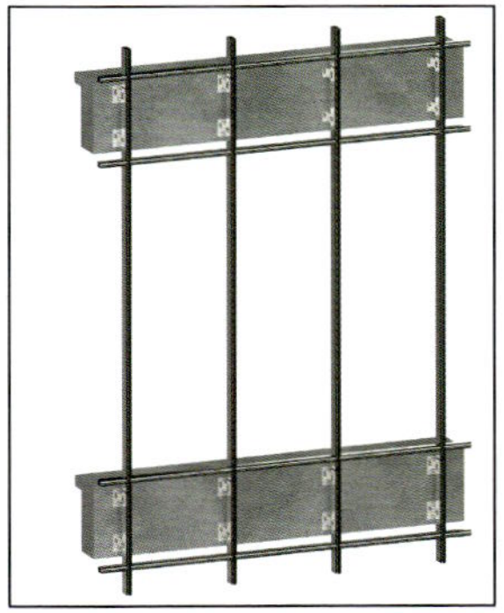

3. 横竖龙骨

4. 玻璃面板

5. 压板

6. 扣盖

第一章 建筑幕墙埋件

1.1 板式预埋件做法

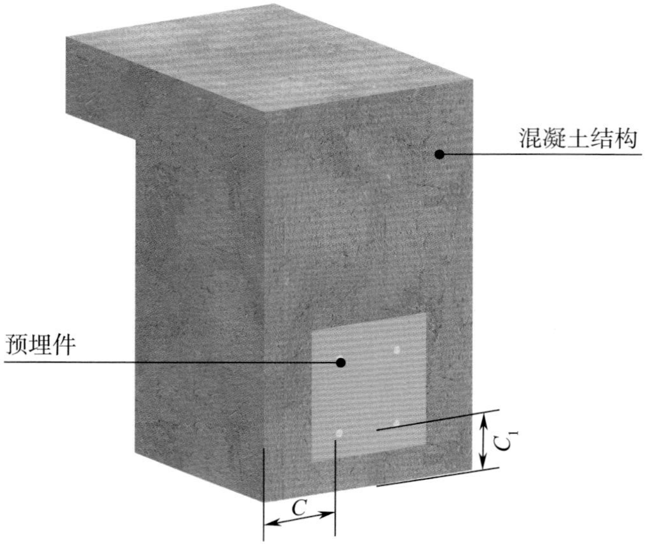

板式预埋件三维节点图

项目		钢筋锚筋
锚筋至构件边缘的距离	平行剪力方向C_1	≥6d且≥70mm
	垂直剪力方向C	≥3d且≥45mm
	受拉、受弯预埋件C、C_1	≥3d且≥45mm

预埋件不同埋设位置：

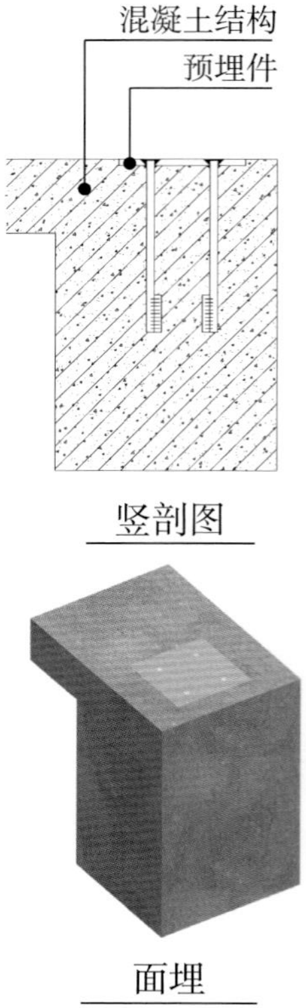

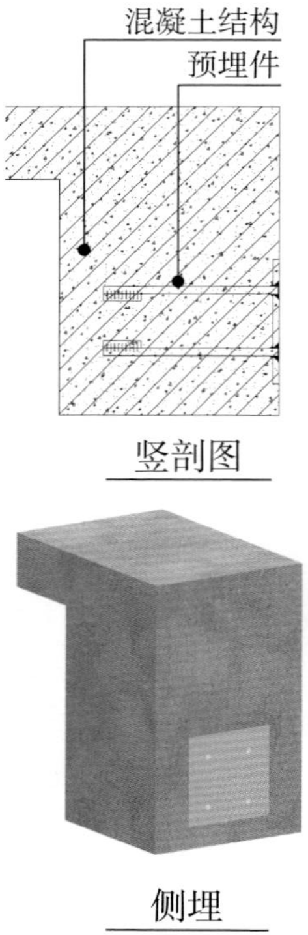

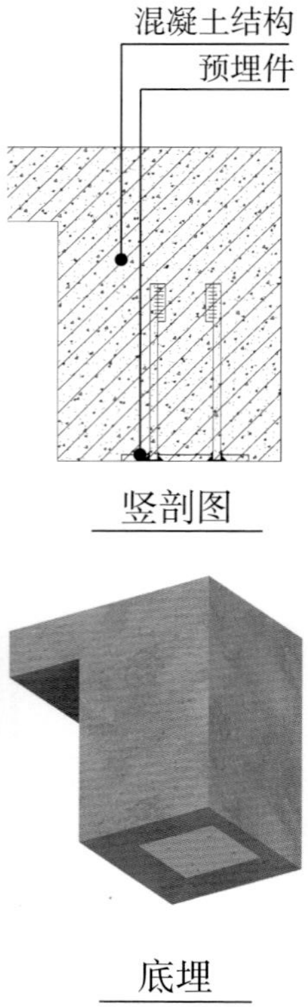

说明：

根据：《混凝土结构设计规范》GB 50010—2010第9.7.4条。

检查项目		质量要求	检查方法
外形尺寸	平板式预埋件	锚筋中心线允许偏差 ± 5mm	卷尺
		边长允许偏差 ± 5mm	卷尺
	锚筋	锚筋长度允许偏差+10mm	卷尺/钢尺
		锚筋直径与图纸要求一致	游标卡尺/钢尺

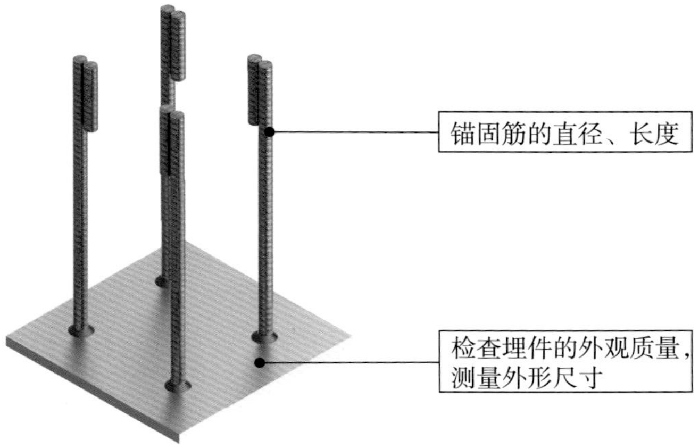

锚固筋的直径、长度
检查埋件的外观质量，测量外形尺寸

说明：

根据：《玻璃幕墙工程技术规范》JGJ 102—2003第9.3.1条。

检查项目	质量要求	检查方法
涂层厚度	热镀锌制件厚度>6mm时，要求平均厚度≥85μm，局部厚度≥70μm	测膜仪
外观质量	表面无凹陷、损伤，外观平滑无溶剂残渣	目测
平整度	无明显的变形、扭拧、凸起	目测
焊接质量	焊脚高度要求不小于6mm及0.5d（Ⅰ级钢筋）或0.6d（Ⅱ级钢筋），无可见裂纹、气孔、咬边、夹渣等	游标卡尺

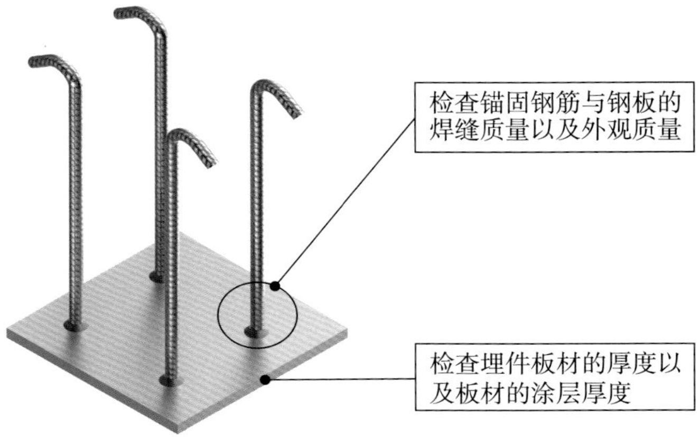

检查锚固钢筋与钢板的焊缝质量以及外观质量
检查埋件板材的厚度以及板材的涂层厚度

说明：

1. 涂层厚度根据：《金属覆盖层、钢铁制件热浸镀锌层技术要求及试验方法》GB/T 13912—2020表3。
2. 焊接质量根据：《混凝土结构设计标准》GB/T 50010—2010第9.7.1条。

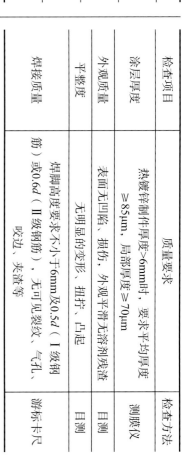

1.2　槽式埋件做法

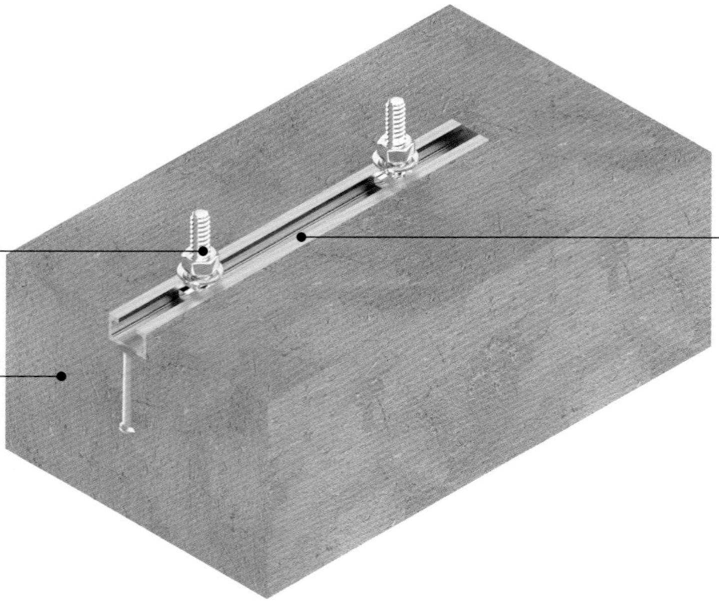

槽式埋件三维节点图

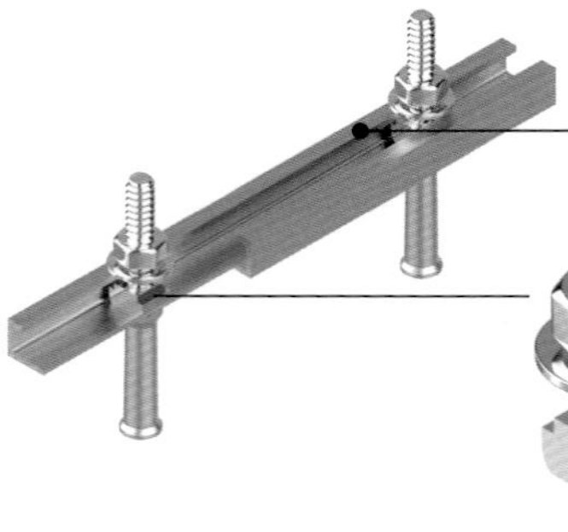

槽式埋件分解图

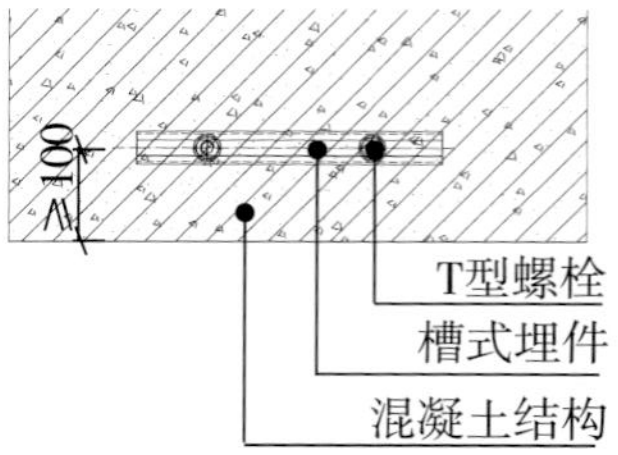

横剖图

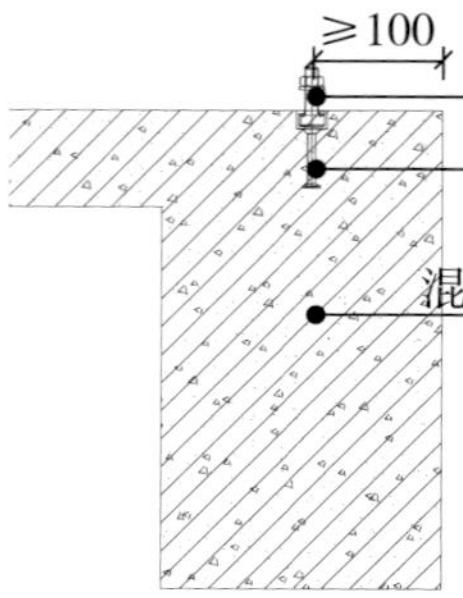

竖剖图

说明：

1. 槽式埋件在安置之前，需在滑槽内预先安置聚苯乙烯泡沫填充物或聚乙烯填充条以防滑槽堵塞，待混凝土凝固完毕，采用适当的工具将其清除。
2. 埋件临时固定采用钢丝直接将槽式埋件固定在主受力钢筋上。
3. 参照江苏省地标DB 32/T 4065—2021（第5.8.21条）

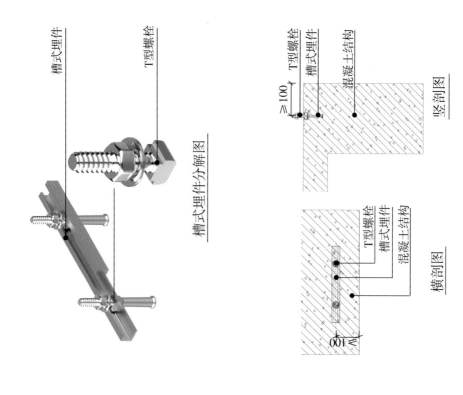

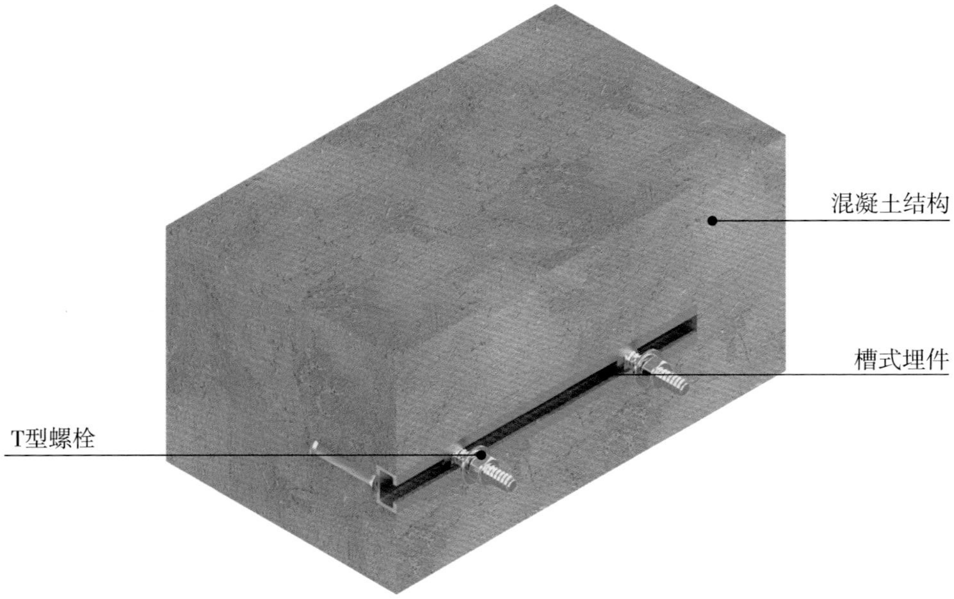

槽式埋件三维节点图

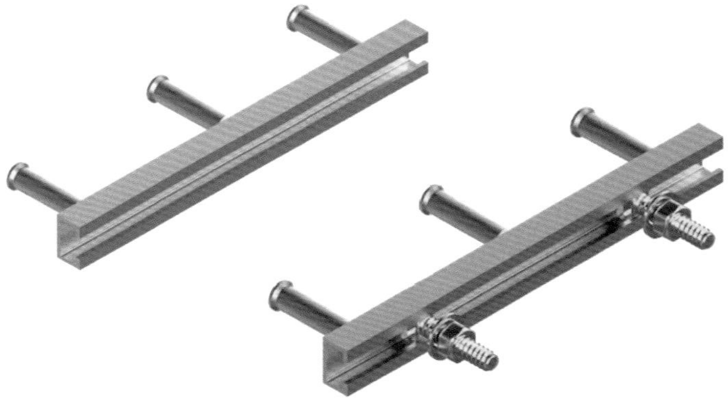

槽式埋件分解图

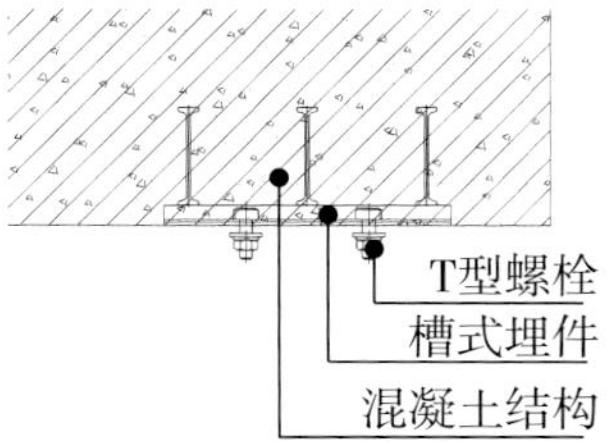

横剖图

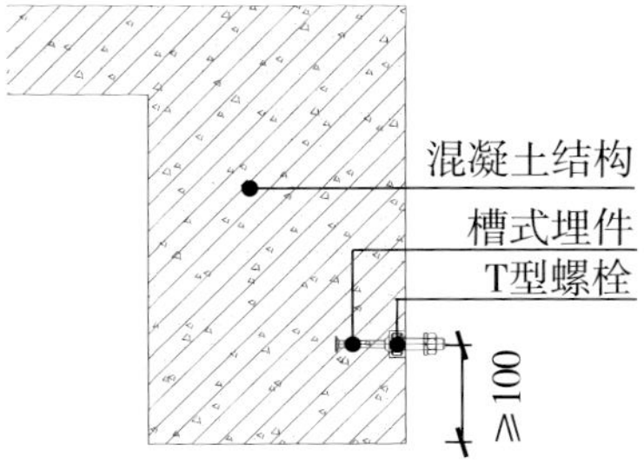

竖剖图

说明：

1. 槽式埋件在安置之前，需在滑槽内预先安置聚苯乙烯泡沫填充物或聚乙烯填充条以防滑槽堵塞，待混凝土凝固完毕，采用适当的工具将其清除。
2. 埋件临时固定采用钢丝直接将槽式埋件固定在主受力钢筋上。
3. 参照江苏省地标DB 32/T 4065—2021（第5.8.21条）

检查项目		质量要求	检查方法
外形尺寸	锚筋	锚筋长度允许偏差+5mm	游标卡尺/钢尺
		锚筋直径与图纸要求一致	游标卡尺/钢尺

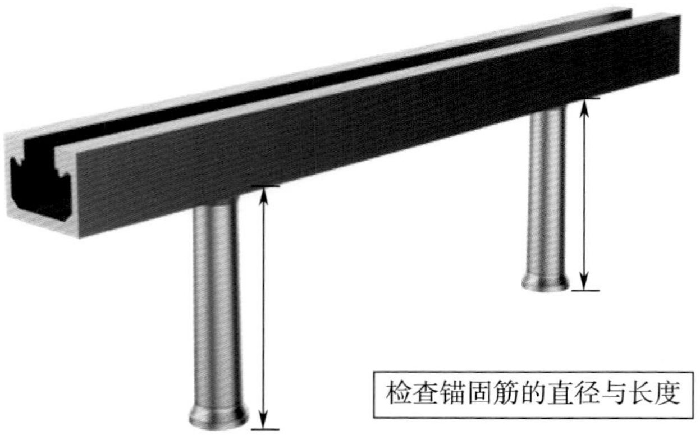
检查锚固筋的直径与长度

说明：

根据：《玻璃幕墙工程技术规范》JGJ 102—2003第9.3.2条。

检查项目	质量要求	检查方法
外形尺寸	槽身长度允许偏差+10mm	游标卡尺/钢尺

检查槽身长度以及外观平整度是否符合要求

说明：

根据：《玻璃幕墙工程技术规范》JGJ 102—2003第9.3.2条。

检查项目		质量要求	检查方法
外形尺寸	槽式预埋件	槽口宽度允许偏差+1.5mm	游标卡尺
	壁厚	壁厚偏差：总厚度的 ± 0.3mm	游标卡尺

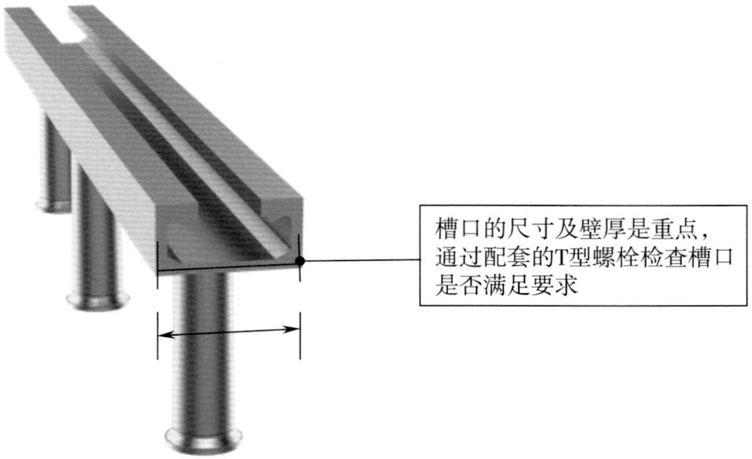
槽口的尺寸及壁厚是重点，通过配套的T型螺栓检查槽口是否满足要求

说明：

1. 槽口宽度根据：《玻璃幕墙工程技术规范》JGJ 102—2003第9.3.2条。
2. 壁厚根据：《建筑用槽式预埋组件》JG/T 560—2019第6.2.5条。

检查项目	质量要求	检查方法
外观质量	表面无凹陷、损伤，槽式埋件堵头及槽内填充物无缺失，锚腿紧固，外观平滑无溶剂残渣	目测
平整度	无明显的变形、扭拧、凸起	目测

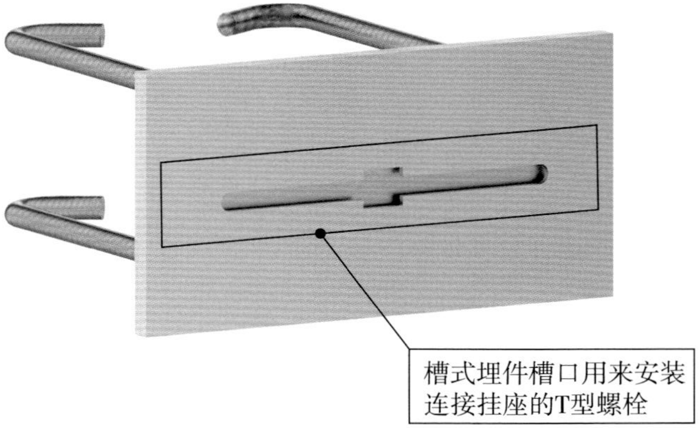
槽式埋件槽口用来安装连接挂座的T型螺栓

1.3 后置埋件做法

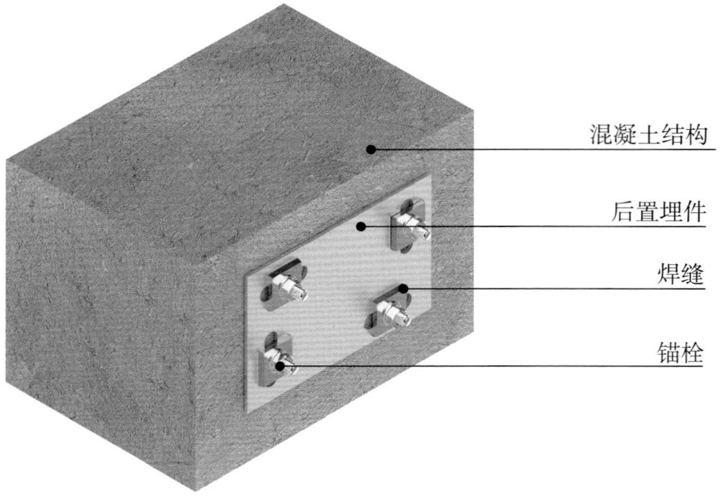

后置埋件三维节点图

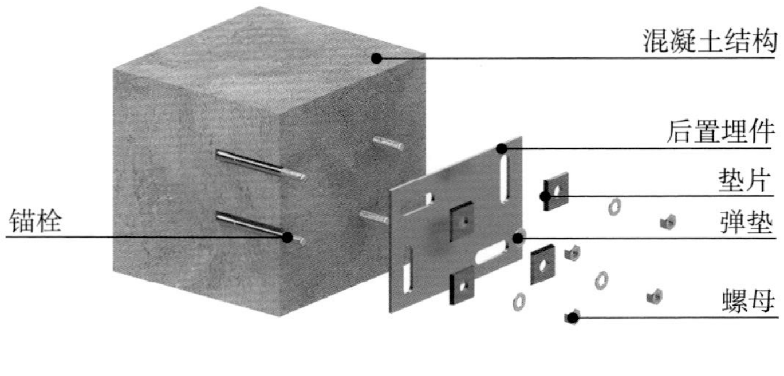

后置埋件分解图

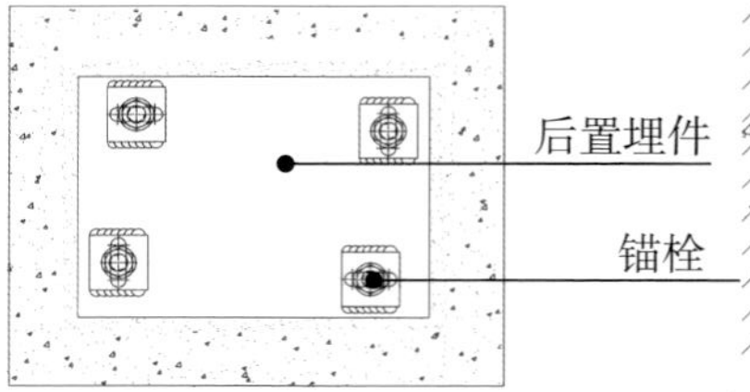

横剖图

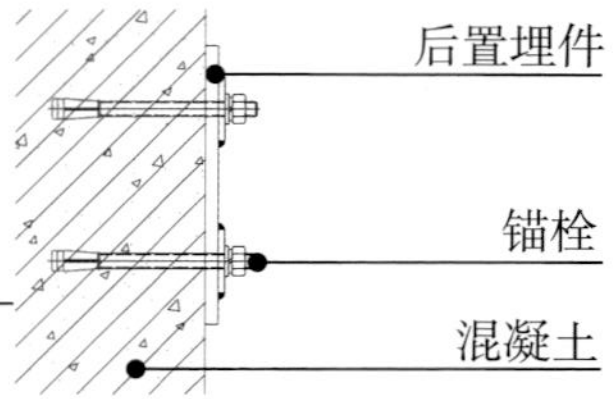

竖剖图

说明：

根据：《建筑装饰装修工程质量验收标准》（GB 50210—2018）第11.1.2条，后置埋件现场需按规范进行拉拔试验，验证是否满足使用要求。

检查项目	质量要求	检查方法
外形尺寸	边长允许偏差+5，−2mm	卷尺
	孔径允许偏差0～+1mm	游标卡尺
	孔距允许偏差±1mm	游标卡尺

检查项目	质量要求	检查方法
外观质量	表面无割痕、损伤，涂层无起皮、无遗漏	目测
平整度	无明显的变形、翘角	目测
涂层厚度	热镀锌制件厚度>6mm时，要求平均厚度≥85μm，局部厚度≥70μm	测膜仪

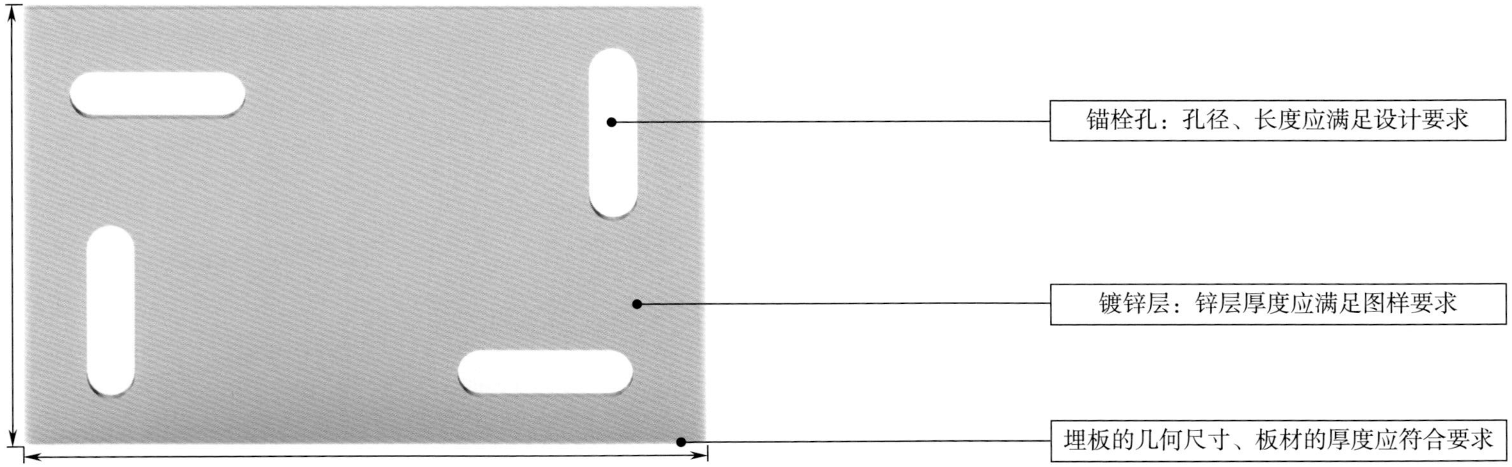
锚栓孔：孔径、长度应满足设计要求
镀锌层：锌层厚度应满足图样要求
埋板的几何尺寸、板材的厚度应符合要求

第二章　建筑幕墙龙骨系统

2.1　钢立柱安装做法

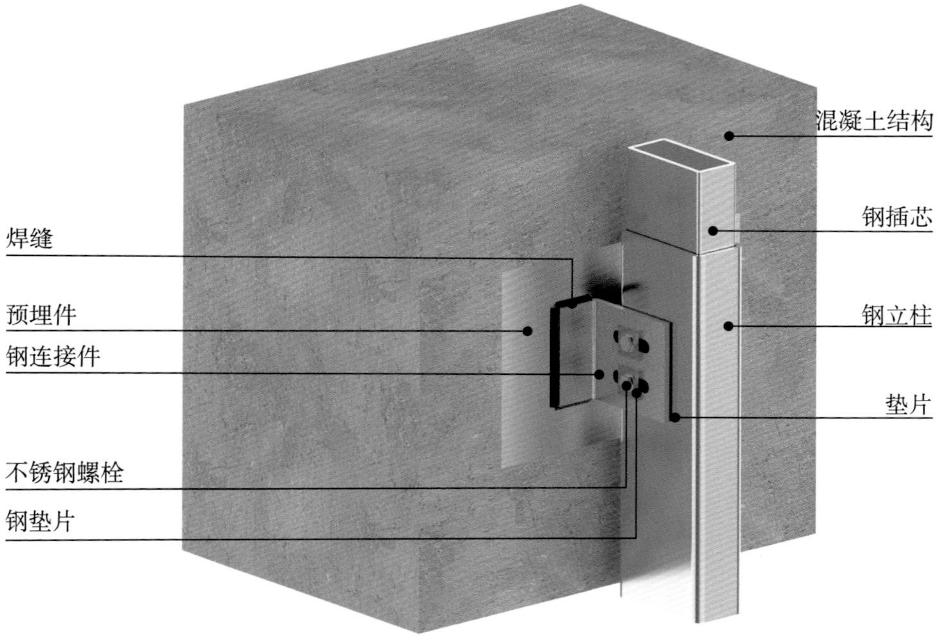

钢立柱连接三维节点图

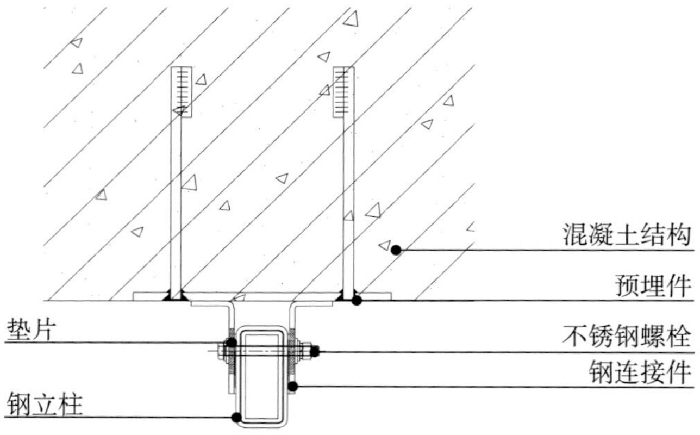

横剖图

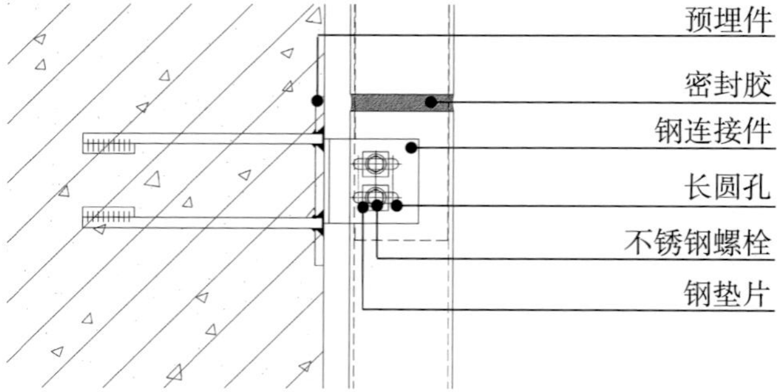

竖剖图

说明：

1. 钢插芯长度≥400mm（《金属与石材幕墙工程技术规范》JGJ 133—2001第5.7.2条）。
2. 上下相邻立柱之间应留15～20mm胶缝，立柱调整完成后打胶密封（《玻璃幕墙工程技术规范》JGJ 102—2003 第6.3.3条）。
3. 钢转接件与平板埋件之间的焊接宜采用三面围焊。

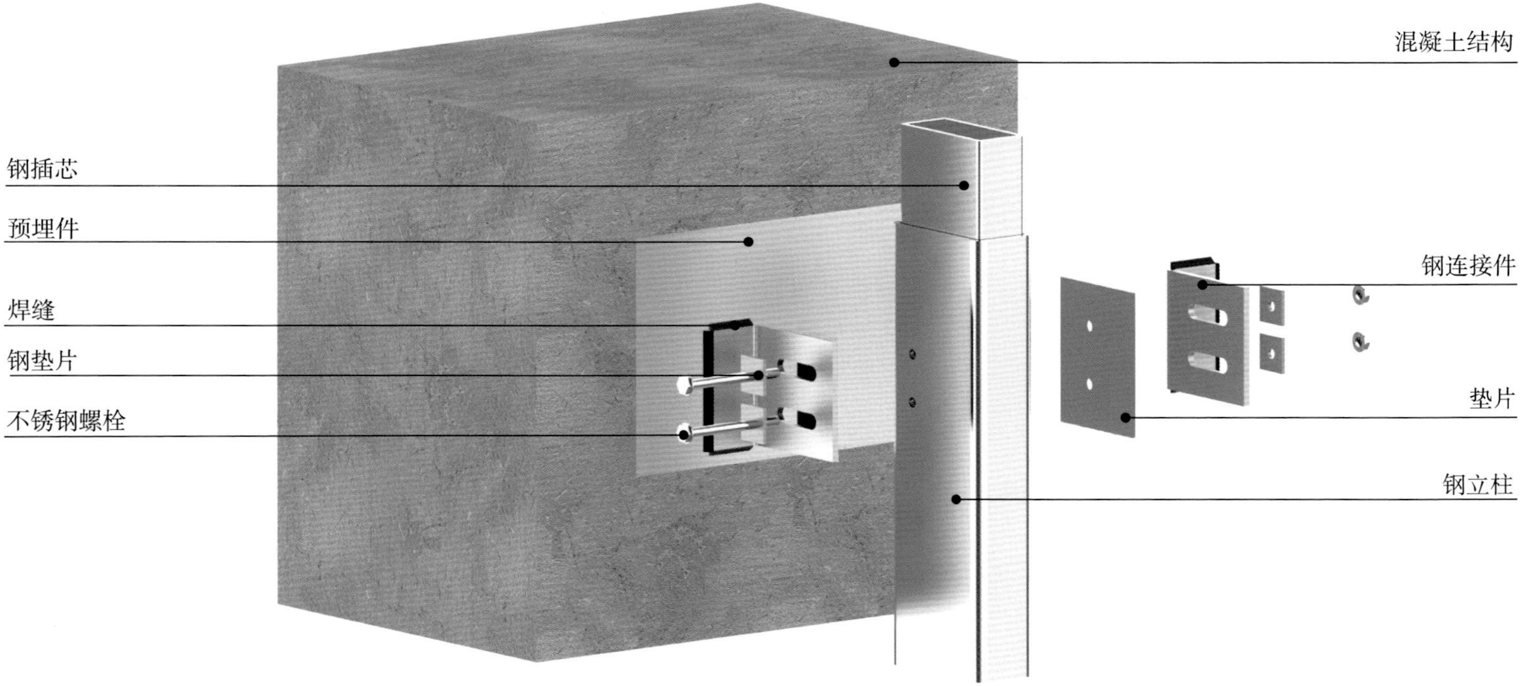
混凝土结构
钢插芯
预埋件
焊缝
钢垫片
不锈钢螺栓
钢连接件
垫片
钢立柱

钢立柱连接分解图

2.2 铝合金立柱安装做法

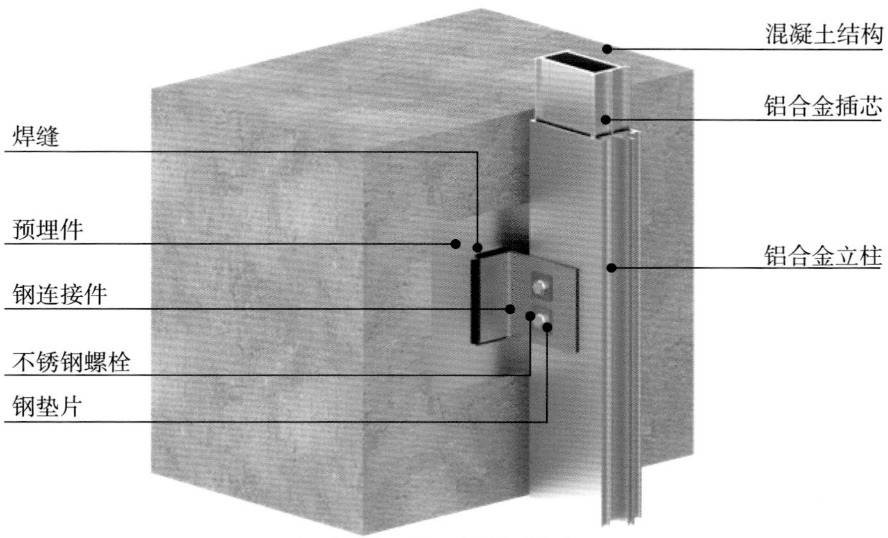

铝合金立柱三维节点图

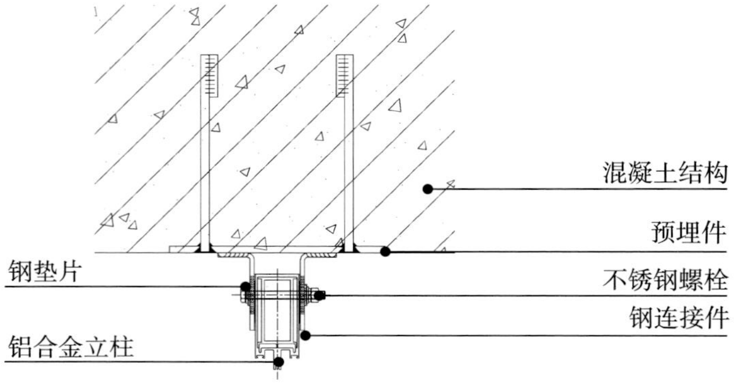

横剖图

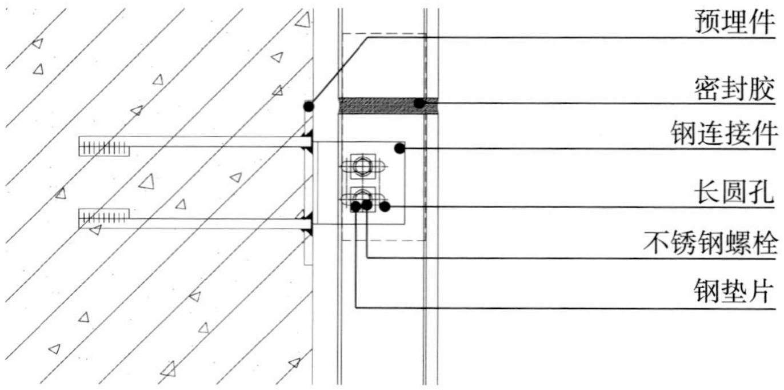

竖剖图

说明：

1. 钢件与铝件接触处需加防腐隔离柔性垫片以防止电化学腐蚀（《玻璃幕墙工程技术规范》JGJ 102—2003第4.3.8条）。
2. 铝闭口型材插芯长度≥250mm（《玻璃幕墙工程技术规范》JGJ 102—2003第6.3.3条）。
3. 上下相邻立柱之间应留15～20mm胶缝，立柱调整完成后打胶密封（《玻璃幕墙工程技术规范》JGJ 102—2003第6.3.3条）。
4. 钢转接件与平板埋件之间的焊接宜采用三面围焊。

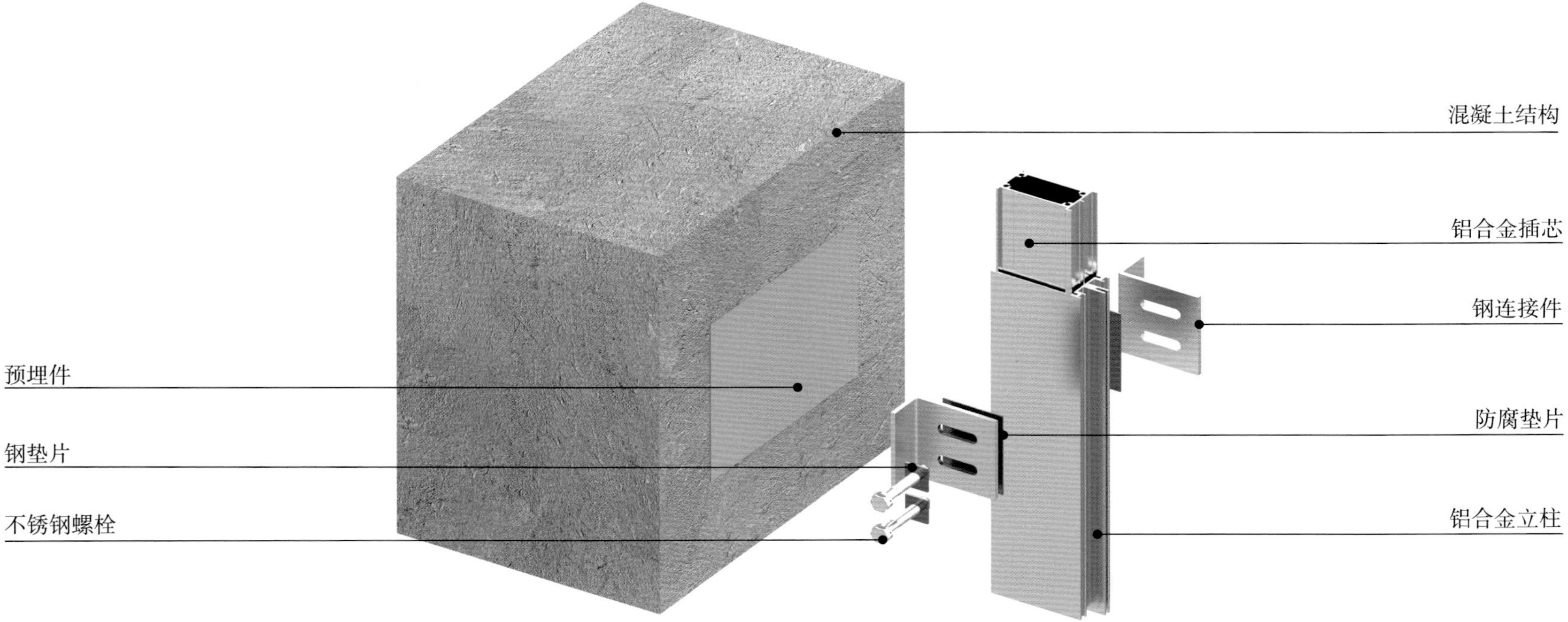
混凝土结构
铝合金插芯
钢连接件
预埋件
防腐垫片
钢垫片
铝合金立柱
不锈钢螺栓

铝合金立柱分解图

2.3 钢横梁安装做法

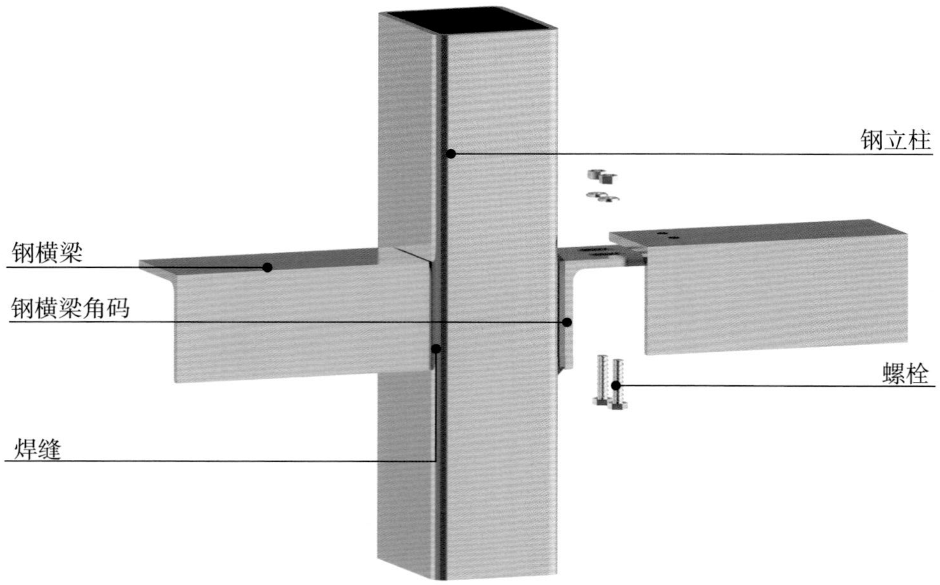

钢横梁安装做法分解图

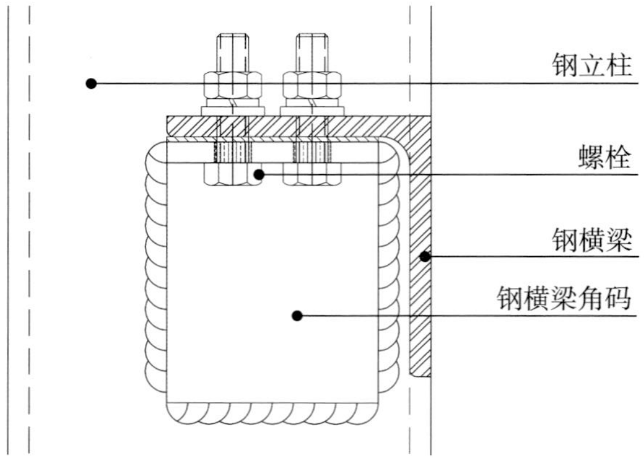

竖剖图

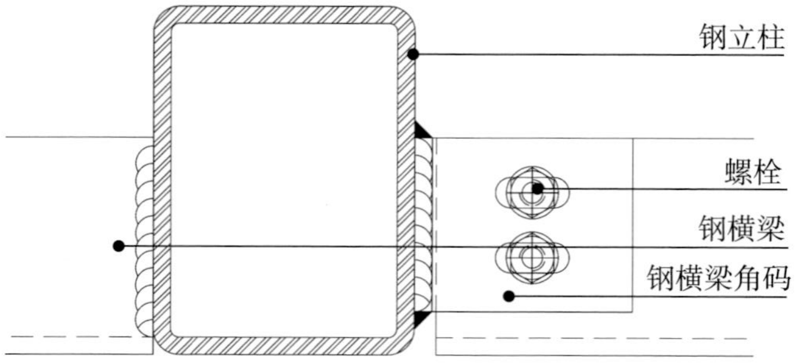

横剖图

说明：

1. 同一根横梁两端或相邻两根横梁水平标高偏差不应大于1mm（《玻璃幕墙工程技术规范》JGJ 102—2003第10.3.2条）。

2. 对焊接处进行焊渣清理，刷两遍防锈漆，一遍银粉漆。

2.4 铝合金横梁安装做法

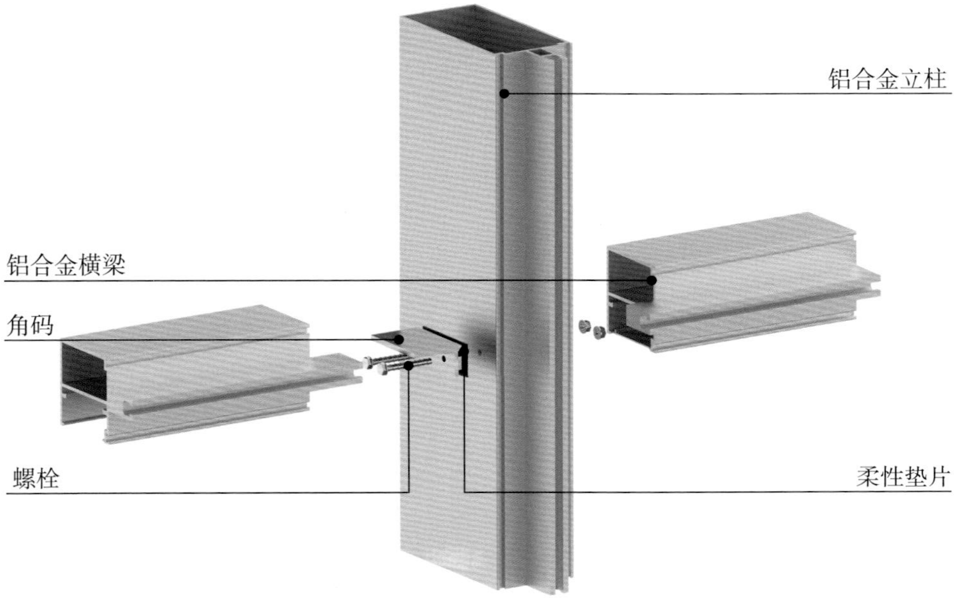

铝合金横梁安装做法分解图

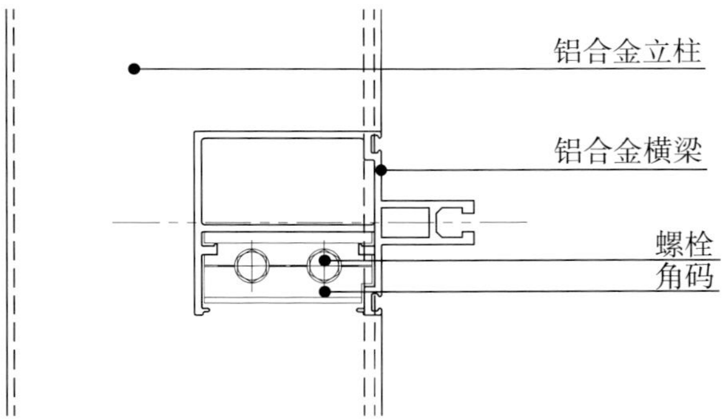

竖剖图

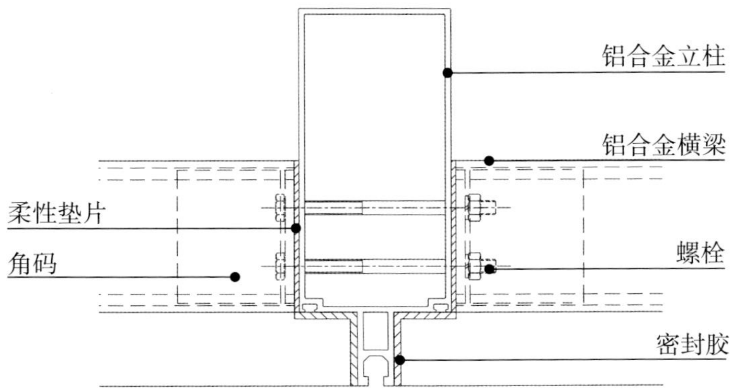

横剖图

说明：

1. 铝合金横梁、立柱加工（打孔、铣孔）应在工厂完成。
2. 横梁与立柱的接触处应设置柔性垫片或预留2mm的间隙，间隙内填胶（《玻璃幕墙工程技术规范》JGJ 102—2003 第4.3.7条）。

3.1　明框玻璃幕墙安装做法

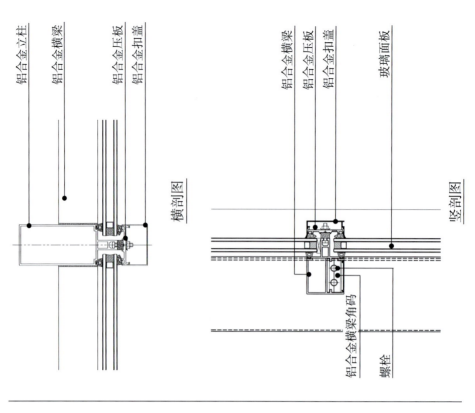

明框玻璃幕墙三维节点

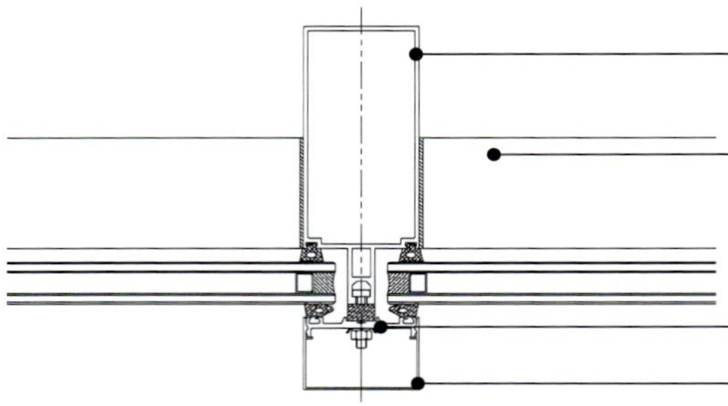

横剖图

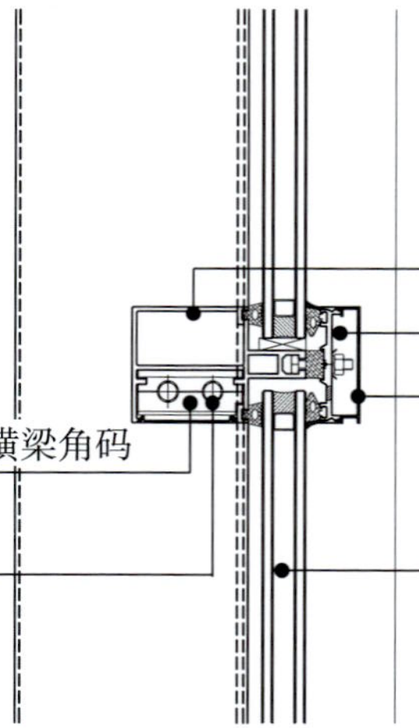

竖剖图

说明：

1.铝合金横梁、立柱加工（打孔、铣孔）应在工厂完成。

2.横梁与立柱的接触处应设置柔性垫片或预留2mm的间隙，间隙内填胶（《玻璃幕墙工程技术规范》JGJ 102—2003第4.3.7条）。

3.当玻璃重>50kg时要采取防止横梁栽头措施，在横梁前增加与立柱的连接。

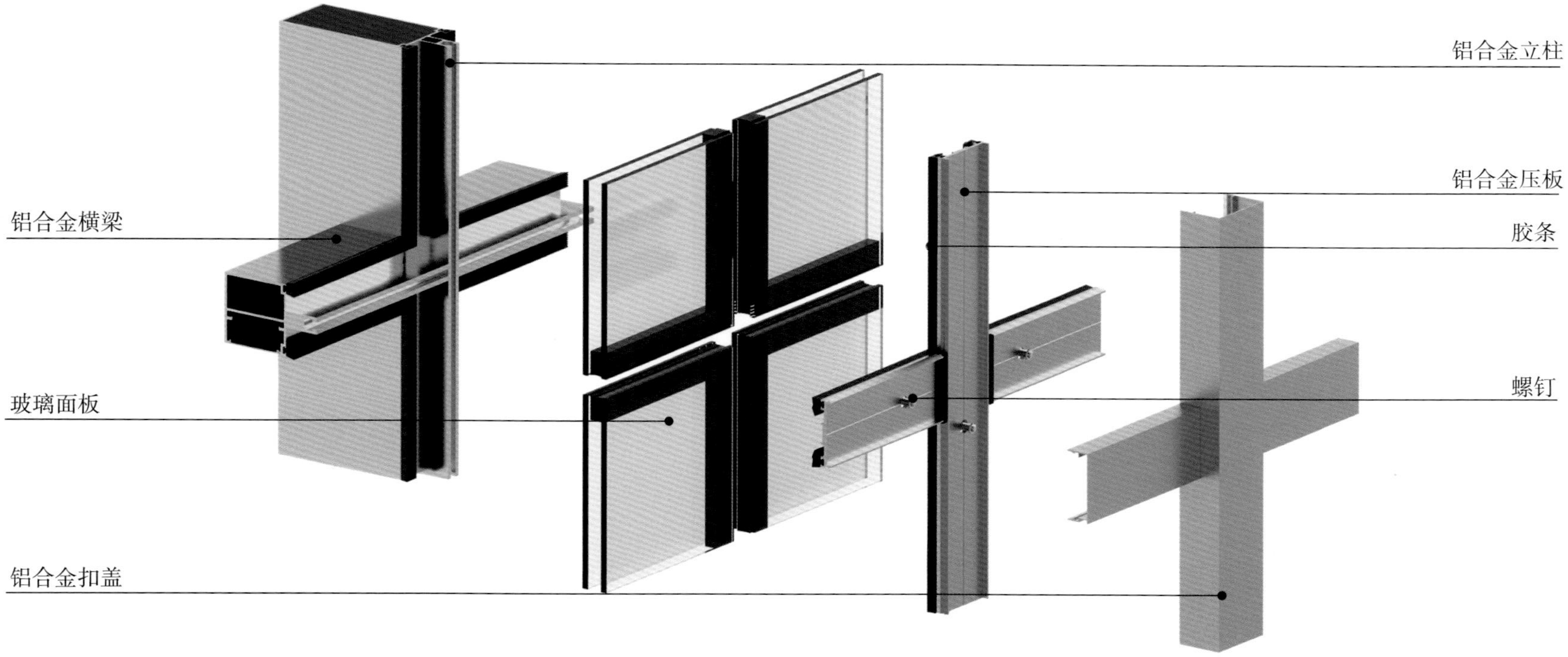
铝合金立柱
铝合金横梁
铝合金压板
胶条
螺钉
玻璃面板
铝合金扣盖

明框玻璃幕墙分解图

3.2 竖明横隐玻璃幕墙安装做法

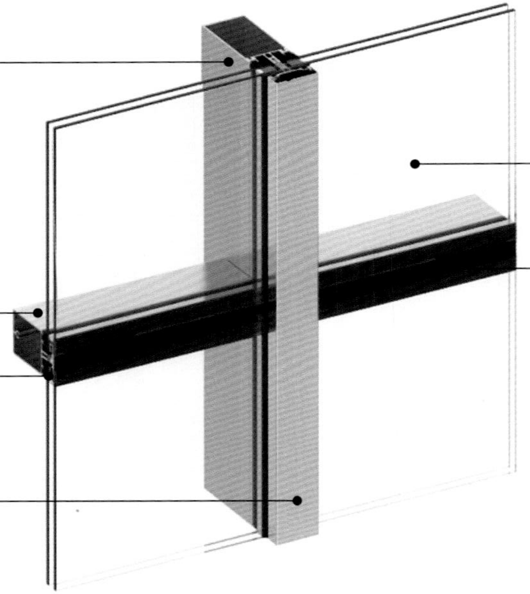

竖明横隐玻璃幕墙三维节点

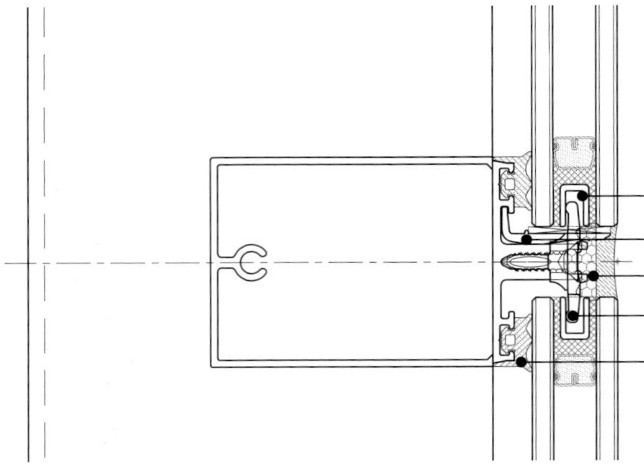

竖剖图

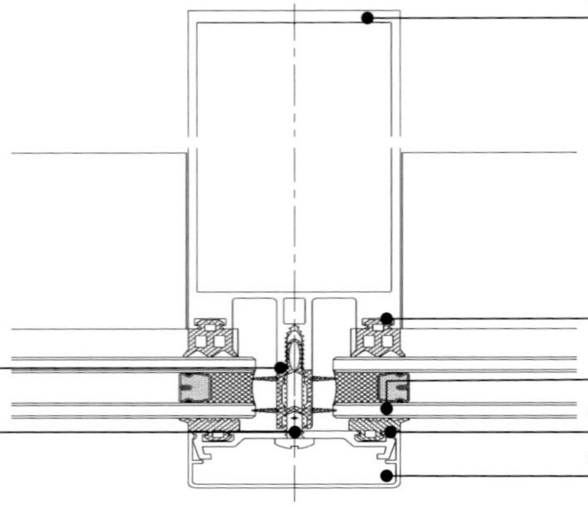

横剖图

说明：

1. 铝合金横梁、立柱加工（打孔、铣孔）应在工厂完成。
2. 横梁与立柱的接触处应设置柔性垫片或预留1～2mm的间隙，间隙内填胶（《玻璃幕墙工程技术规范》JGJ 102—2003 第4.3.7条）。
3. 当玻璃重>50kg时要采取防止横梁栽头措施，在横梁前增加与立柱的连接。

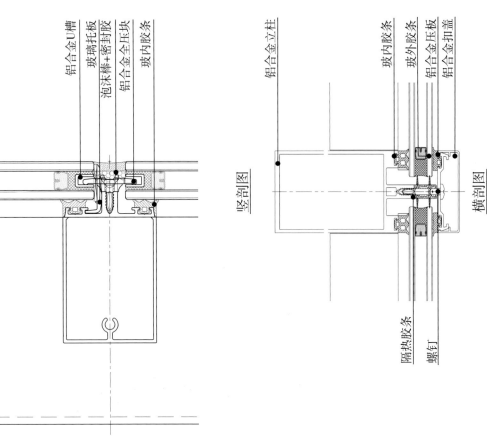

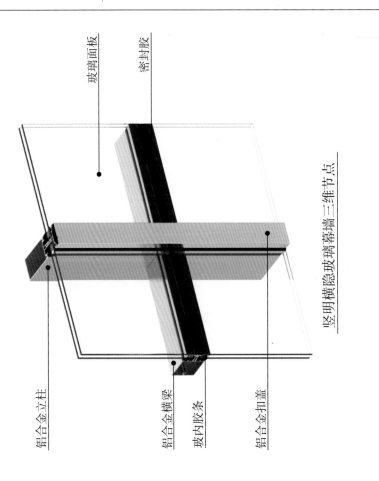

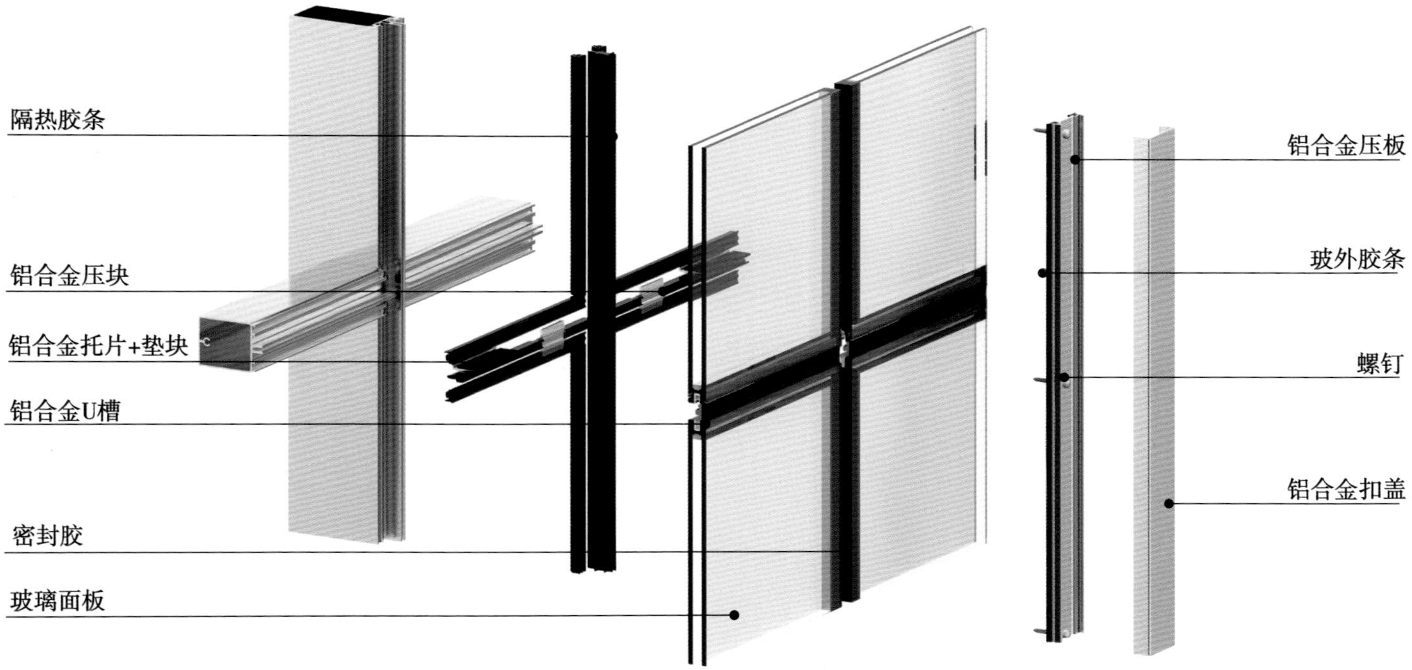

竖明横隐玻璃幕墙分解图

3.3 点支式玻璃幕墙安装做法

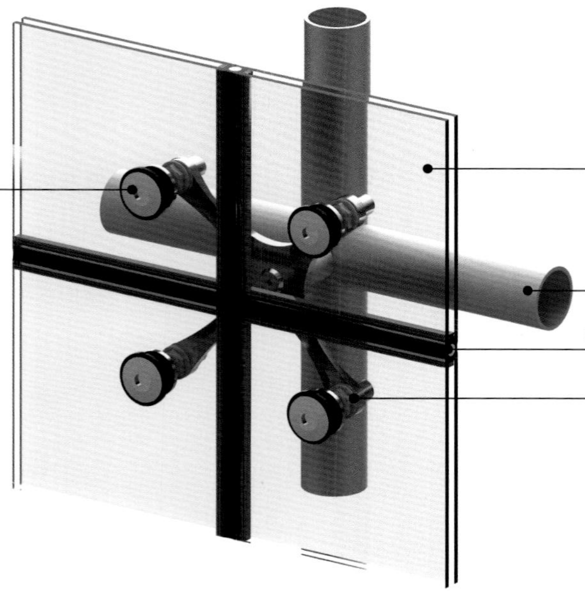

点支式玻璃幕墙三维节点

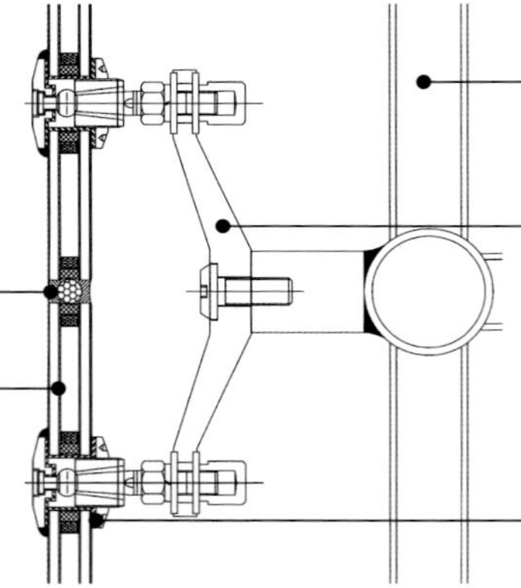

竖剖图

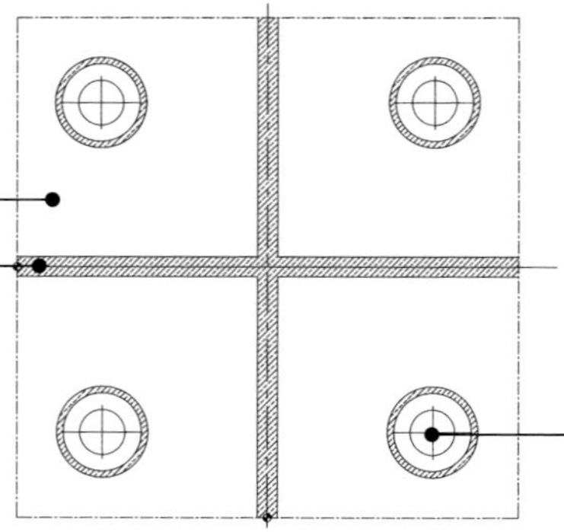

正视图

说明：

1. 点支式玻璃幕墙采用的玻璃，必须经过钢化处理。
2. 夹具与玻璃孔之间应填塞密封胶、安装时带胶作业（《玻璃幕墙工程技术规范》JGJ 102—2003第8.1.4条）。

3.4 全玻幕墙安装做法

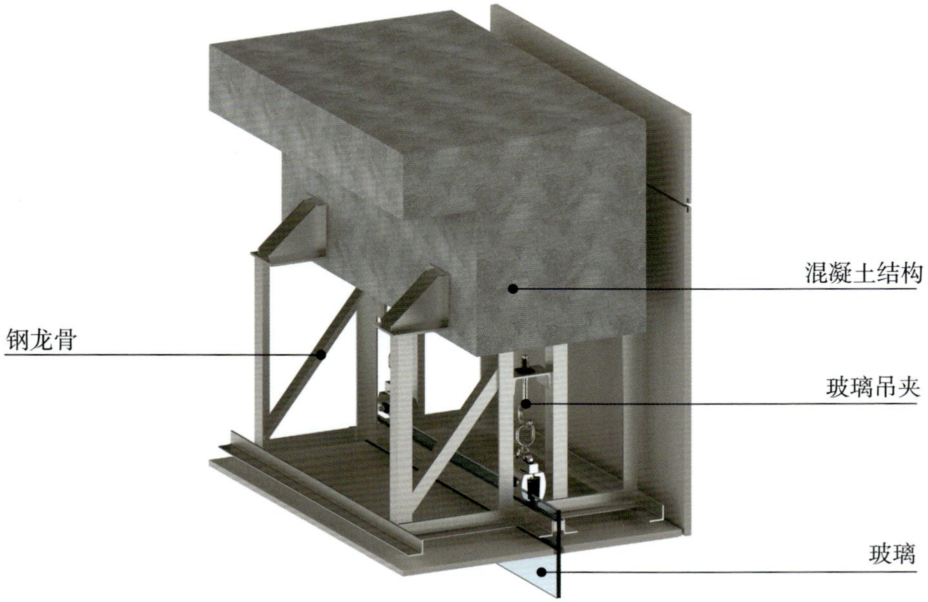

全玻幕墙悬挂式节点

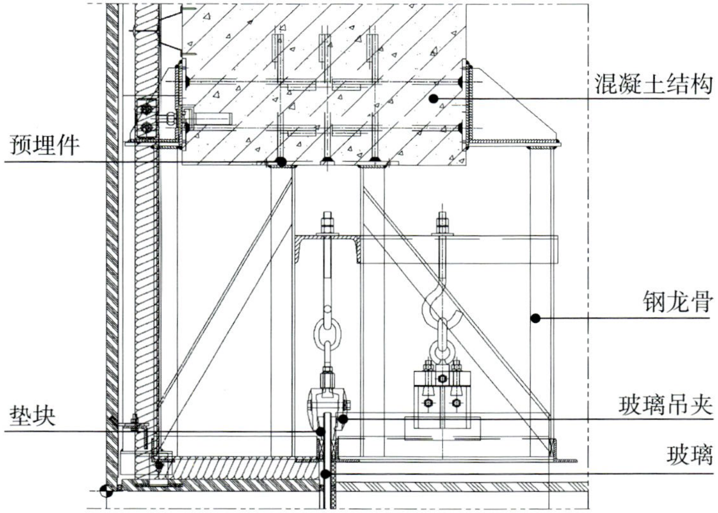

竖剖图

说明：

1. 吊夹螺栓应为高强度螺栓。
2. 内外金属扣夹的间距应均匀一致，通顺平直（《吊挂式玻璃幕墙用吊夹》JG 139—2017）。

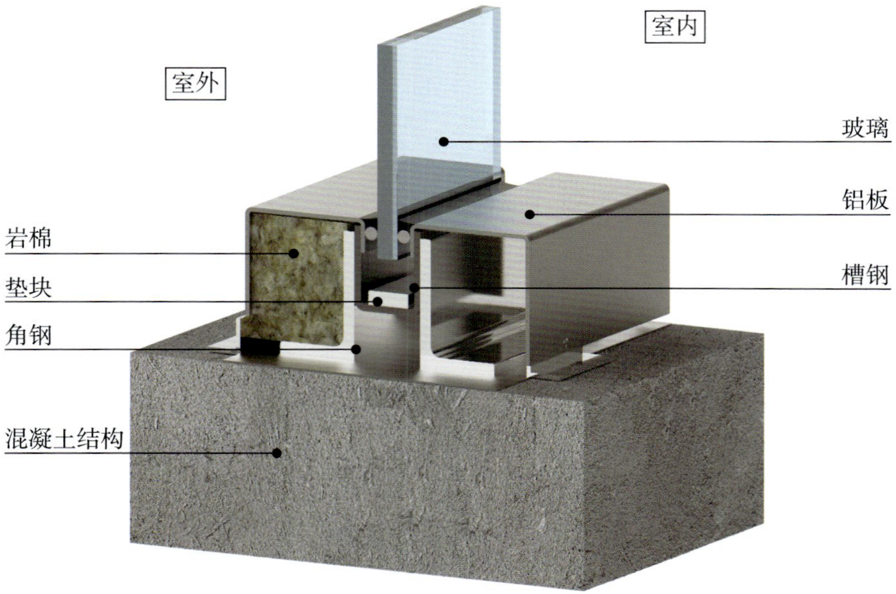

全玻幕墙悬挂式底部节点

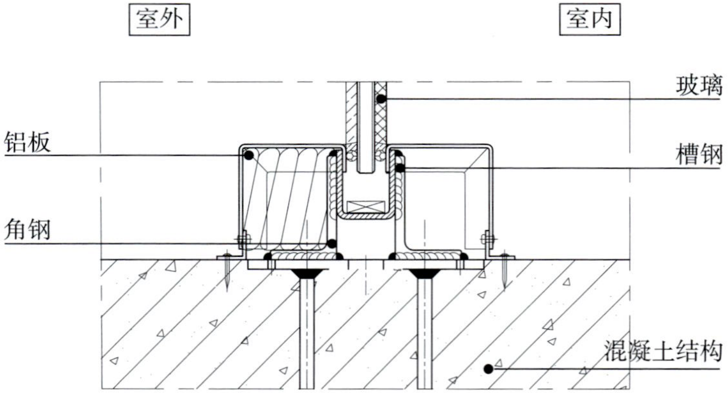

横剖图

说明：

1. 玻璃下部槽口内的灰土应清理干净。

2. 吊挂玻璃下端与下槽底的空隙应满足玻璃伸长变形的要求：玻璃与下槽底应采用弹性垫块支承或填塞，垫块长度不宜小于100mm，厚度不宜小于10mm；槽壁与玻璃间应采用硅酮建筑密封胶密封。（《玻璃幕墙工程技术规范》JGJ 102—2003第7.1.2条）。

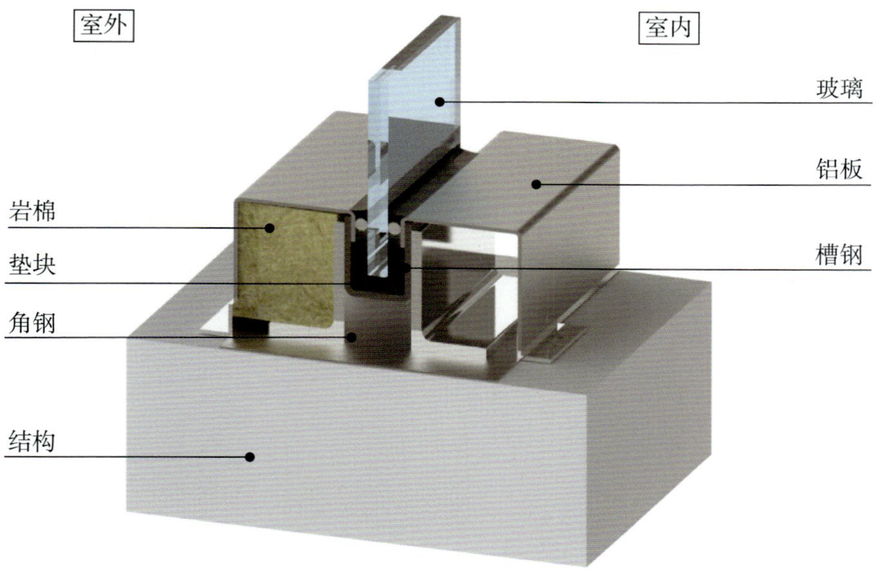

全玻幕墙接地式底部节点

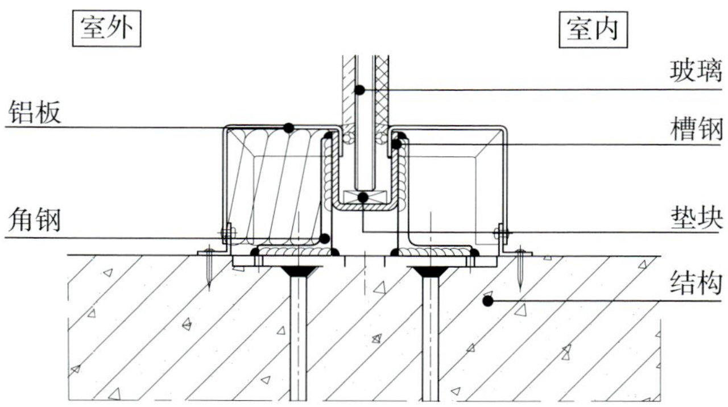

横剖图

说明：
玻璃下部槽口内的灰土应清理干净。

4.1　铝板幕墙安装做法

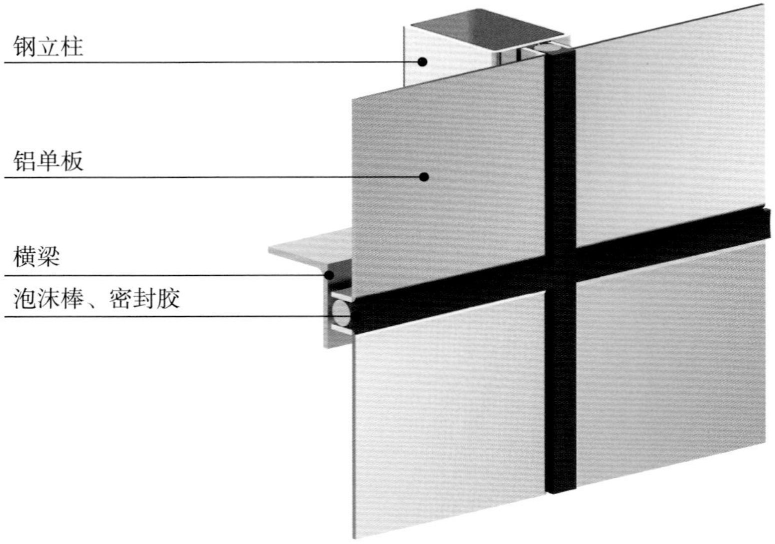

铝板幕墙三维节点

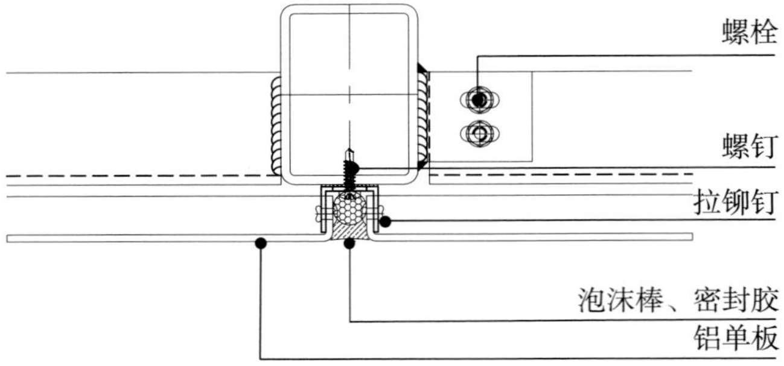

横剖图

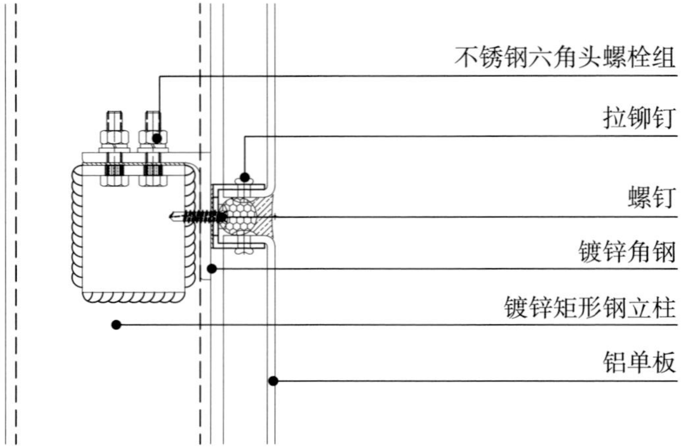

竖剖图

说明：

1. 室外单层铝板厚度不小于2.5mm，外视面宜采用氟碳喷涂处理。
2. 铝板安装铝角码从一端距边150mm开始按间距300mm布置，上下、左右两块铝板角码相互错开75mm，避免相邻铝板安装时相互干涉。
3. 铝板短边长度大于600mm时设置加强筋，加强筋平行短边布置，间距小于500mm，端部与铝板侧边固定。

（《金属与石材幕墙工程技术规范》JGJ 133—2001第3.3.10条、第5.4.2条）。

铝板幕墙分解图

4.2 铝板幕墙副框压块安装做法

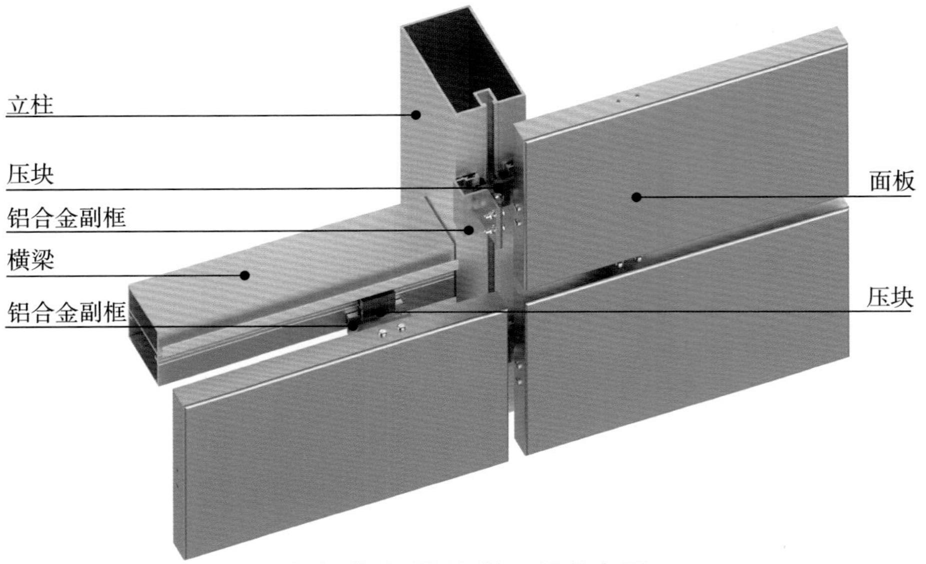

铝板幕墙副框压块三维节点图

说明：

1. 室外单层铝板厚度不小于2.5mm，外视面宜采用氟碳喷涂处理。
2. 铝板安装铝角码从一端距边150mm开始按间距300mm布置，上下、左右两块铝板角码相互错开75mm，避免相邻铝板安装时相互干涉。
3. 铝板短边长度大于600mm时设置加强筋，加强筋平行短边布置，间距小于500mm，端部与铝板侧边固定

（《金属与石材幕墙工程技术规范》JGJ 133—2001第3.3.10条、第5.4.2条）。

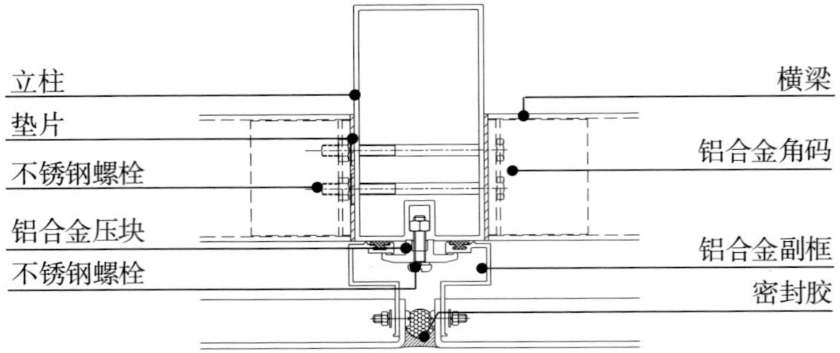

横剖图

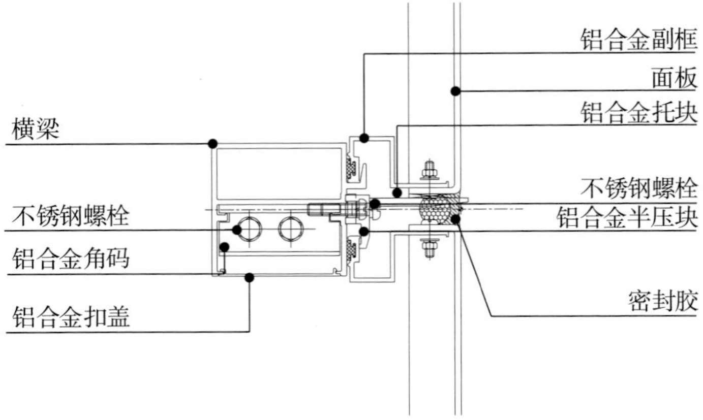

竖剖图

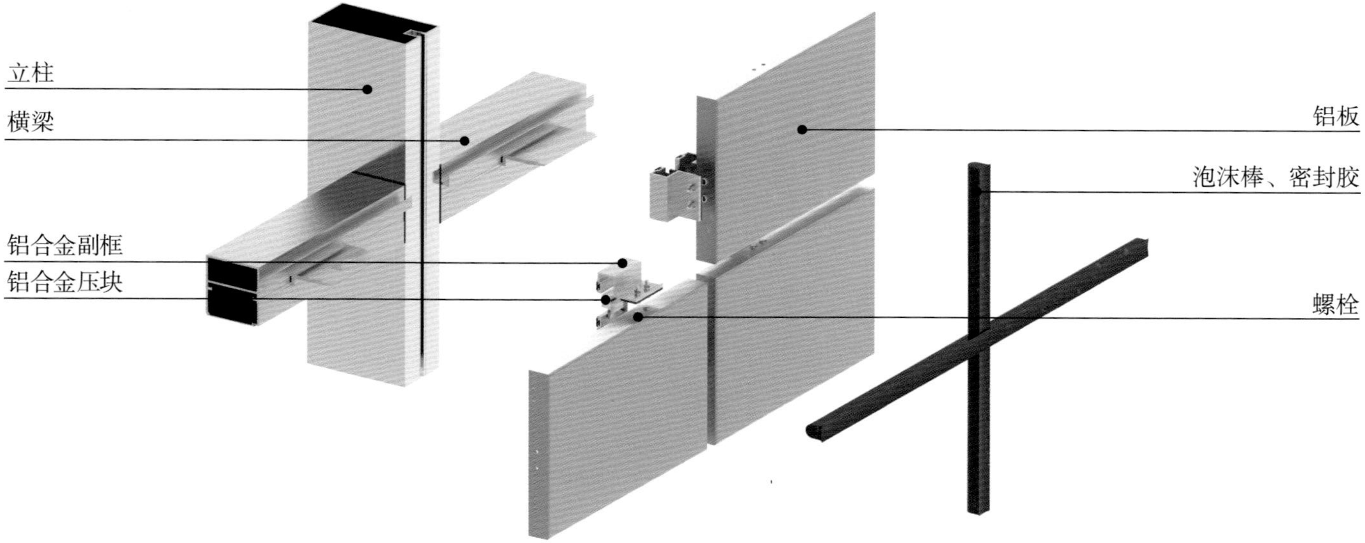

铝板幕墙副框压块分解图

4.3 挂件式石材幕墙安装做法

SE 挂件式石材幕墙安装做法

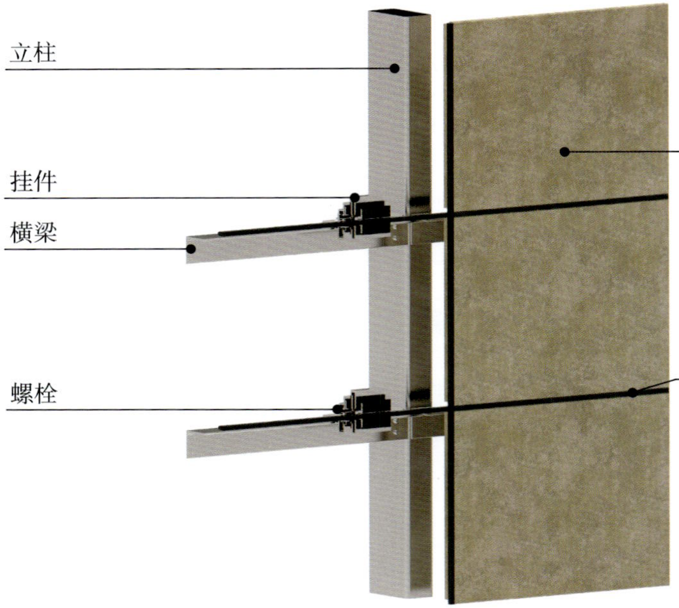

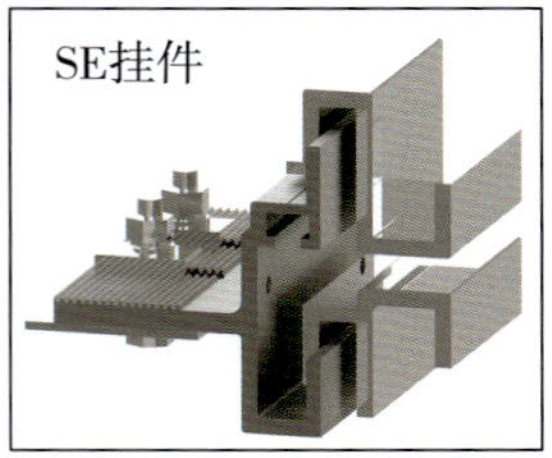

SE挂件式石材幕墙三维节点

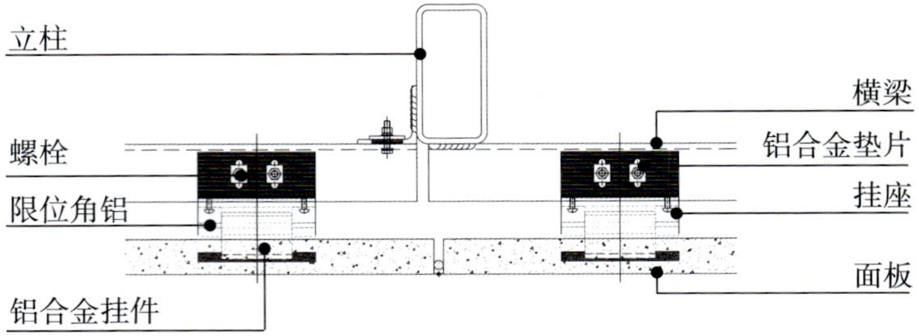

横剖图

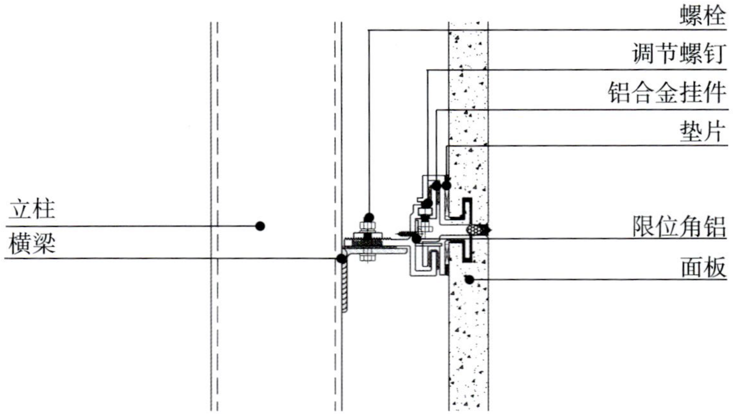

竖剖图

说明：

1. 铝挂码与垫片应设计齿纹限制挂码的滑移，挂码与钢龙骨之间安装绝缘柔性胶垫。
2. 石材板块面积不宜大于1.5m²，光面石材厚度最薄处应≥25mm，火烧面石材厚度最薄处应≥28mm。
3. 石材弯曲强度不小于8MPa，石材表面宜进行防护处理（《金属与石材幕墙工程技术规范》JGJ 133—2001第3.2.2条）。

短槽式石材幕墙安装做法

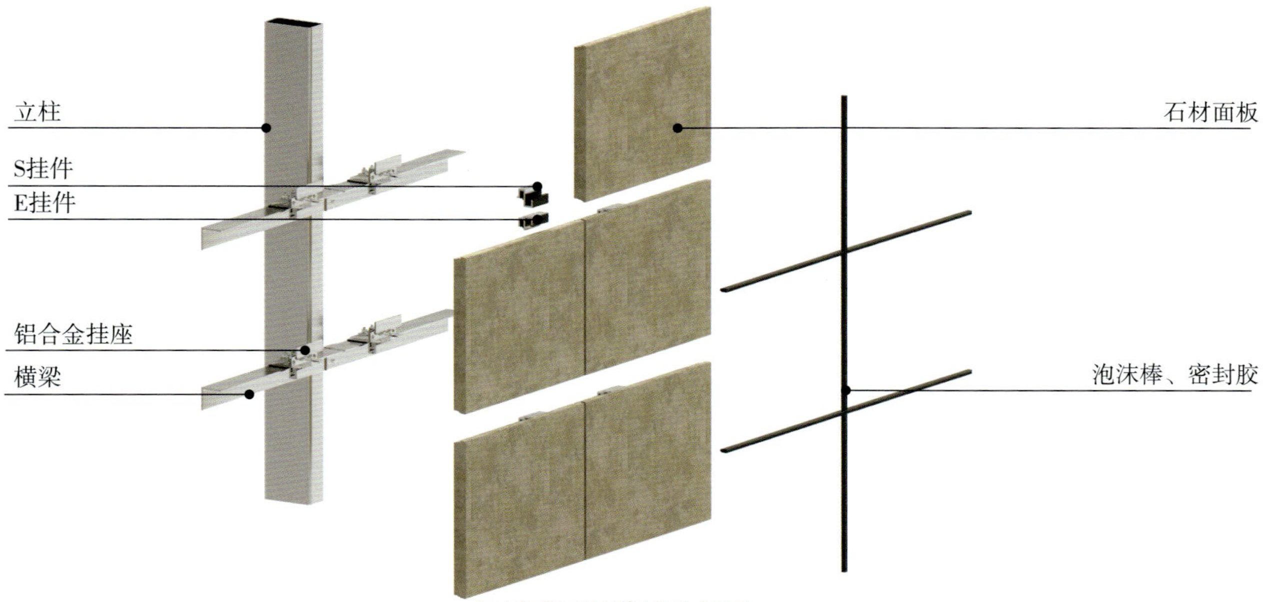

短槽式石材幕墙分解图

4.4　背栓式石材幕墙安装做法

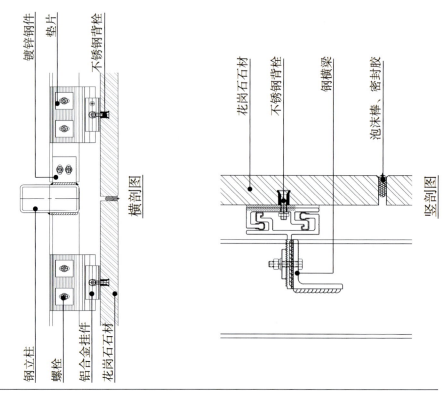

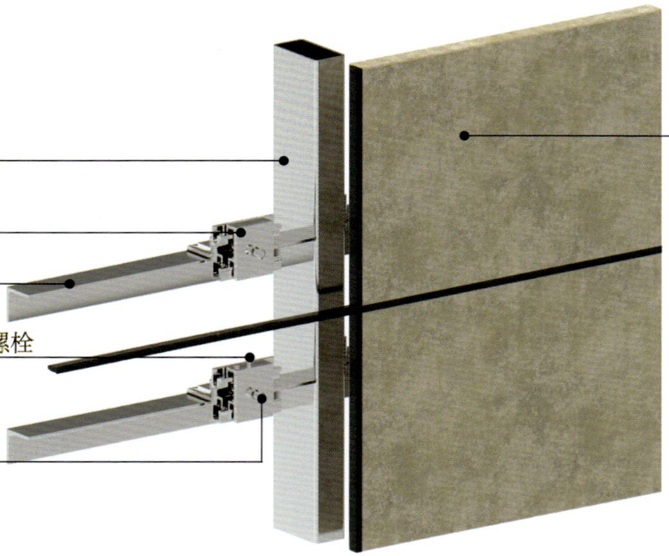

背栓式石材幕墙三维节点

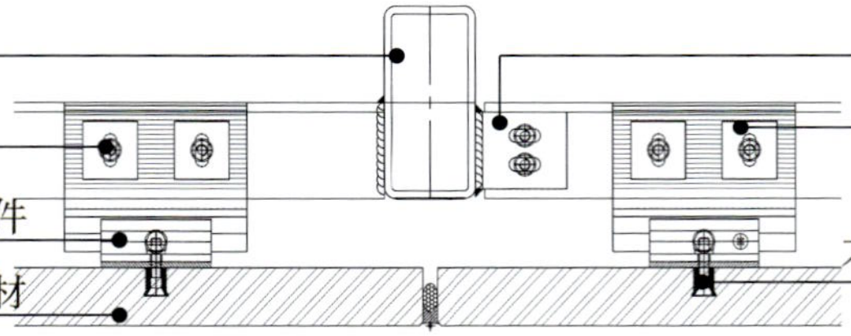

横剖图

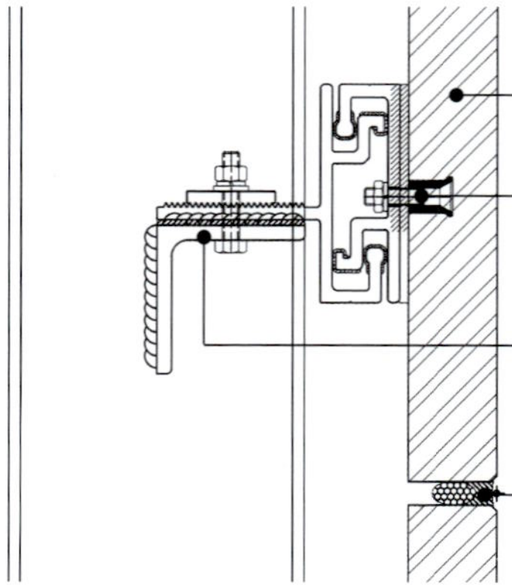

竖剖图

说明：

1. 石材幕墙采用背栓连接时，宜采用铝合金专用连接件，其壁厚应≥4.5mm。
2. 石材板块面积不宜大于1.5m²，光面石材厚度最薄处应≥25mm，火烧面石材厚度最薄处应≥28mm。
3. 石材弯曲强度不小于8MPa，石材表面宜进行防护处理（《金属与石材幕墙工程技术规范》JGJ 133—2001第3.2.2条）。

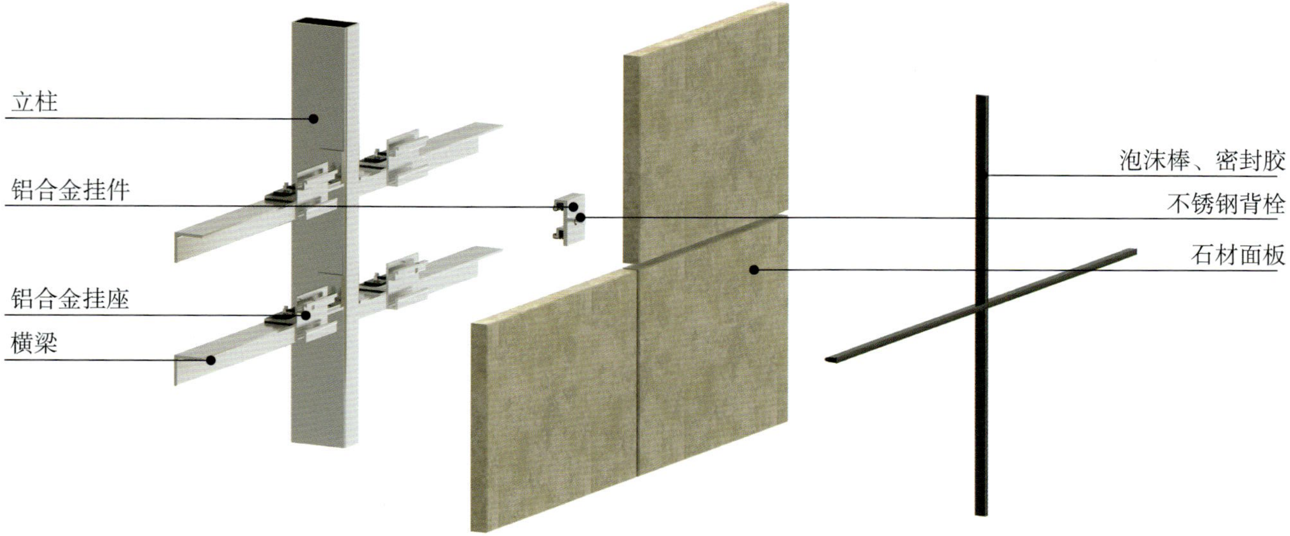
立柱
铝合金挂件
铝合金挂座
横梁
泡沫棒、密封胶
不锈钢背栓
石材面板

背栓式石材幕墙分解图

4.5 陶板幕墙安装做法

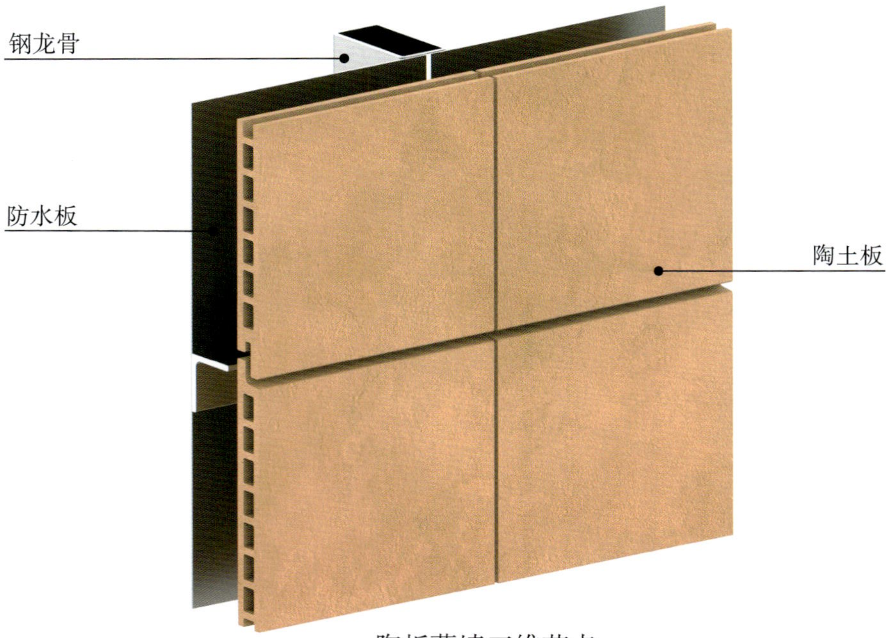

陶板幕墙三维节点

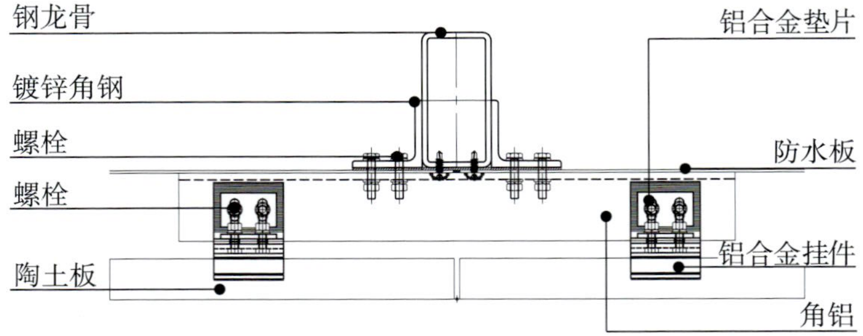

横剖图

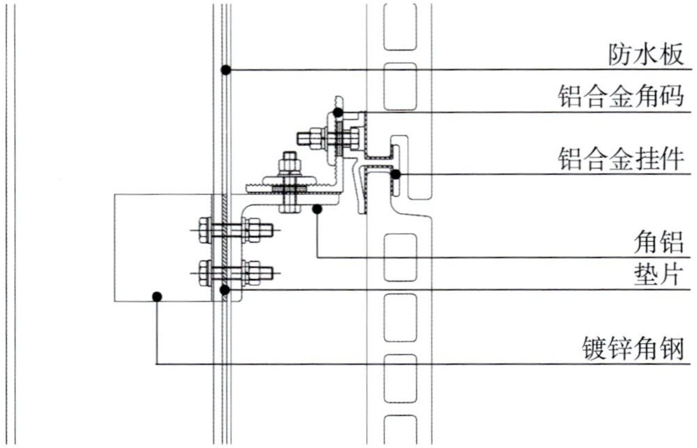

竖剖图

说明：

1. 面板挂件与安装槽口之间间隙宜设置弹性垫片，橡胶厚度1.0mm。
2. 防水钢板应固定于龙骨上，应采用不锈钢螺钉，螺钉头应打胶防水处理。

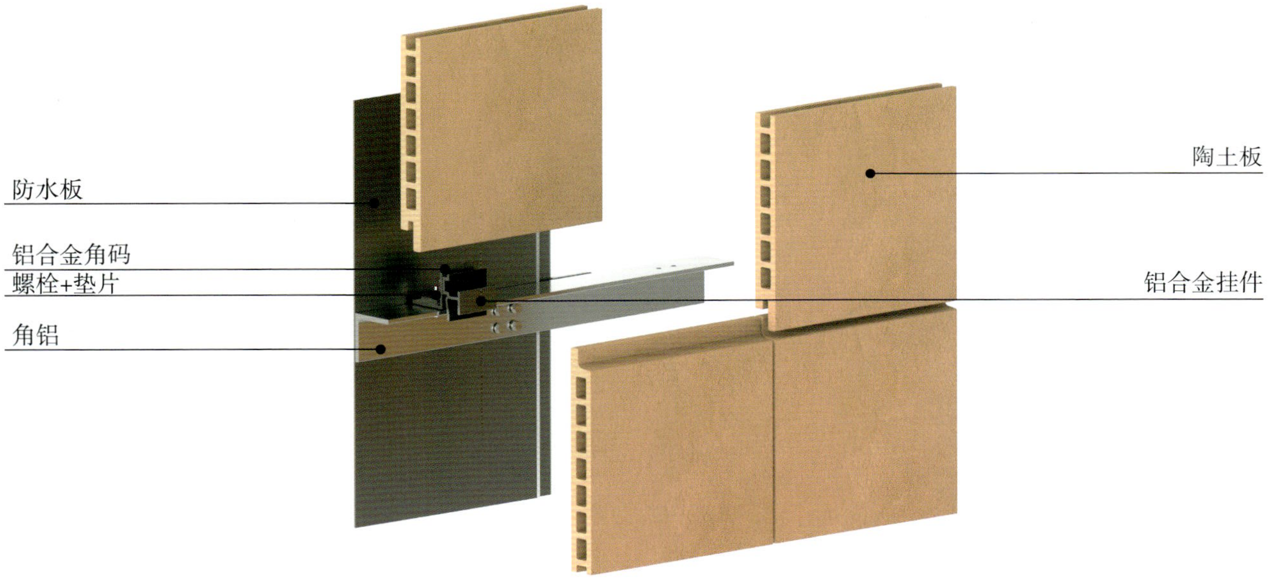
防水板
铝合金角码
螺栓+垫片
角铝
陶土板
铝合金挂件

陶板幕墙分解图

第五章 常规单元体幕墙做法

5.1 单元体幕墙安装做法

单元体幕墙十字缝三维节点

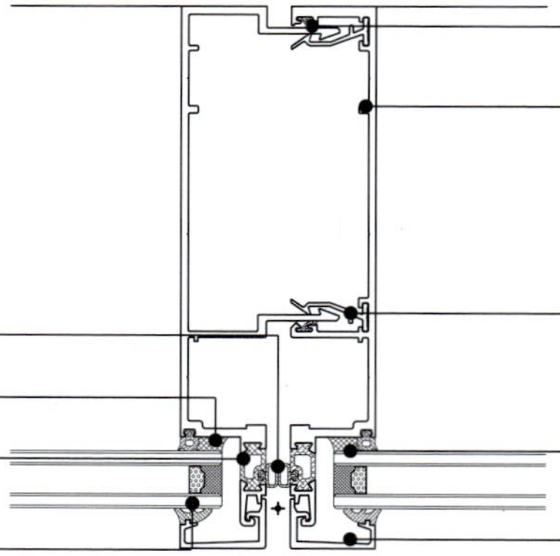

横剖图

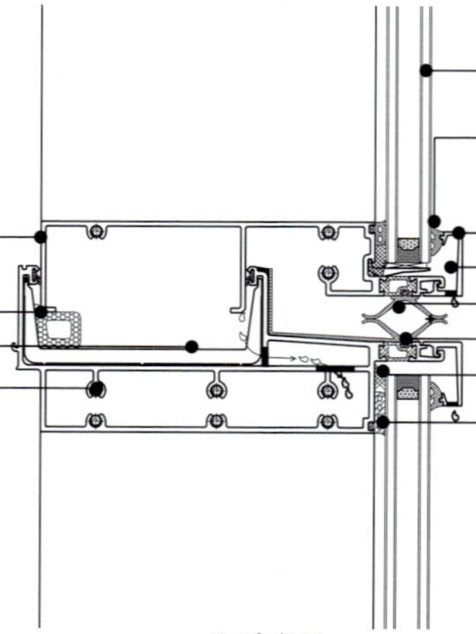

竖剖图

说明：

1. 单元板块挂装到位后，检查单元水平标高，检查板块垂直度。
2. 左右单元板块插接后，检查两板块之间间隙是否满足要求，并固定防松螺栓。
3. 水槽四周密封，并做防水测试。
4. 单元十字缝室内位置打密封胶进行密封处理。

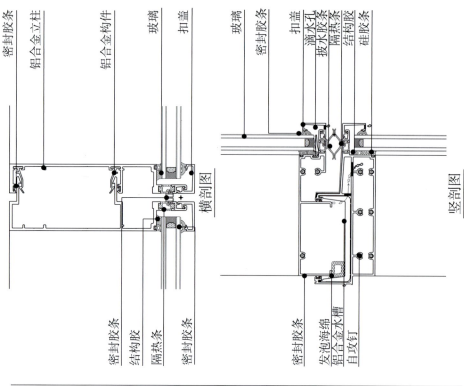

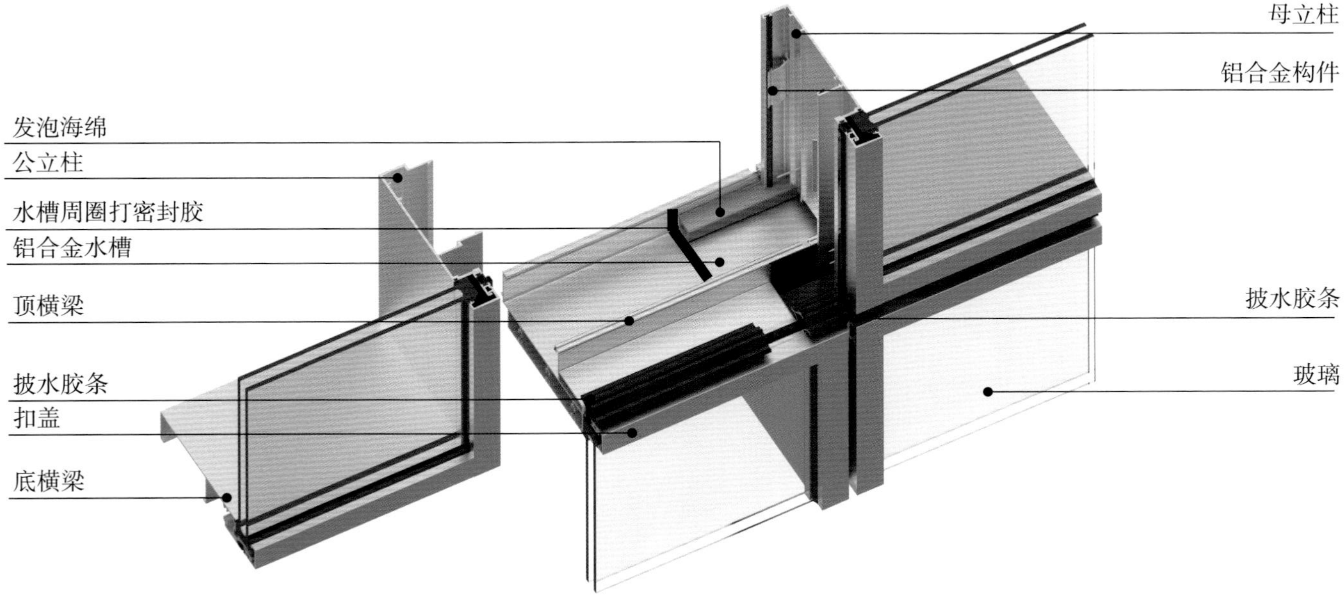

单元体幕墙十字缝分解图

5.2 单元体幕墙面埋做法

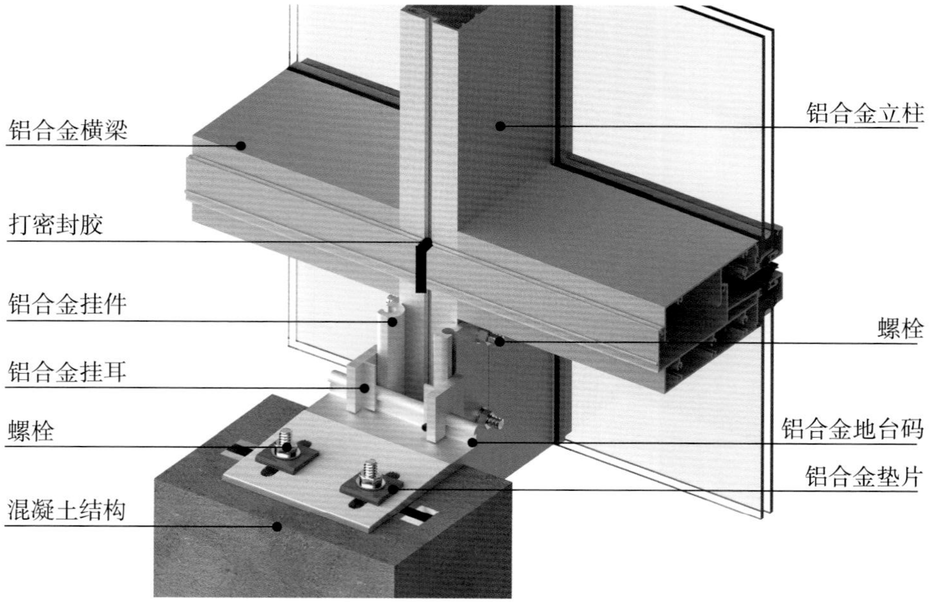

单元体幕墙面埋做法三维节点

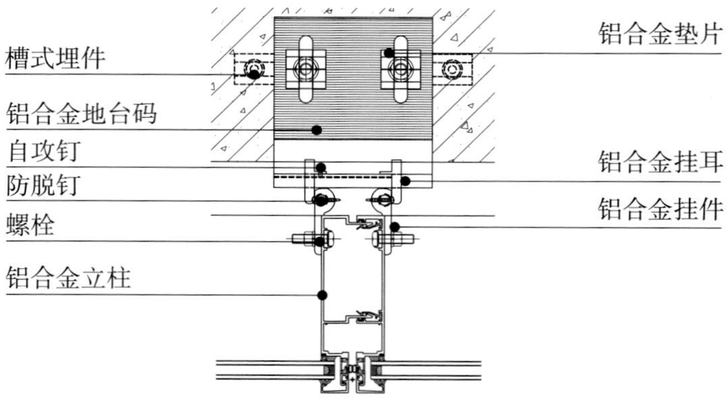

横剖图

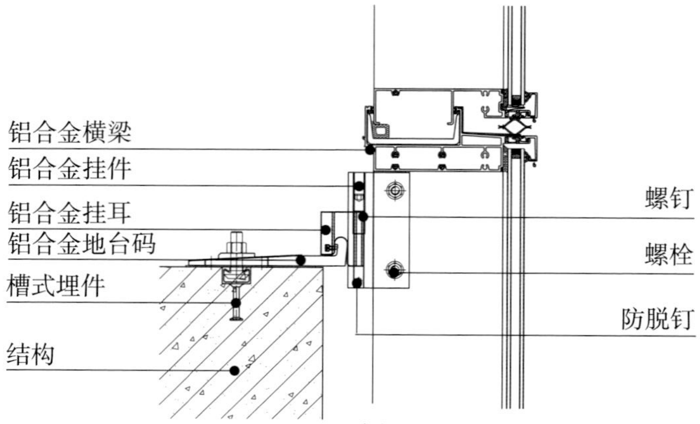

竖剖图

说明：

1. 幕墙施工为临边作业，应在楼层内将底座通过螺栓与埋件连接。
2. 单元连接件和单元锚固连接件的连接应具有三维可调节性，三个方向的调整量不应小于20mm（《建筑幕墙》GB/T 21086—2007第10.4条）。

5.3 单元体幕墙侧埋做法

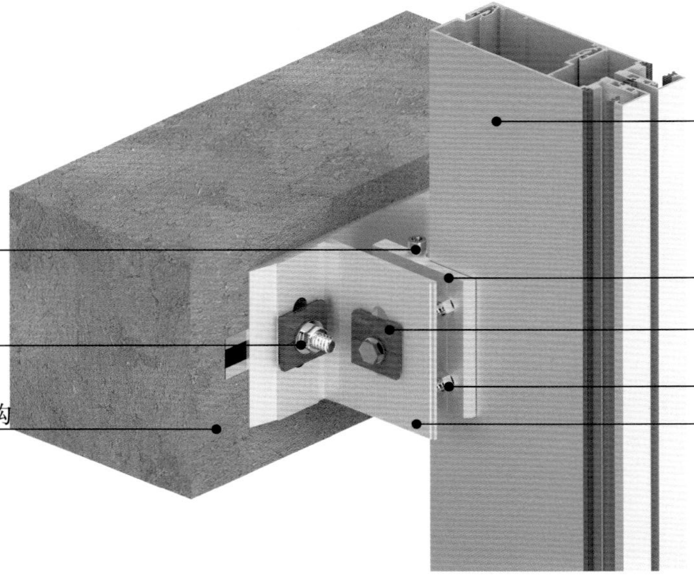

单元体幕墙侧埋做法三维节点

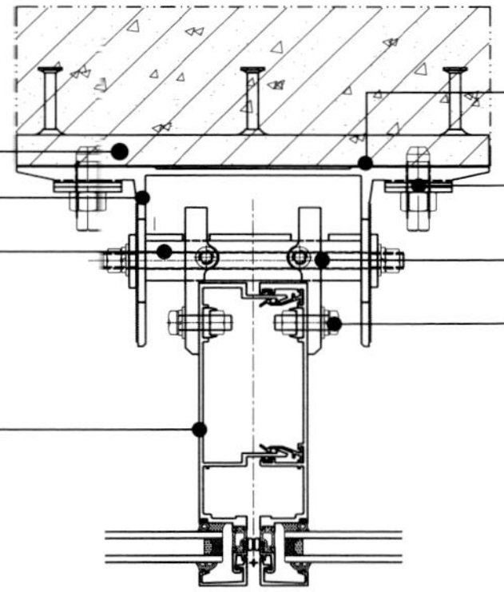

横剖图

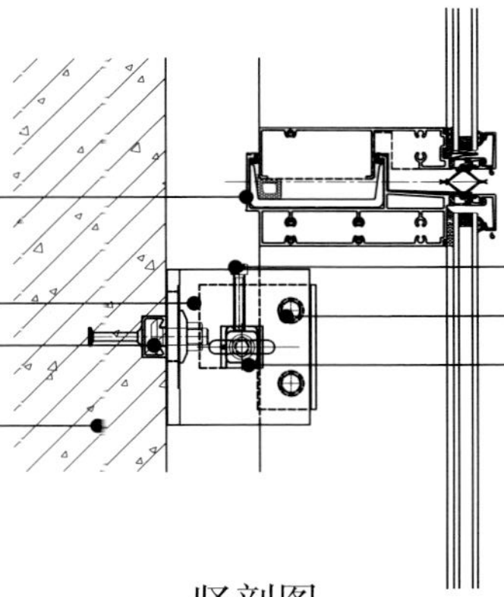

竖剖图

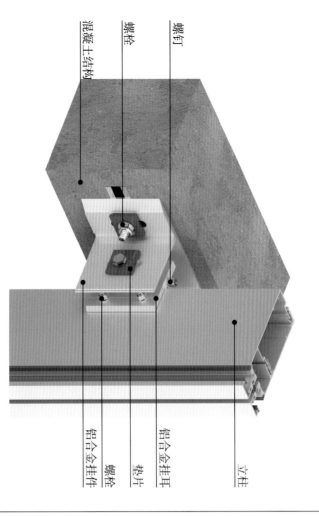

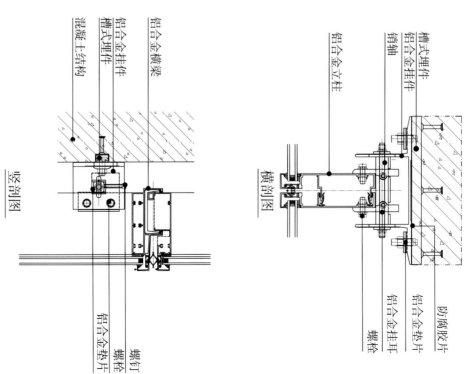

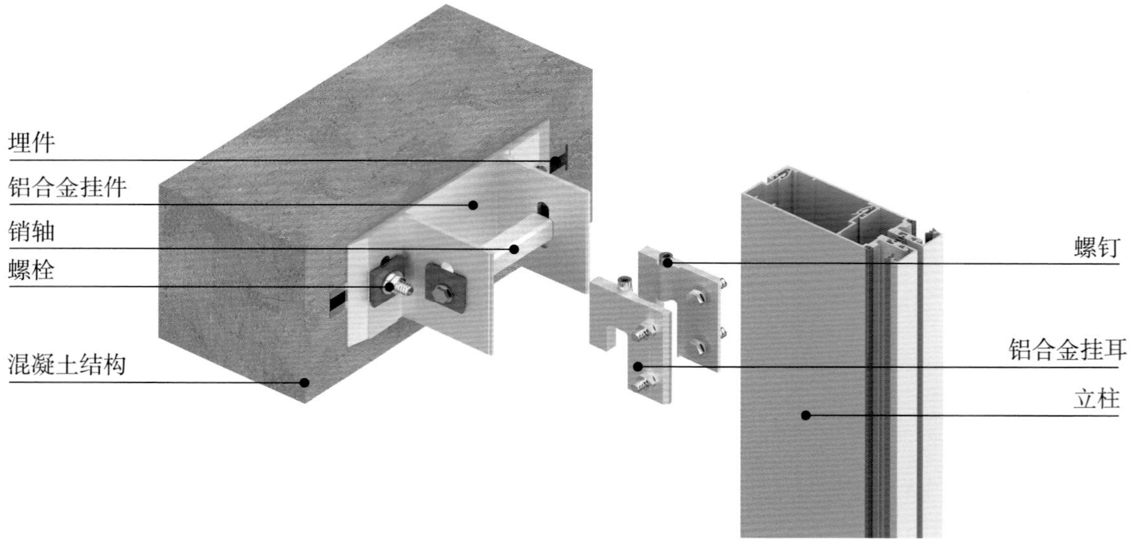

单元体幕墙侧埋做法分解图

第六章　常规幕墙防火及防雷做法

6.1　层间封修防火安装做法

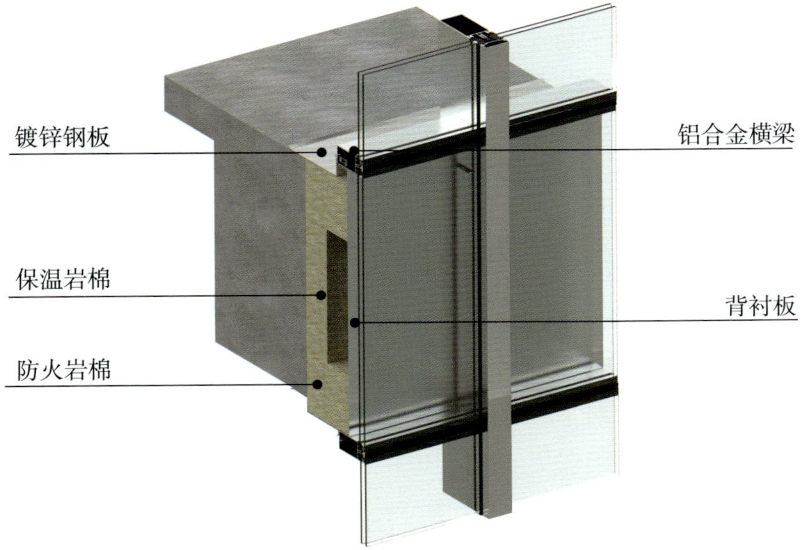

层间封修防火三维节点

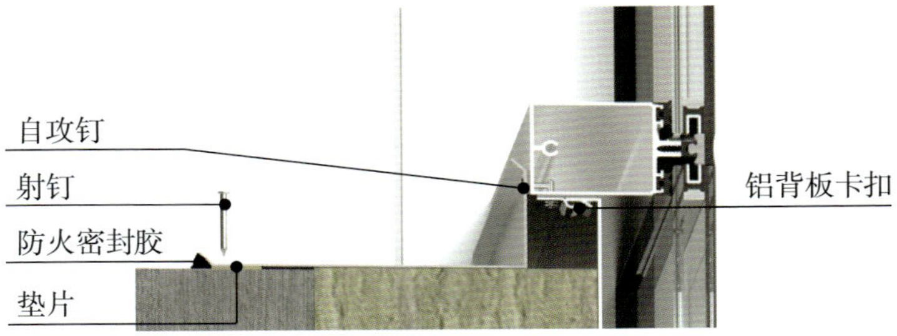

层间封修防火分解图

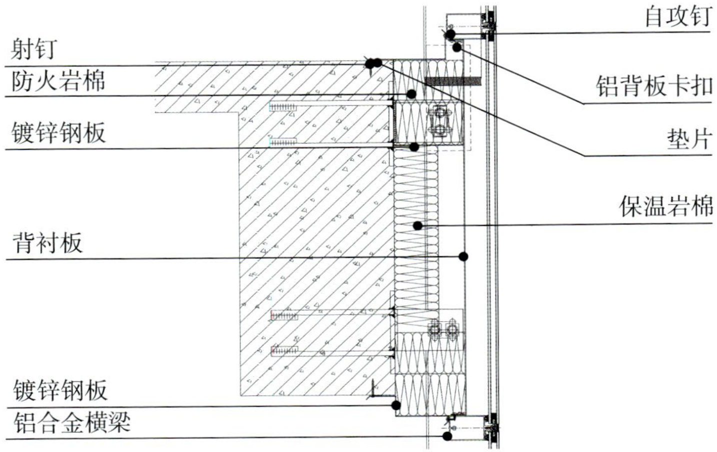

竖剖图

说明：

1. 防火钢板厚度不小于1.5mm，不能用铝板代替（《金属与石材幕墙工程技术规范》JGJ 133—2001第4.4.1条）。
2. 镀锌钢板间的搭接长度不小于20mm，搭接部位应施涂防火胶，防火封修所有间隙要注满防火密封胶。
3. 防火封修岩棉厚度≥200mm（《建筑防火封堵应用技术标准》GB/T 51410—2020第4.0.3条）。

6.2 隔断封修防火安装做法

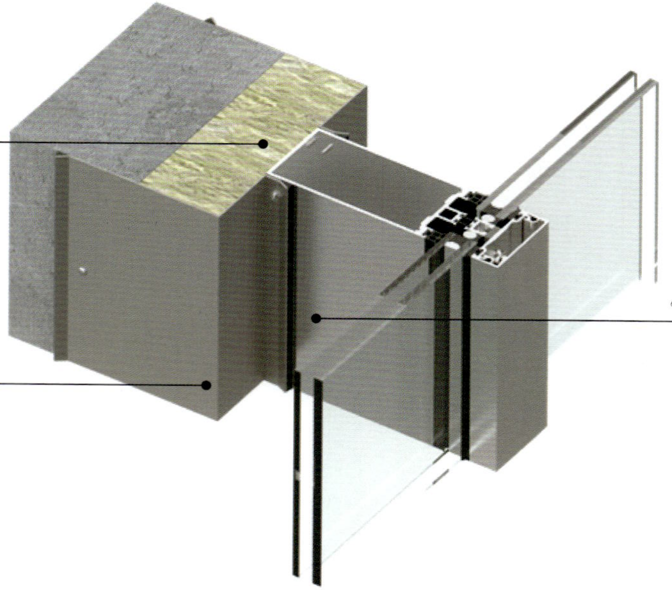

隔断封修防火三维节点

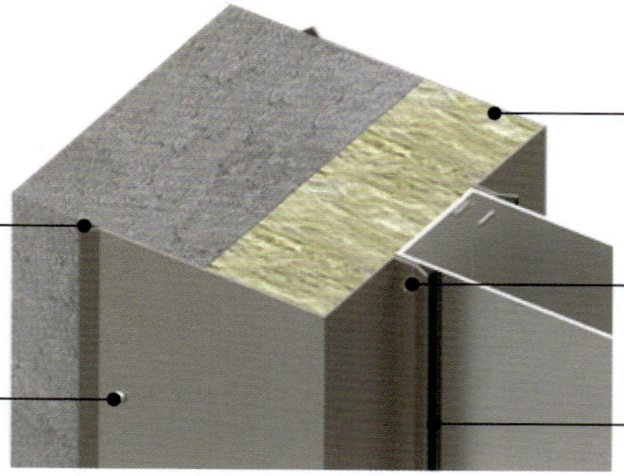

隔断封修防火分解图

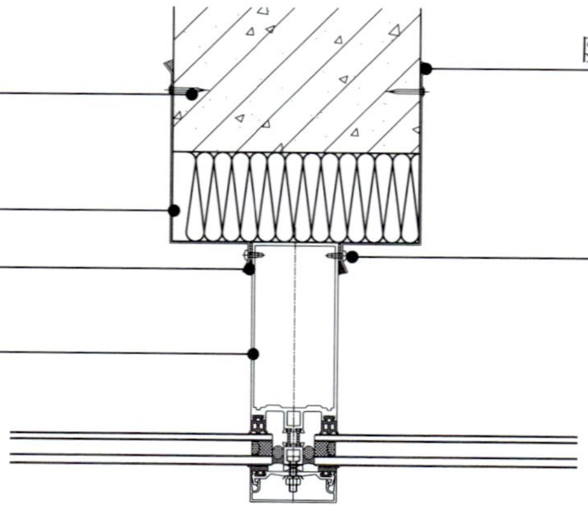

横剖图

说明：

1. 防火钢板厚度不小于1.5mm，不能用铝板代替（《金属与石材幕墙工程技术规范》JGJ 133—2001第4.4.1条）。

2. 镀锌钢板间的搭接长度不小于20mm，搭接部位应施涂防火胶，防火封修所有间隙要注满防火密封胶。

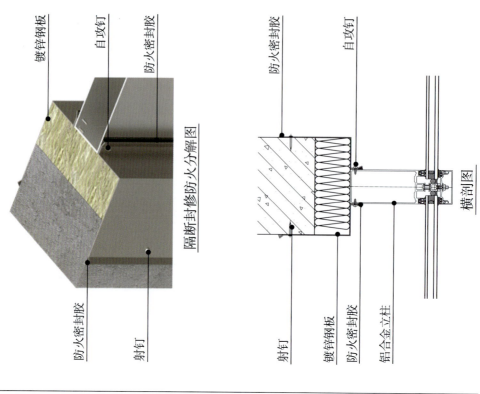

6.3 防雷安装做法

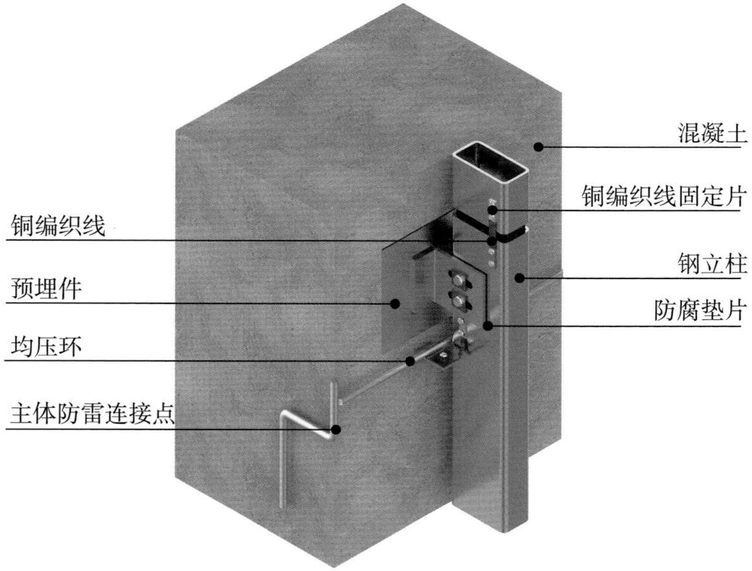

防雷三维节点

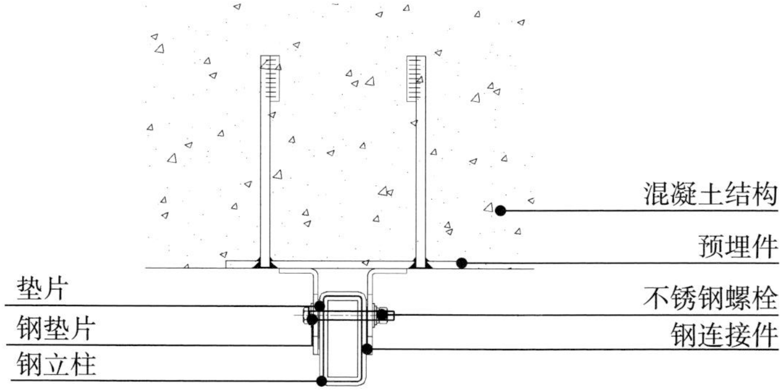

横剖图

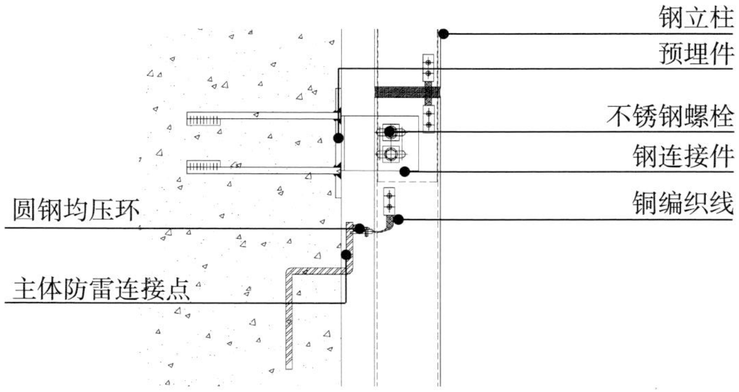

竖剖图

说明：

1. 幕墙应形成自身的防雷网，并与主体结构的防雷体系有可靠的连接。
2. 防雷导线连接前应先除掉接触面上的油漆、钝化氧化膜或锈蚀（《金属与石材幕墙工程技术规范》JGJ 133—2001第4.4.2条）。

第七章 常规幕墙收口做法

7.1 窗与墙的收口安装做法

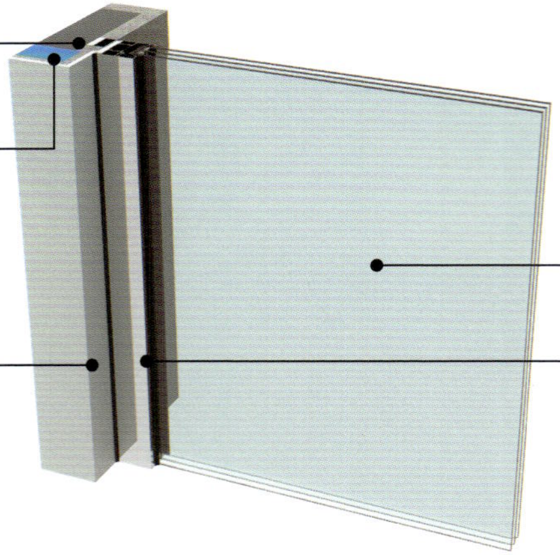

窗与墙的收口三维节点

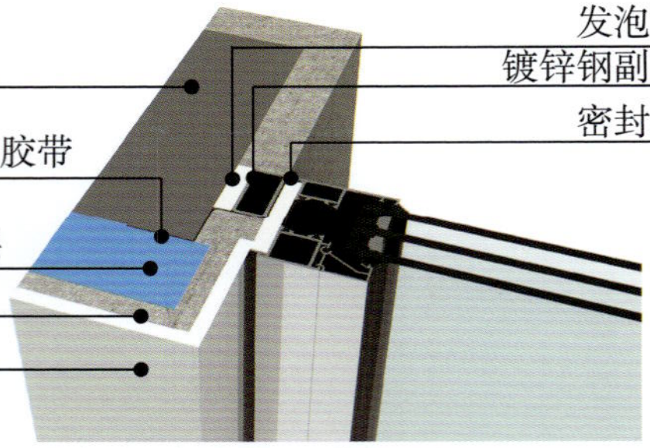

窗与墙的收口分解图

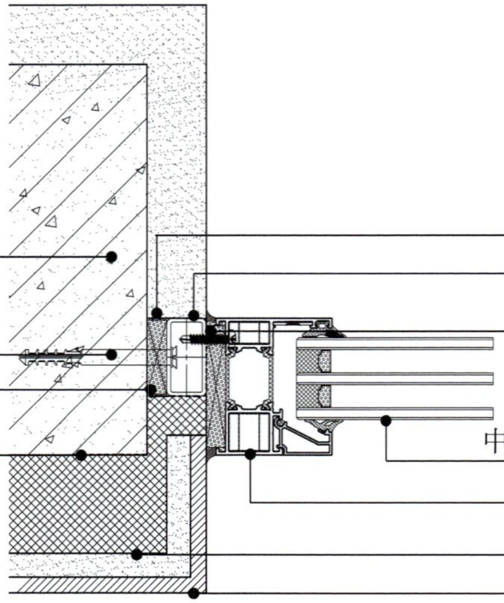

竖剖图

说明：

1. 铝合金窗钢副框采用镀锌钢管，采用胀栓固定，胀栓间距由结构计算确定。
2. 窗框与墙体间隙填充聚氨酯发泡胶。
3. 铝合金窗框与室外装饰面应预留胶缝打耐候密封胶处理。
4. 窗框、钢副框、墙体之间应设置调节垫块，垫块材质为尼龙。

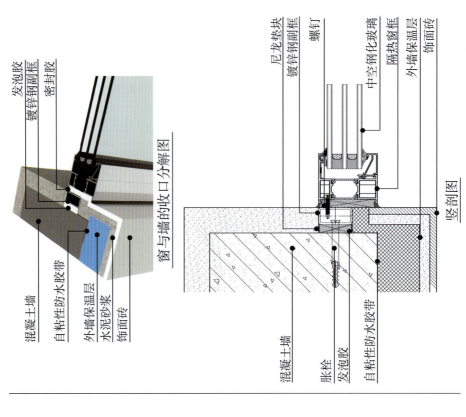

7.2 玻璃幕墙女儿墙压顶做法

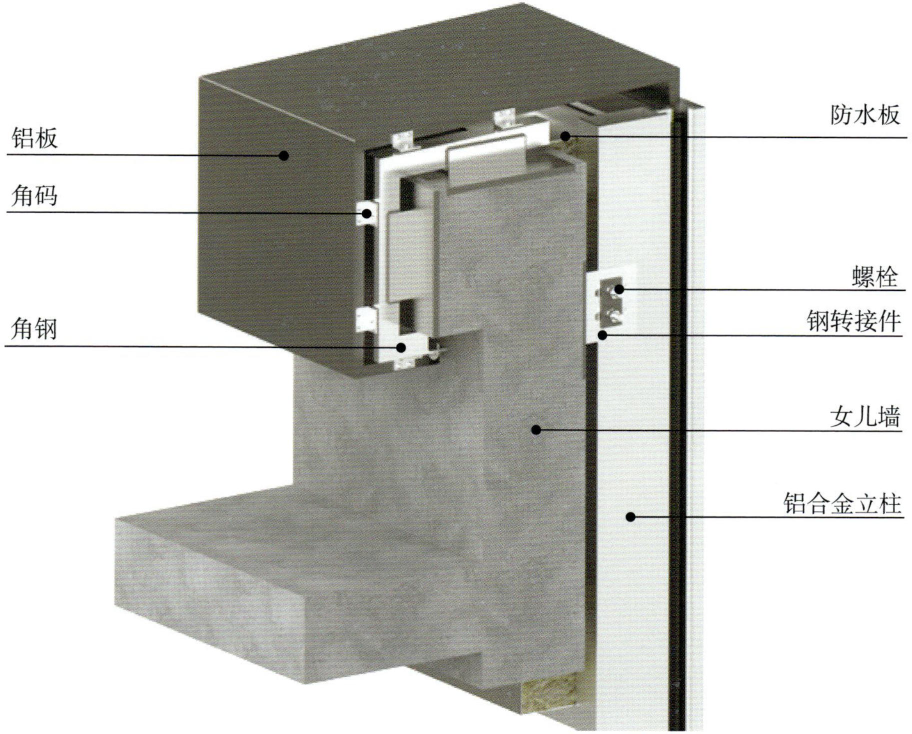

玻璃幕墙女儿墙压顶三维节点

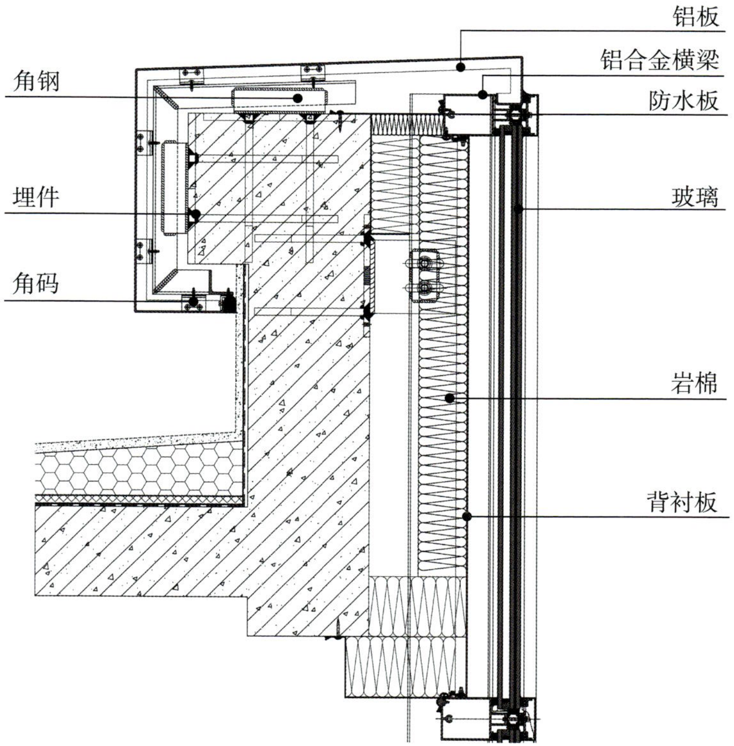

竖剖图

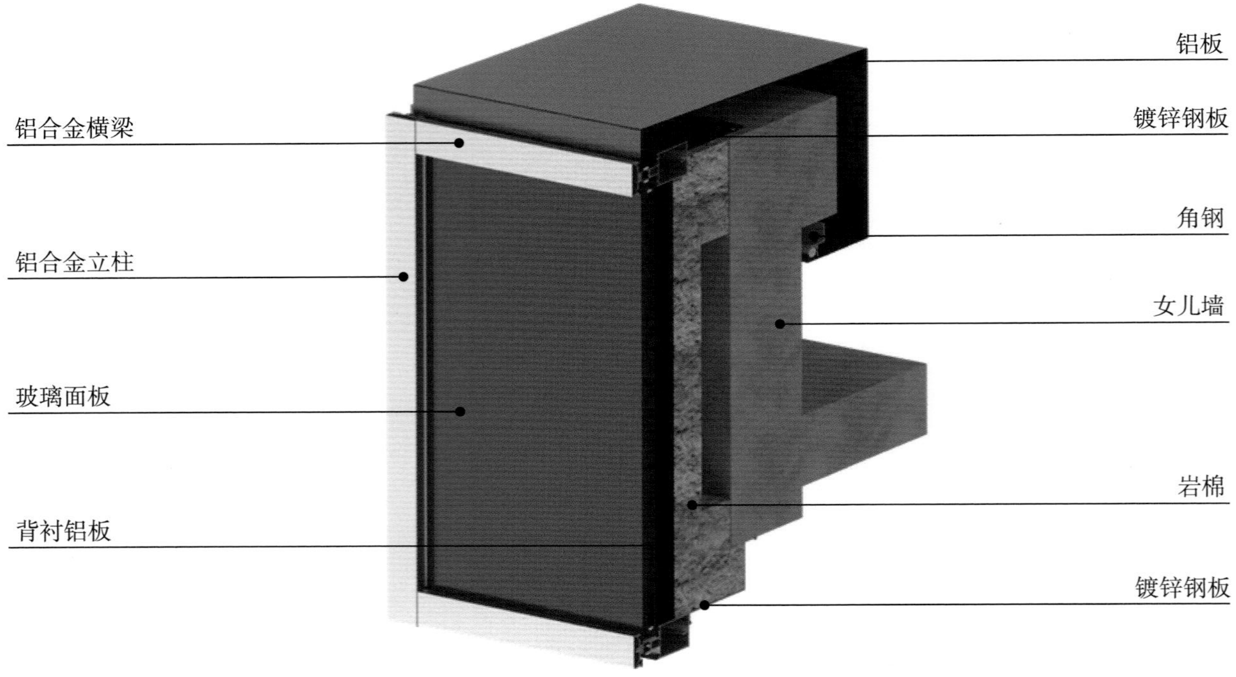

玻璃幕墙女儿墙压顶三维节点

7.3 铝板幕墙女儿墙压顶做法

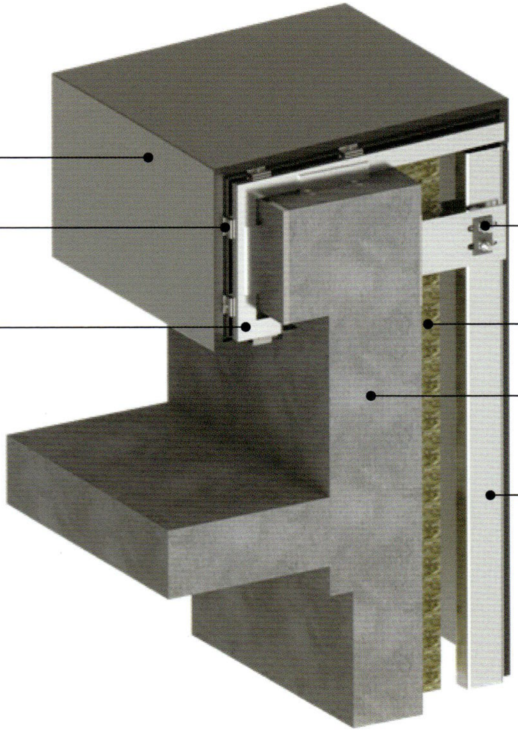

铝板幕墙女儿墙压顶三维节点

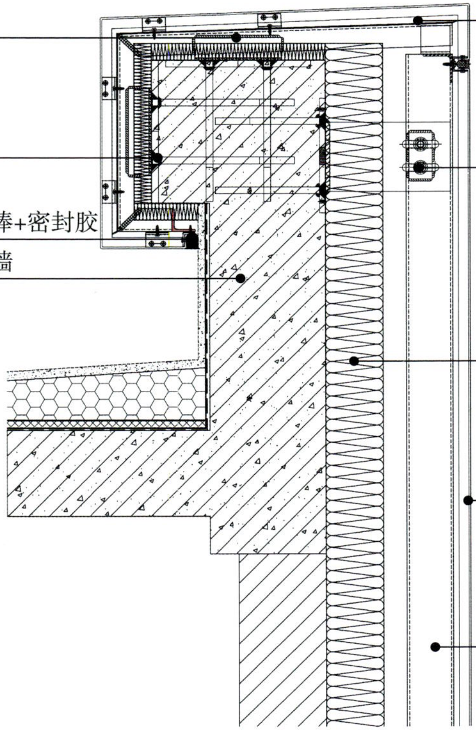

竖剖图

7.4 石材幕墙女儿墙压顶做法

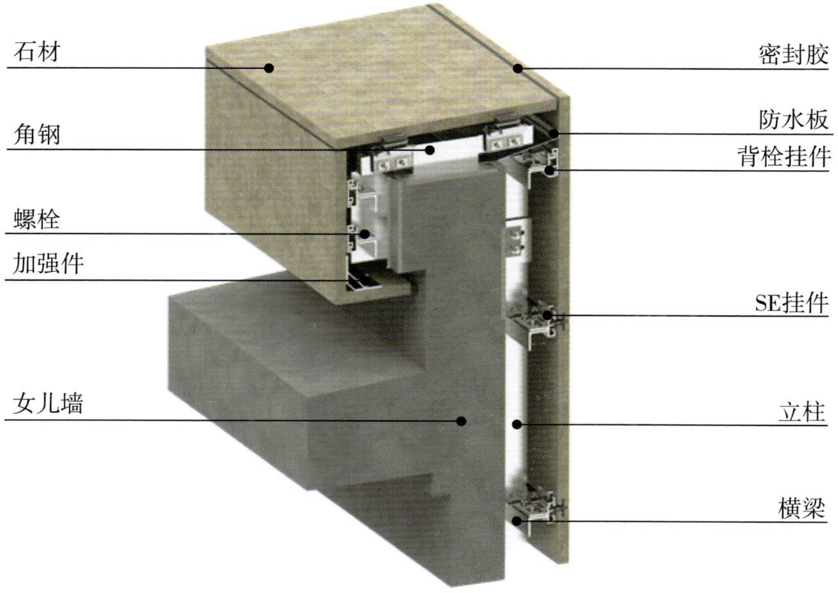

石材幕墙女儿墙压顶三维节点

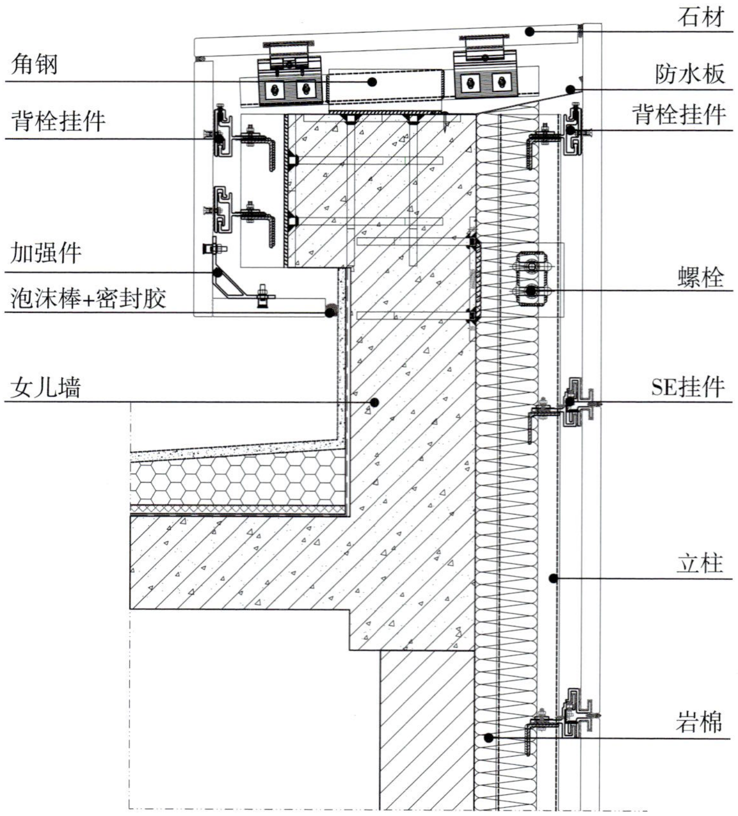

竖剖图

说明：

1. 石材女儿墙压顶板宜向内排水，坡度≥3%，女儿墙内收口石材应做滴水处理。
2. 石材板块面积不宜大于$1.5m^2$，光面石材厚度最薄处应≥25mm，火烧面石材厚度最薄处应≥28mm。
3. 石材弯曲强度不小于8MPa，石材表面宜进行防护处理（《金属与石材幕墙工程技术规范》JGJ 133—2001第3.2.2和第3.2.3条）。

第八章　建筑幕墙产品质量检查

8.1　钢材产品质量检查

检查项目	质量要求	检查方法
外观质量	表面无割痕、明显凹陷和损伤	目测
平整度	无明显的变形、扭拧、凸起	目测拉线
涂层	涂层不应脱皮和返锈，无明显皱皮、流坠、针孔和气泡	目测
	热镀锌制件厚度>6mm时，要求平均厚度≥85μm，局部厚度≥70μm	测膜仪
焊缝质量	焊缝平顺、无气孔、咬边、凹坑等缺陷	目测

钢加工件参照加工图检查，将检查数据标注于加工图上，判定是否合格

说明：
钢材产品质量检查根据：《碳素结构钢》GB/T 700—2006，《金属覆盖层　钢铁制件热浸镀锌层技术要求及试验方法》GB/T 13912—2020。
检测参数：弯曲试验/拉伸试验/锌层重量。

检查项目	质量要求	检查方法
外形尺寸	长度允许偏差+5，-2mm	卷尺
	孔距允许偏差±1mm	游标卡尺
	孔径允许偏差0～+1mm	游标卡尺
	厚度偏差+0.5，-0.2mm	游标卡尺

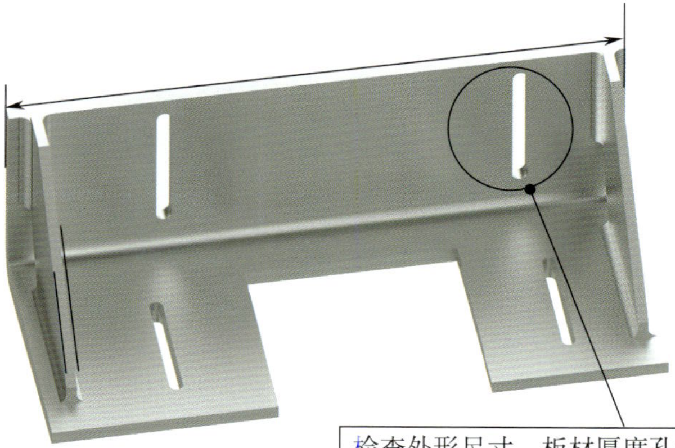

检查外形尺寸、板材厚度孔径、孔位

说明：
根据：《玻璃幕墙工程技术规范》JGJ 102—2003第9.3.3条。

8.2 连接件产品质量检查

检查项目	质量要求	检查方法
外形尺寸	边长允许偏差+5，−2mm	卷尺
	孔径允许偏差0 ~ +1mm	游标卡尺
平整度	无明显的变形、扭拧、凸起	目测

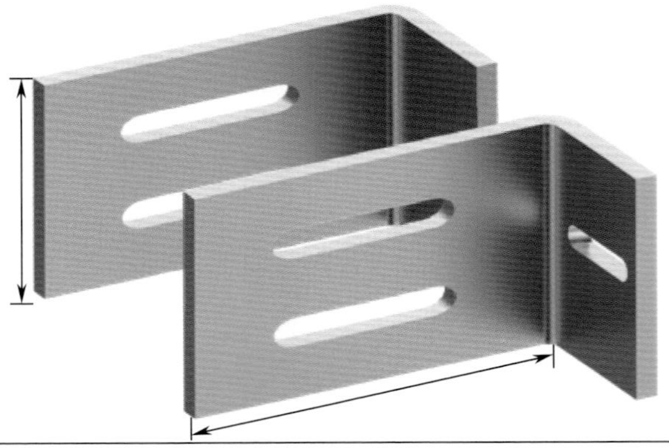

检查连接件外观质量及涂层厚度，测量外形尺寸，型材壁厚

说明：

连接件产品质量检查根据：《玻璃幕墙工程质量检验标准》JGJ/T 139，《金属覆盖层　钢铁制件热浸镀锌层技术要求及试验方法》GB/T 13912—2020。

检测参数：弯曲试验/拉伸试验/锌层重量。

检查项目	质量要求	检查方法
外形尺寸	边长允许偏差+5，−2mm	卷尺
	孔距允许偏差 ± 1mm	游标卡尺

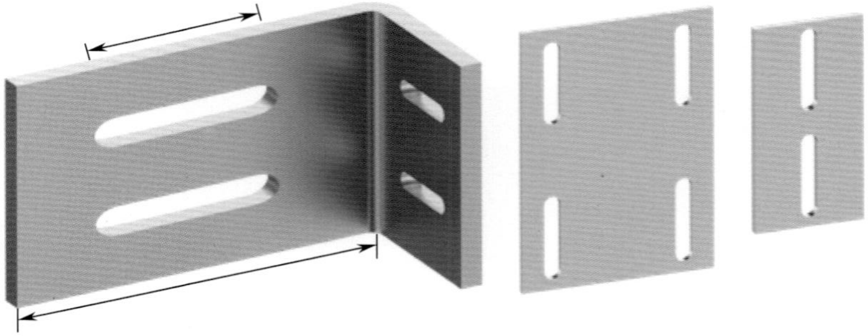

检查连接件孔径、孔距是否符合设计要求

说明：

根据：《玻璃幕墙工程技术规范》JGJ 102—2003第9.3.3条。

8.3 铝型材产品质量检查

检查项目	质量要求	检查方法
外形尺寸	长度、外形尺寸符合加工图纸要求	卷尺
外观质量	表面无割痕、明显凹陷和损伤	目测

外形尺寸检查

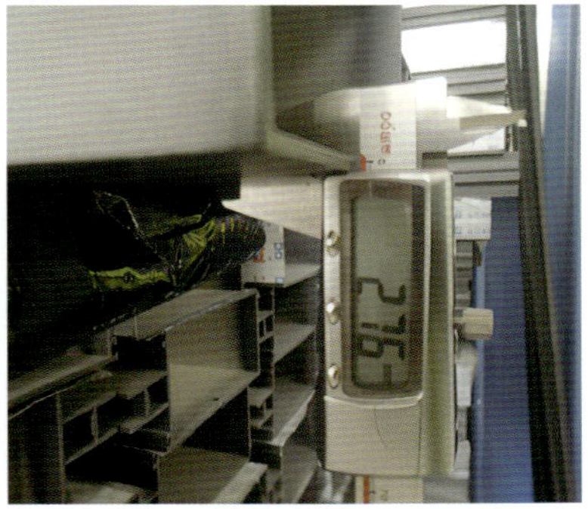

型材壁厚检查

说明：

1. 铝型材产品质量检查根据：《铝合金建筑型材》GB/T 5237.1~5237.5的有关规定。

检测参数：基材厚度/拉伸试验/涂层厚度。

2. 型材壁厚根据：《铝合金建筑型材 第1部分：基材》GB/T 5237.1—2017表2。

检查项目	质量要求	检查方法
平整度	无明显的变形、扭拧、凸起	目测
涂层	涂层无气泡、脱皮等缺陷	目测
	氟碳喷涂（三涂）要求平均厚度≥40μm，局部厚度≥34μm	测膜仪

涂层颜色与确认样品比对

涂层厚度检查

型材表面平整度检查

说明：

根据：《玻璃幕墙工程技术规范》JGJ 102—2003第3.2.2条。

8.4 铝板产品质量检查

检查项目	质量要求	检查方法
板厚 2.5mm、3mm	1000mm<板宽≤1250mm，偏差要求±0.13mm	游标卡尺
尺寸偏差	边长允许偏差±1mm	卷尺
涂层厚度	氟碳喷涂（三涂）要求平均厚度40μm，局部厚度34μm	测膜仪

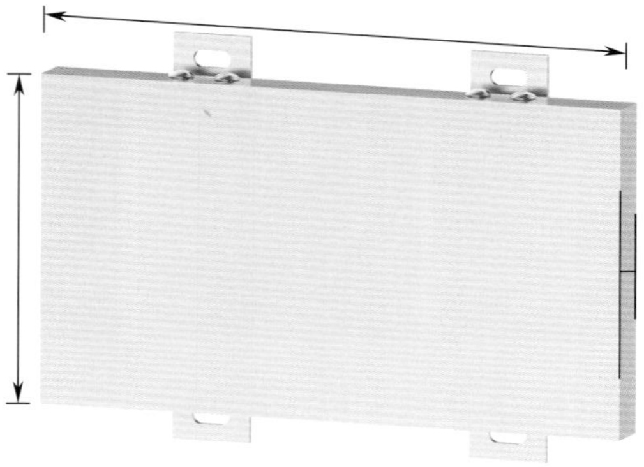

标准铝板检查其外形尺寸、板厚、涂层厚度

说明：

1. 铝板产品质量检查根据：《建筑装饰用铝单板》GB/T 23443—2009第6.3条。检测参数：基材厚度/拉伸试验/涂层厚度/涂层耐冲击性/涂层附着性。
2. 尺寸偏差根据：《一般工业用铝及铝合金板、带材第3部分：尺寸偏差》GB/T 3880.3—2024第6.1条。

检查项目	质量要求	检查方法
表面缺陷	涂层应平滑、均匀，不得有流痕、皱纹、气泡、划伤等缺陷	目测
防护	保护膜覆盖外饰面无脱落	目测
角码	角码数量无缺失、无松动	扳动、目测
加强筋	铝板后加强筋安装方向与加工图相符，无松动、脱落	目测、卷尺

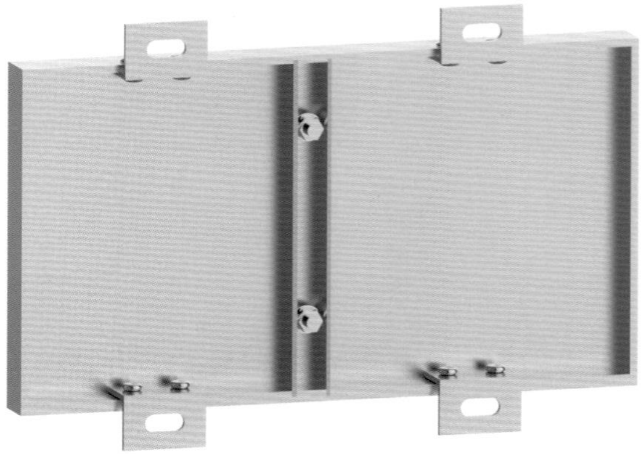

检查角码数量、加强筋方向及牢固无脱落，异形铝板检查符合加工图

8.5 胶类产品质量检查

检查项目	质量要求	检查方法
胶类	结构胶饱满、无气孔、无露白（无白色条纹）	目测
	密封胶饱满、无气孔、无露白、胶面平整、美观	目测

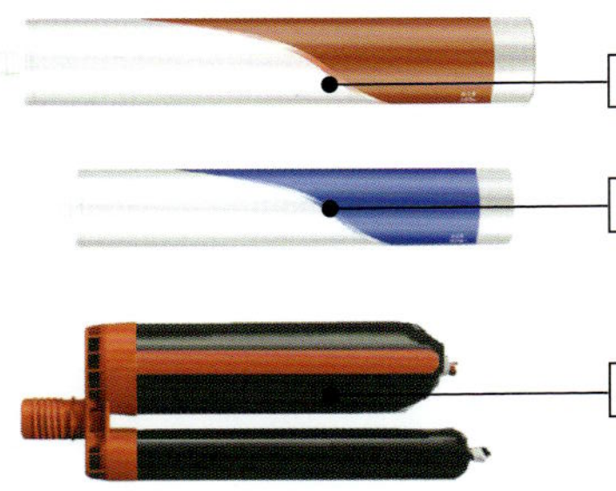

硅酮结构密封胶
硅酮耐候密封胶
植筋胶

说明：

1. 硅酮耐候密封胶检测根据：《硅酮和改性硅酮建筑密封胶》GB/T 14683—2017。
2. 建筑用硅酮结构密封胶检测根据：《建筑用硅酮结构密封胶》GB 16776—2005。
3. 植筋胶检测根据：《建筑用硅酮结构密封胶》GB 16776—2005，《混凝土结构后锚固技术规程》JGJ 145—2013。
4. 相容性、粘接性检测根据：《建筑用硅酮结构密封胶》GB 16776—2005。
5. 石材用建筑密封胶检测根据：《石材用建筑密封胶》GB/T 23261—2009。
6. 干挂用环氧胶粘剂检测根据：《干挂石材幕墙用环氧胶粘剂》JC/T 887—2001。

检查项目	质量要求	检查方法
产品标示	品牌、规格型号、颜色与指定样品相符	目测
外包装	无挤压、无破损	目测
有效期	一般自生产之日起，有效期不少于6个月	目测

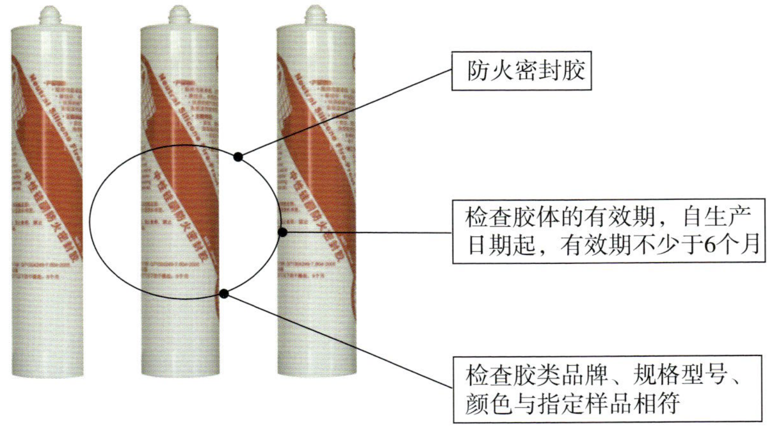

防火密封胶
检查胶体的有效期，自生产日期起，有效期不少于6个月
检查胶类品牌、规格型号、颜色与指定样品相符

说明：

防火密封胶检测根据：《防火封堵材料》GB 23864—2023。

8.6 岩棉产品质量检查

检查项目	质量要求	检查方法
厚度	图纸要求厚度	卷尺
包装	良好无破损	目测

检查岩棉厚度、检查包装有无破损

说明：

岩棉产品质量检查根据：《建筑用岩棉绝热制品》GB/T 19686—2015，《建筑节能工程施工质量验收标准》GB 50411—2019。

检测参数：压缩强度/密度/导热系数/质量吸湿率/燃烧性能。

检查项目	质量要求	检查方法
外观	无灰尘、杂物、无断裂；与确认品牌一致	目测

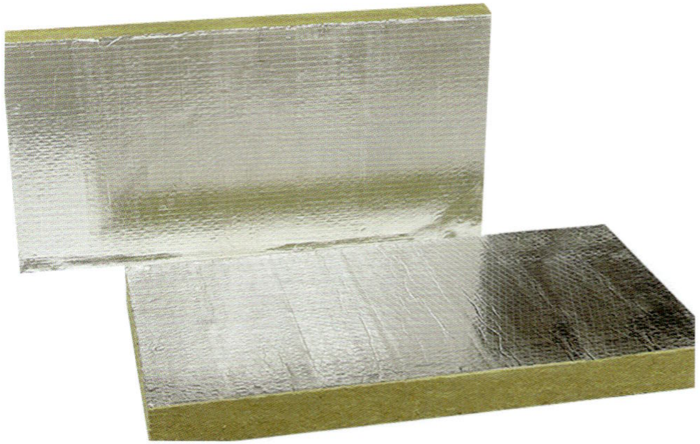

区分岩棉属于防火棉或者保温棉，通常保温棉附有锡箔纸，厚度相比防火棉更薄，具体情况以实际为准

8.7 五金件产品质量检查

检查项目	质量要求	检查方法
螺栓	螺栓及配件规格尺寸与设计相符	目测
	螺杆与螺母配合顺畅	目测
	外观无锈蚀	目测

不锈钢螺栓

碳钢螺栓

说明：

五金件产品质量检查根据：《建筑门窗五金件通用要求》GB/T 32223—2015，无需复试，但需要提供承载部件（合页）、操纵部件（传动机构用执手）、传动启闭部件（传动闭锁器）和辅助部件（撑挡）的厂家型式检验报告和对应合格证。

检查项目	质量要求	检查方法
门五金	把手、门夹、合页、门锁等外观无刮伤、无污渍、无变形、无损坏	目测
窗执手	窗执手颜色规格符合确认品牌	目测

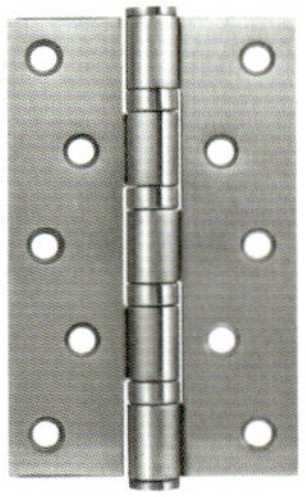

合页

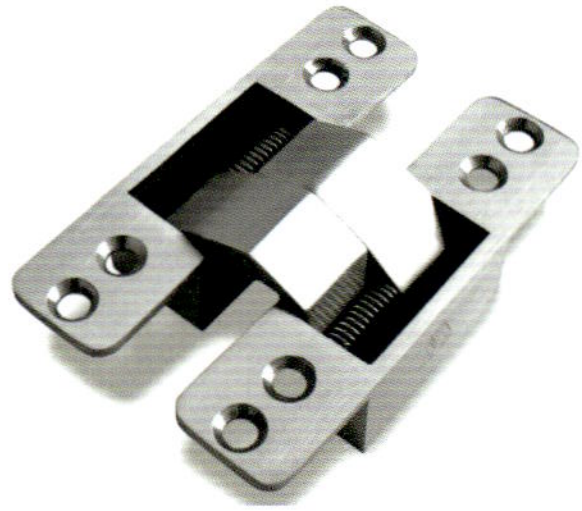

合页

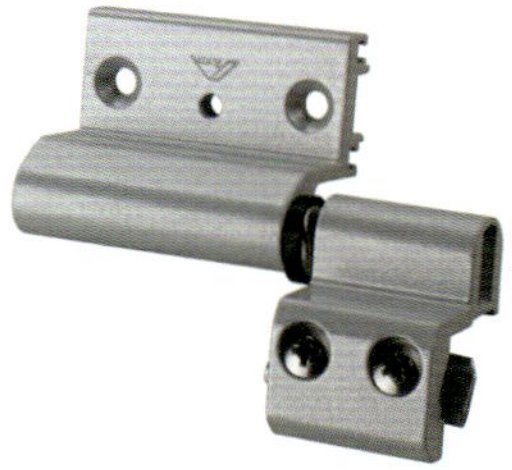

合页

门锁

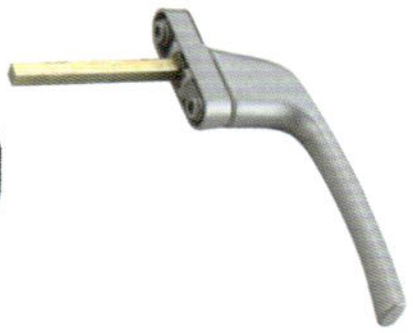

执手

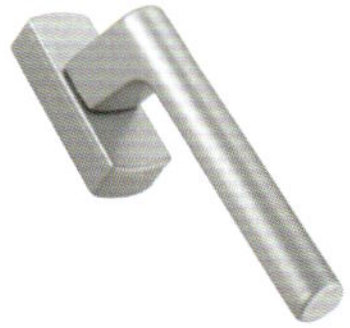

把手

检查项目	质量要求	检查方法
风撑、铰链	型号尺寸与设计相符，风撑、铰链收缩良好，无卡顿	目测

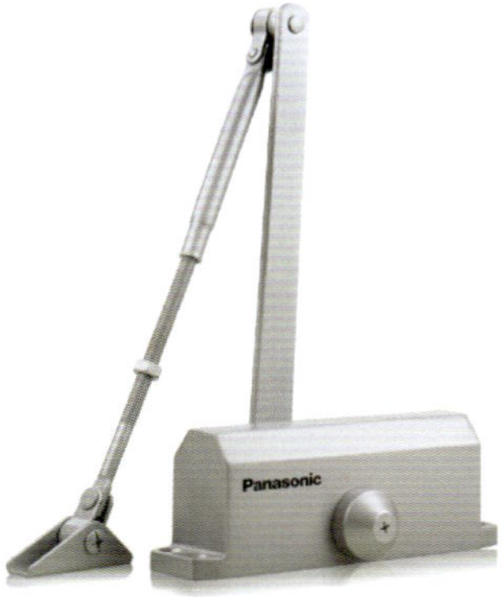

闭门器

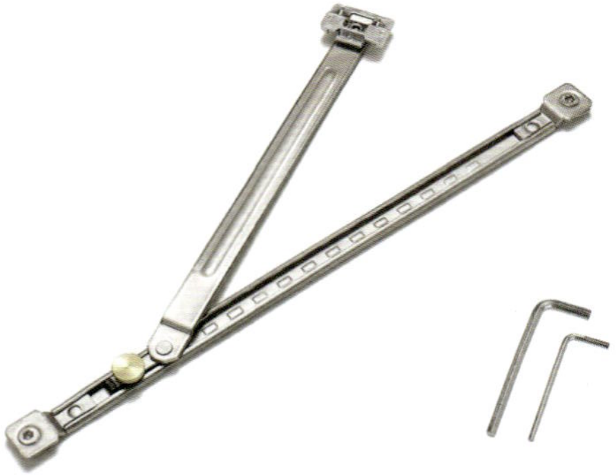

检查风撑收缩无卡顿

检查项目	质量要求	检查方法
地弹簧	承重座等级型号与设计要求相符	目测

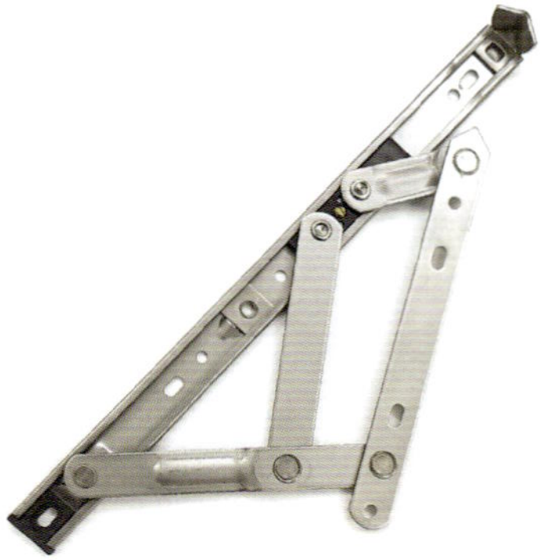

检查铰链收缩无卡顿

检查地弹簧的承重等级

8.8 玻璃产品质量检查

检查项目	质量要求	检查方法
外形尺寸（以6mm钢化玻璃，1000mm<边长≤2000mm为例）	长宽允许偏差 ± 3mm	卷尺
	厚度允许偏差 ± 0.2mm	游标卡尺
	对角线允许偏差 ± 3mm	卷尺

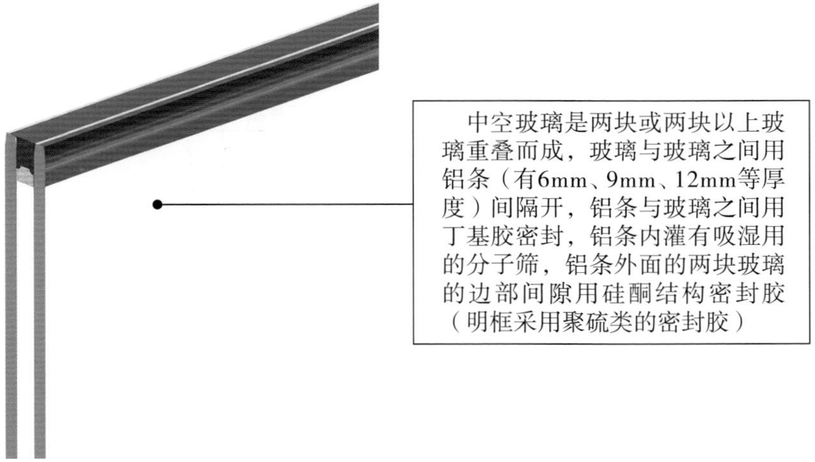

中空玻璃是两块或两块以上玻璃重叠而成，玻璃与玻璃之间用铝条（有6mm、9mm、12mm等厚度）间隔开，铝条与玻璃之间用丁基胶密封，铝条内灌有吸湿用的分子筛，铝条外面的两块玻璃的边部间隙用硅酮结构密封胶（明框采用聚硫类的密封胶）

说明：

根据：《玻璃幕墙工程技术规范》JGJ 102—2003第9.4条。

《建筑用安全玻璃》GB 15763.2—2005。

检查项目	质量要求	检查方法
镀膜	在3m距离外应不可看到刮痕及针孔。颜色与封样样板的颜色差控制在E25范围内，并确保在工程施工和使用过程中，整个工程任意批次与批准样品在任意角度目视基本一致，不得出现不可接受的色差	目测、测色仪
外观质量	玻璃表面无明显的划伤和磨伤缺陷	目测
玻璃叠差	L<1000mm时，夹胶玻璃叠差允许偏差 ± 2mm	游标卡尺

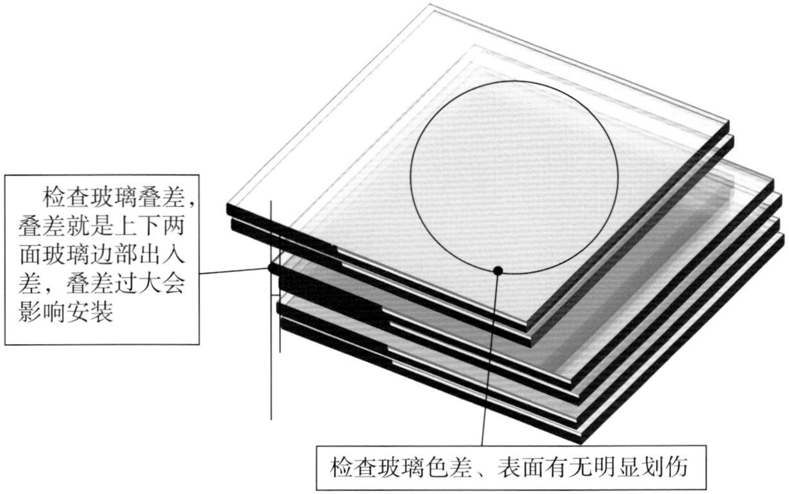

检查玻璃叠差，叠差就是上下两面玻璃边部出入差，叠差过大会影响安装
检查玻璃色差、表面有无明显划伤

检查项目	质量要求	检查方法
玻璃开孔	孔径允许偏差 ± 1mm	游标卡尺
	孔距允许偏差 ± 1mm	游标卡尺
玻璃开孔外观质量	不允许有裂纹；无明显的划伤和磨伤缺陷；无残留污迹、夹杂物及密封胶飞溅现象	目测

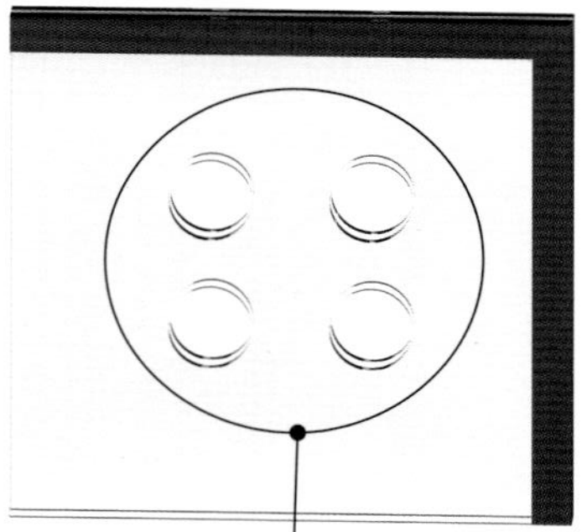

拉索玻璃检查孔径、孔位偏差是否符合要求

说明：

1. 钢化玻璃产品质量检查根据：《建筑用安全玻璃第2部分：钢化玻璃》GB 15763.2—2005。

2. 玻璃开孔质量检查标准根据：《玻璃幕墙工程技术规范》JGJ 102—2003第9.4.4条。

检查项目	质量要求	检查方法
硅酮结构密封胶	无气泡、漏白、空洞，胶宽允许偏差 ± 1mm	目测
中空、夹胶玻璃	丁基胶不允许出现脱胶、断裂现象	目测
	每200mm范围不得密集存在气泡及杂物	目测

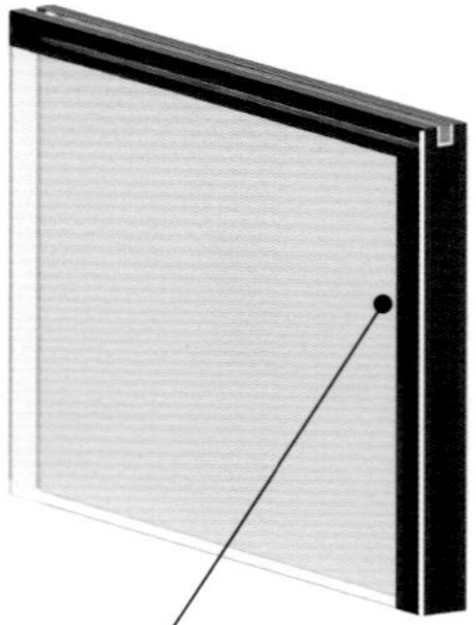

中空、夹胶玻璃检查注胶质量是否符合要求

说明：

1. 中空玻璃露点检测根据：《中空玻璃》GB/T 11944—2012。

2. 玻璃光学性能检测根据：《建筑玻璃　可见光透射比、太阳光直接透射比、太阳能总透射比、紫外线透射比及有关窗玻璃参数的测定》GB/T 2680—2021，《建筑门窗幕墙热工计算规程》JGJ/T 151—2008。

3. 中空玻璃密封性能检测根据：《建筑节能工程施工质量验收标准》GB 50411—2019。

8.9 石材产品质量检查

检查项目	质量要求	检查方法
长宽尺寸	允许偏差 ± 1mm	卷尺
对角线	对角线允许偏差 ± 1.5mm	卷尺

石材外观

石材外观

说明：

1. 石材产品质量检查根据：《天然花岗石建筑板材》GB/T 18601—2024，《天然砂岩建筑板材》GB/T 23452—2009，《天然石灰石建筑板材》GB/T 23453—2009。

检测参数：吸水率，体积密度/干燥压缩强度/水饱和压缩强度/干燥弯曲强度/水饱和弯曲强度，严寒、寒冷地区石材抗冻性。

代表批量：同一品种、类别、等级、同一供货批的板材为一批；或按连续安装部位的板材为一批。

2.《建筑幕墙》GB/T 21086—2007第7.3.1条。

检查项目	质量要求	检查方法
厚度	亚光面、镜面板允许偏差（+2.0，−1.0mm），粗面板允许偏差（+3.0，−1.0mm）	游标卡尺
防水	淋水至石材表面，水珠在石材表面呈现水珠在荷叶表面滚动状，而不被吸收	目测

石材厚度

石材防水层

检查项目	质量要求	检查方法
孔径	详见设计说明	游标卡尺
孔距	孔中心线到板边距离最小50mm	卷尺

孔距检查

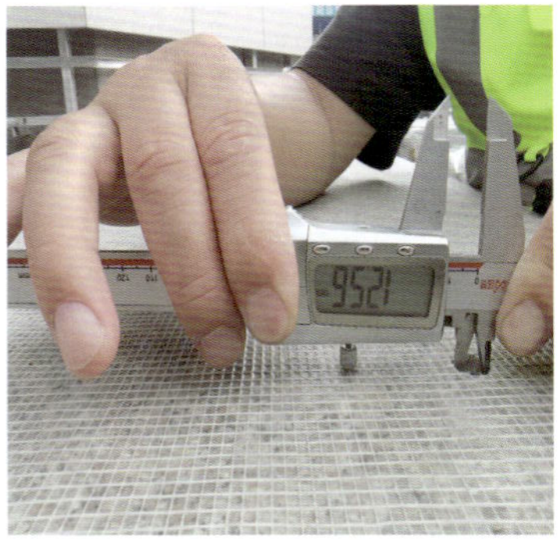

孔径检查

说明：

根据：《建筑幕墙》GB/T 21086—2007第7.3.1条。

检查项目	质量要求	检查方法
边部缺陷	需磨边、无蹦边、无缺角	目测
石材背面	石材背面粘贴玻璃纤维增强网（按图纸要求）	目测

孔深检查

石材背面纤维网

8.10 陶板产品质量检查

检查项目	质量要求	检查方法
长宽尺寸	允许偏差 ± 1.0mm	卷尺
对角线	允许偏差≤2.0mm	卷尺
厚度	允许偏差 ± 2.0mm	游标卡尺

陶板检查其外观尺寸、板厚

说明：

1. 陶板产品质量检查根据：《建筑幕墙用陶板》JG/T 324—2011。
检测参数：吸水率/弯曲强度/表面平整度/边弯曲度，严寒、寒冷地区石材抗冻性。
2. 陶板尺寸根据：《建筑幕墙用陶板》JG/T 324—2011第5.2条。

检查项目	质量要求	检查方法
平整度	板面平度允许偏差≤2.0mm	卷尺、拉线
划伤或表面缺陷	距离2m观察没有明显的划伤和表面缺陷	目测
边部缺陷	需磨边、无崩边、无缺角	目测

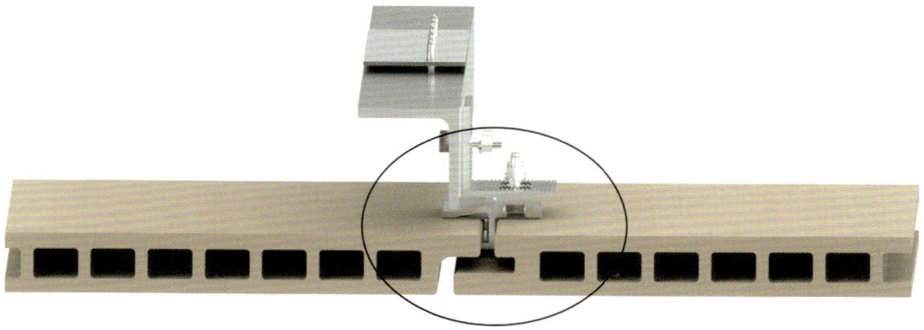

陶板检查平整度、挂件是否匹配

8.11 不锈钢拉索、驳接件产品质量检查

检查项目	质量要求	检查方法
长度尺寸	详见设计要求	卷尺
螺母、螺杆装配	可调节端的螺杆与螺母配合顺畅	卷尺

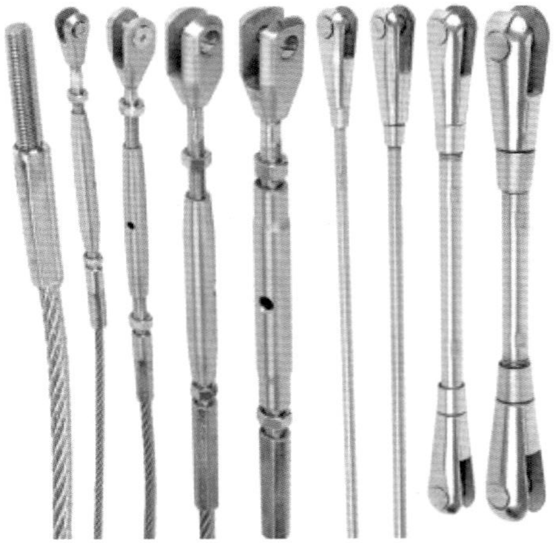

检查拉索螺栓可调节范围、销轴孔的尺寸以及外观

检查项目	质量要求	检查方法
可调节端	可调节距离满足加工图要求	游标卡尺
索头榫卯	索头与拉索榫卯外观无擦伤、无划痕	目测
外观质量	表面无划伤	目测

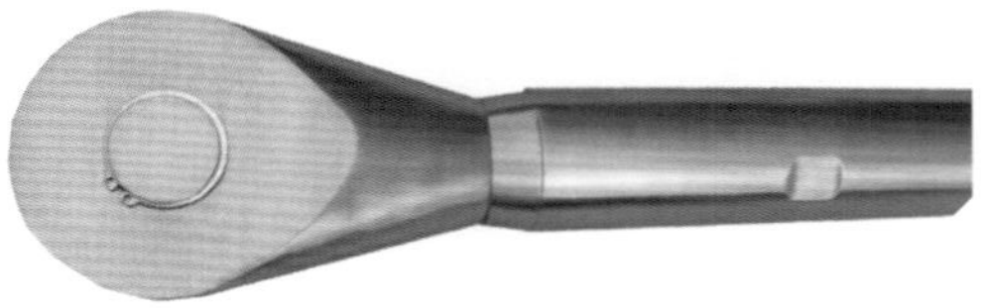

检查拉索螺栓可调节范围、销轴孔的尺寸以及外观

检查项目		质量要求	检查方法
驳接件	孔距	允许偏差 ± 1mm	游标卡尺
	驳接爪平整度	允许偏差 ± 1mm	游标卡尺
	表面处理	表面处理符合下单要求（如镜光、亚光、拉丝）	目测
悬空杆		五金配件齐全	目测
外观质量		表面无划伤	目测

说明：

1. 钢绞线检测根据：《预应力混凝土用钢绞线》GB/T 5224—2023。检测参数：拉伸试验。
2. 点支承装置检测根据：《建筑玻璃点支承装置》JG/T 138—2010。检测参数：承载能力。
3. 表面耐腐蚀性能检测根据：《人造气氛腐蚀试验　盐雾试验》GB/T 10125—2021。检测参数：表面耐腐蚀性能。
4. 孔距检测根据：《玻璃幕墙工程技术规范》JGJ 102—2003第11.4.5条。

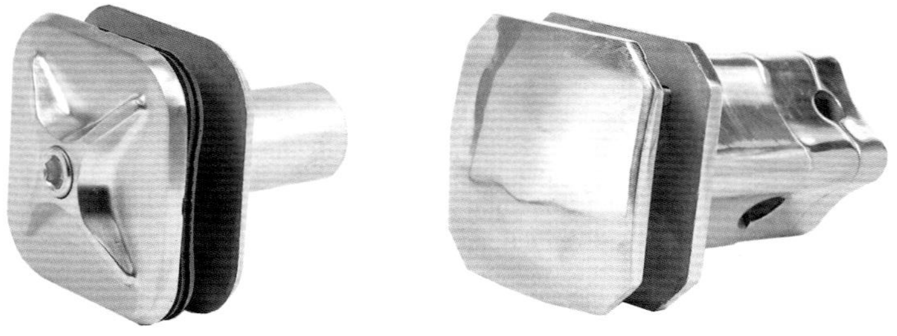

拉索夹具检查其配件螺栓有无缺失，表面处理是否与确认样品一致

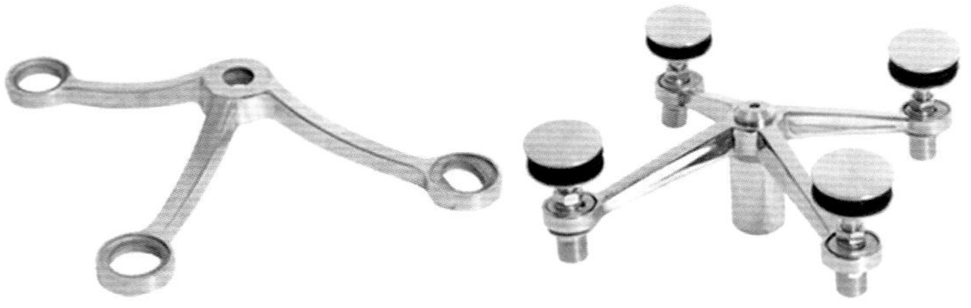

驳接爪检查型号，孔距以及平整度

8.12 其他幕墙辅材产品质量检查

检查项目	质量要求	检查方法
胶条	胶条型号与模图相符	卷尺
泡沫棒	泡沫棒直径与图纸相符	游标卡尺
油漆	油漆颜色与图纸要求相符	目测

胶条

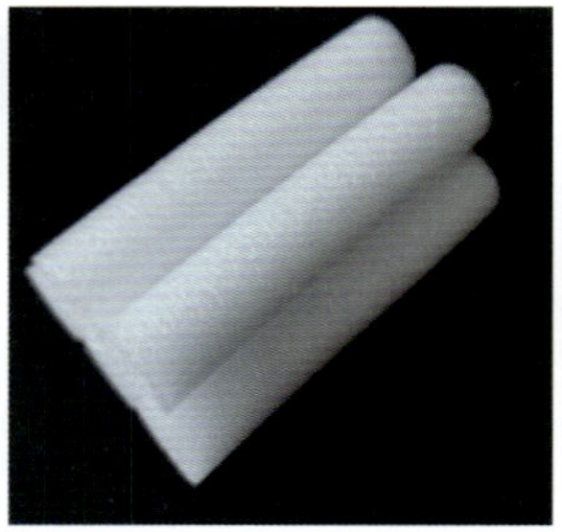

泡沫棒

油漆

说明：

1. 胶条检测根据：《建筑门窗、幕墙用密封胶条》GB/T 24498—2025。
检测参数：拉伸强度/邵氏硬度/拉断伸长率/压缩永久变形。

2. 防腐漆检测根据：《建筑用钢结构防腐涂料》JG/T 224—2007。

检查项目	质量要求	检查方法
化学锚栓	与化学药剂是否配套，规格尺寸是否符合	游标卡尺
防雷铜导线	详见设计要求	游标卡尺

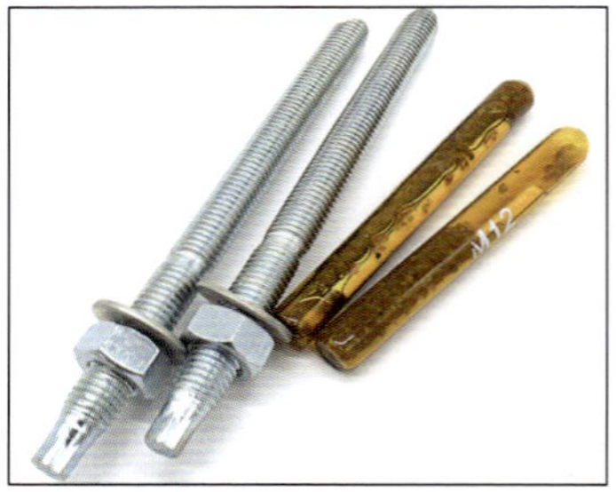

化学锚栓及药剂

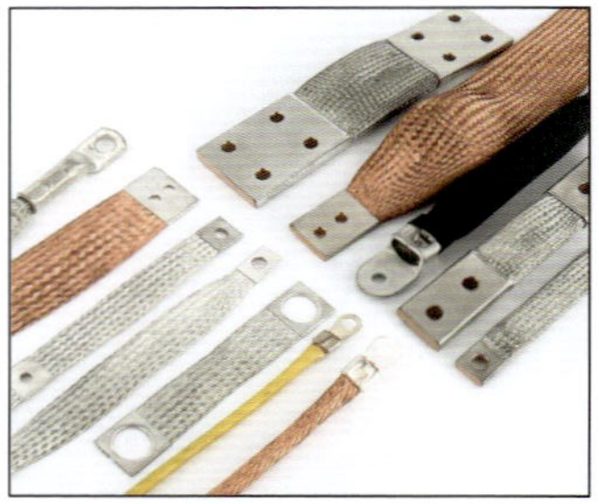

防雷铜导线

说明：

化学锚栓现场抽样试验检测根据：《混凝土结构后锚固技术规程》JGJ 145—2024。

检测参数：抗拉拔性能。

8.13 单元板块产品质量检查

检查项目	质量要求	检查方法
外形	单元板块外形长宽尺寸符合要求	卷尺
外观	无硅胶残留、型材无划伤，型材保护膜完好	目测

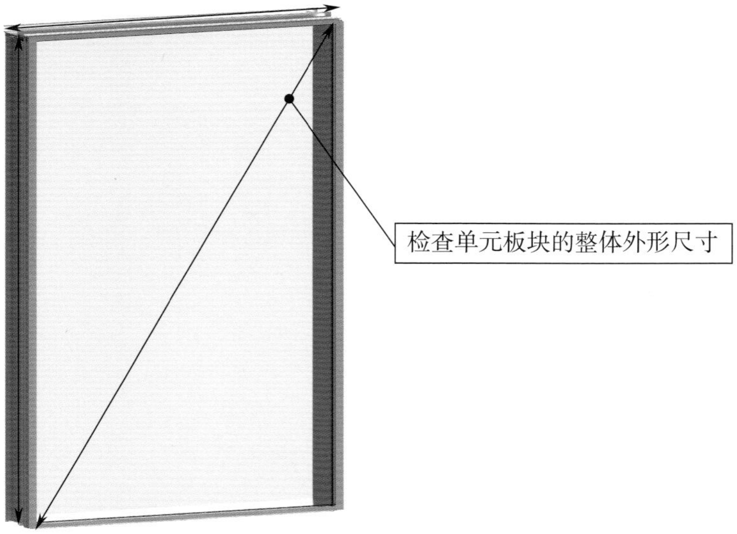
检查单元板块的整体外形尺寸

检查项目	质量要求	检查方法
排水孔	有无漏开孔位，孔位间距符合要求	目测
批水胶条	完好无脱落	目测
工艺孔	注胶封堵严密	目测
胶类	密封胶与结构胶饱满、无气孔、无露白、美观	目测

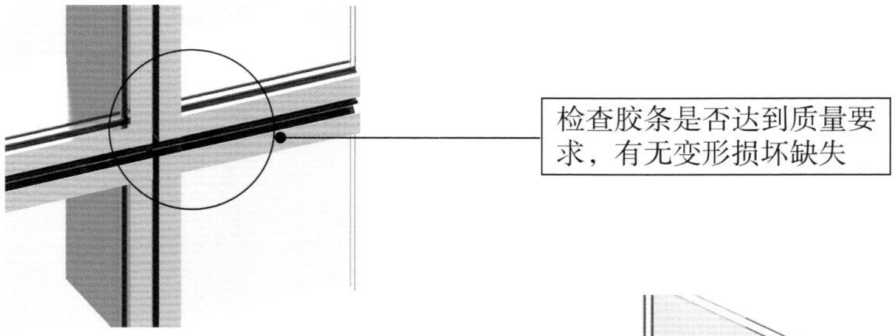
检查胶条是否达到质量要求，有无变形损坏缺失

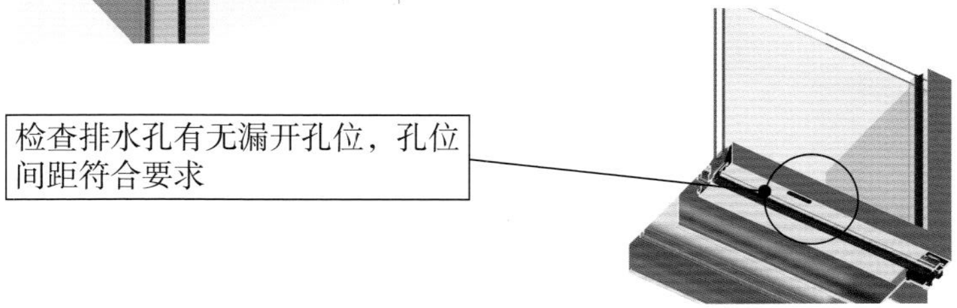
检查排水孔有无漏开孔位，孔位间距符合要求

8.14 窗产品质量检查

检查项目	质量要求	检查方法
形状尺寸	长宽≤1500mm时，允许偏差±2mm，对角线偏差±3mm	卷尺
五金件装配	安装位置符合图纸要求，数量无缺失	目测
外观质量	型材表面无划伤，周边无毛刺，碰伤	目测
装配间隙	拼接缝隙不允许透光或按要求注胶	目测
平整度	不可有明显的变形、翘角	目测

窗检查其外形尺寸、外观质量，五金配件无缺失

说明：

1. 窗尺寸检测根据：《建筑装饰装修工程质量验收规范》GB 50210—2018第6.3.10条。

2. 门窗三性检测根据：《建筑幕墙、门窗通用技术条件》GB/T 31433—2015。

检测参数：气密、水密、抗风压性能。

检查项目	质量要求	检查方法
副框型材	副框型材无变形，扭拧	目测
注胶质量	胶体饱满无气泡、漏白、空洞	目测
外观质量	玻璃表面无明显的划伤和磨伤缺陷	目测

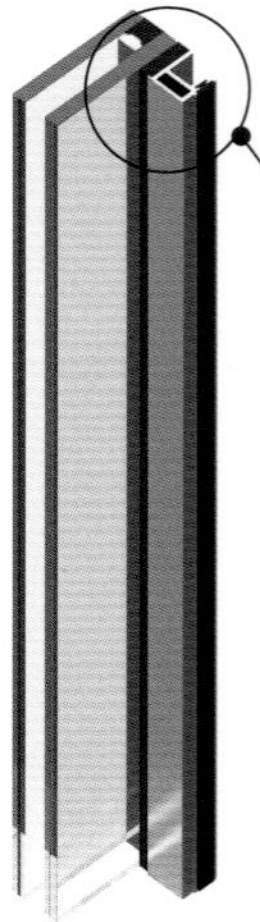

检查副框型材有无变形、扭拧

说明：

幕墙四性检测根据：《建筑幕墙》GB/T 21086—2007。

检测参数：气密、水密、抗风压性能、平面内变形性能。

第九章　建筑幕墙安装质量检查

9.1　预埋件安装检查

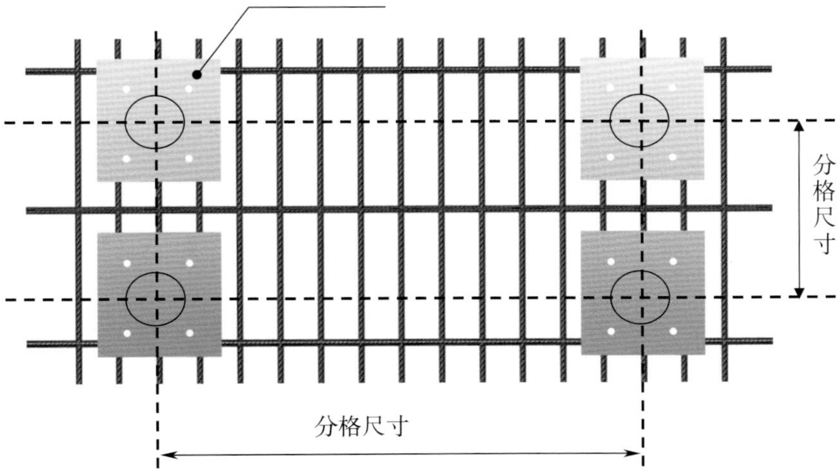

说明：

相同设计、材料、工艺和施工条件的幕墙工程每$1000m^2$应划分为一个检验批，不足$1000m^2$也应划分为一个检验批。

同一单位工程的不连续的幕墙工程应单独划分检验批。

对于异形或有特殊要求的幕墙，检验批的划分应根据幕墙的结构、工艺特点及幕墙工程规模，由监理单位（或建设单位）和施工单位协商确定。

检查项目	质量要求	检查数量	检查方法
整面水平标高偏差	安装允许偏差不大于10mm	全检	水准仪、拉线
中心位移	安装允许偏差不大于20mm	抽检	卷尺

检查步骤及方法：

第一步，查看施工图，检查预埋件标高

第二步，在建筑物两端部找到预埋件中心位置

第三步，由埋件中心引垂直方向直线检查水平方向的分格尺寸

第四步，由埋件中心引水平方向直线检查垂直方向的分格尺寸

说明：

根据：《混凝土结构工程施工质量验收规范》GB 50204—2015《玻璃幕墙工程技术规范》JGJ 102—2003。

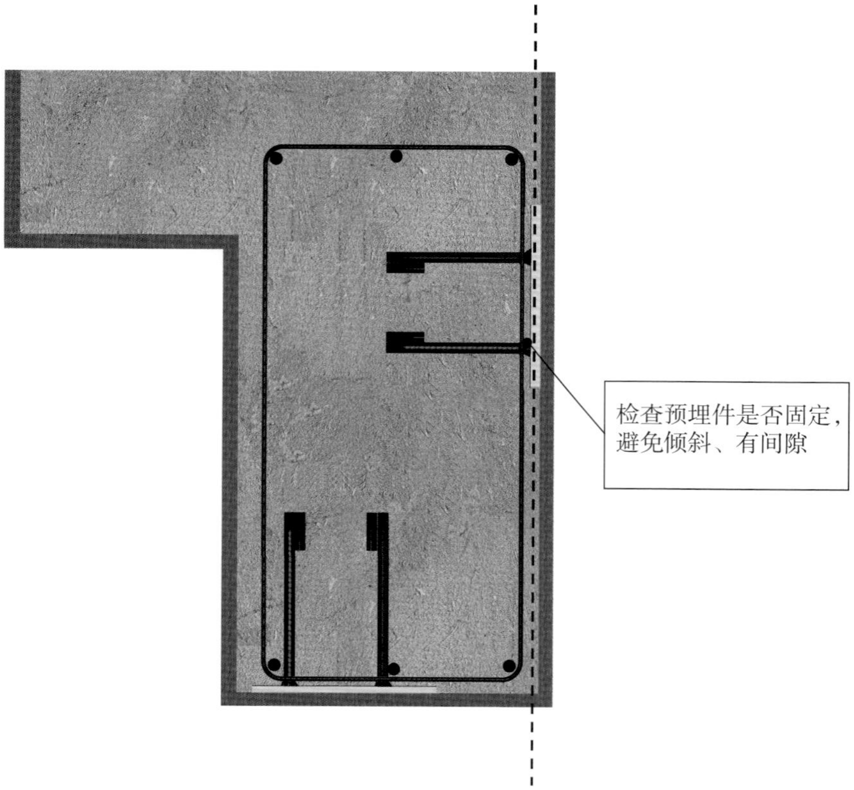

检查项目	质量要求	检查数量	检查方法
与模板的间隙	安装允许偏差≤±5mm	全检	目测、卷尺
倾斜度	安装允许偏差≤2mm	抽检	水平尺、卷尺
其他	埋设无遗漏缺失，数量与图纸一致	全检	目测
固定	绑扎、点焊	抽检	目测

检查步骤及方法：

第一步，用卷尺测量预埋件与模板之间的间隙

第二步，用水平尺测量预埋件的倾斜度

第三步，对照图纸，检查预埋件数量

第四步，对照图纸，检查预埋件固定方式

9.2 后置埋件安装检查

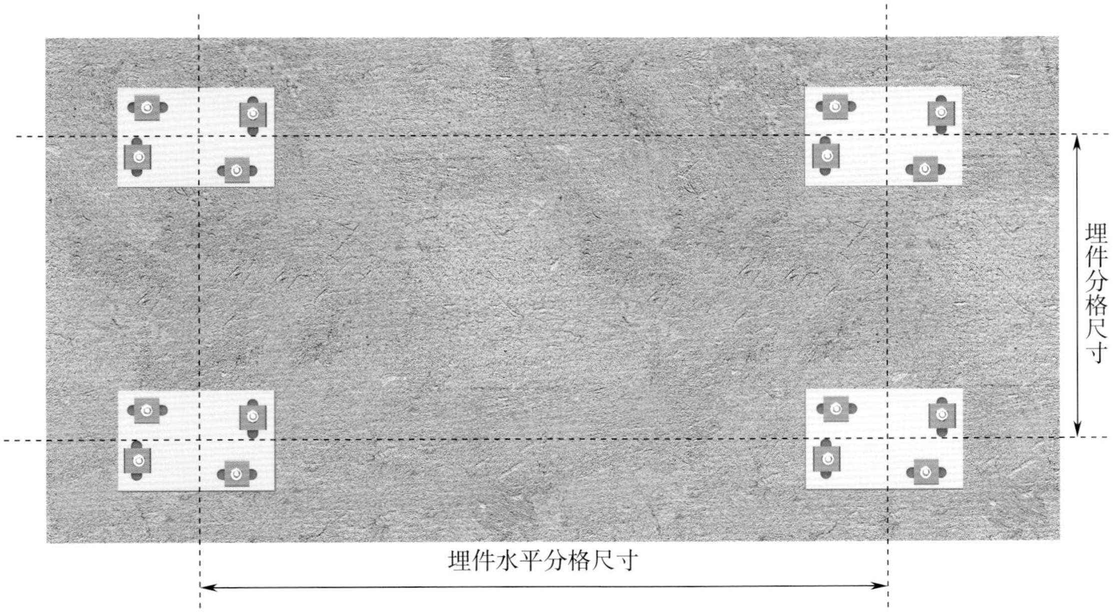

说明：

相同设计、材料、工艺和施工条件的幕墙工程每1000m^{2}应划分为一个检验批，不足1000m^{2}也应划分为一个检验批。同一单位工程的不连续的幕墙工程应单独划分检验批。

对于异形或有特殊要求的幕墙，检验批的划分应根据幕墙的结构、工艺特点及幕墙工程规模，由监理单位（或建设单位）和施工单位协商确定。

检查项目	质量要求	检查数量	检查方法
埋板	中心位移允许偏差 ± 5mm	抽检	卷尺

检查步骤及方法：

第一步：查看施工图，检查预埋件标高

第二步：在建筑物两端部找到预埋件中心位置

第三步：由埋件中心引垂直方向直线检查水平方向的分格尺寸

第四步：由埋件中心引水平方向直线检查垂直方向的分格尺寸

说明：

埋板质量要求根据：《混凝土结构后锚固技术规程》JGJ 145—2013第9.2.4条。

检查项目	质量要求	检查数量	检查方法
锚栓	使用的锚栓规格、型号与图纸要求一致	抽检	目测、游标卡尺
	锚栓的安装数量与图纸要求一致	抽检	目测、卷尺
	详见设计要求	抽检	目测、卷尺
	植入深度与图纸要求一致	抽检	目测
	螺母必须紧固到位，外露螺纹不少于2扣	抽检	扳手

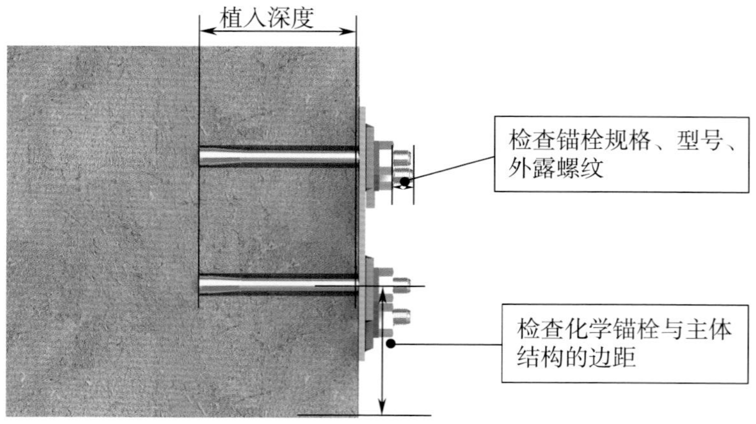
植入深度
检查锚栓规格、型号、外露螺纹
检查化学锚栓与主体结构的边距

说明：

锚栓质量要求根据：《混凝土结构后锚固技术规程》JGJ 145—2013第7.1.2条。

检查项目	质量要求	检查数量	检查方法
埋板	中心位移允许偏差 ± 5mm	抽检	卷尺
锚栓	方垫片与埋件按要求焊接，完成后清理焊渣，并涂刷防锈漆	抽检	目测

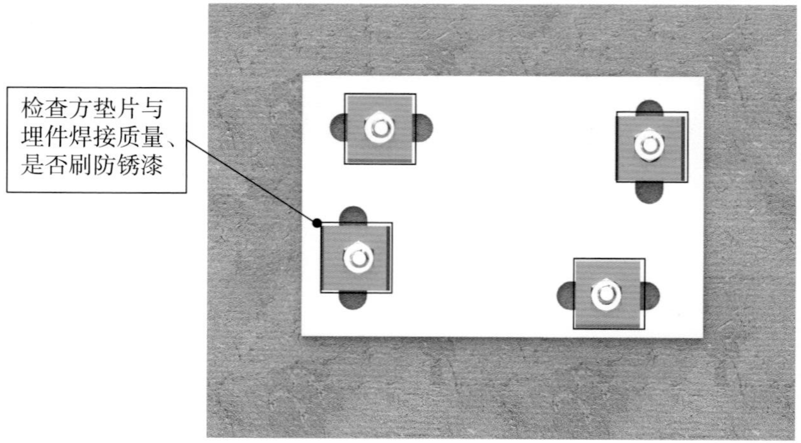
检查方垫片与埋件焊接质量、是否刷防锈漆

检查项目	质量要求	检查数量	检查方法
其他	与主体土建结构无间隙或钢板补平或灌浆处理	抽检	目测

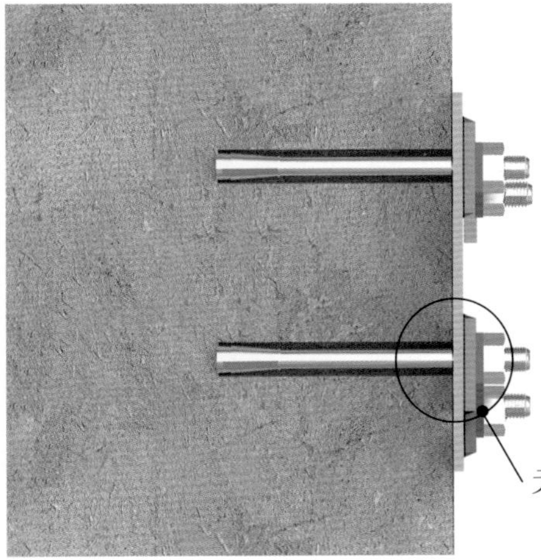

无间隙
建议整改措施：
（1）放钢垫片补平埋板间隙或灌浆处理
（2）安装之前把结构整平

检查项目	质量要求	检查数量	检查方法
其他	无法正常安装的埋件是否有补强措施	全检	目测

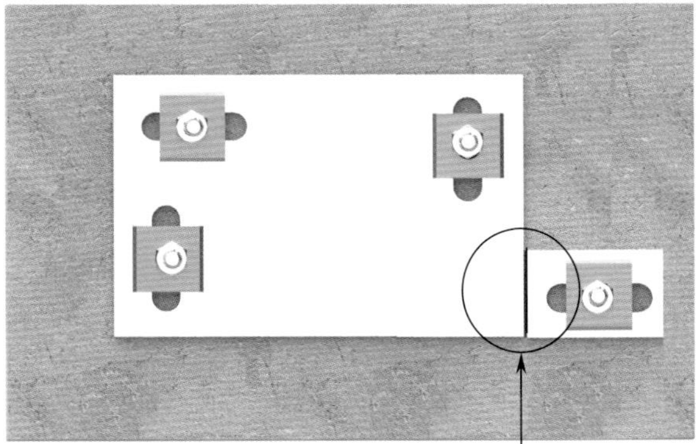

后补钢板厚度同埋件厚度、与埋件焊接
根据无法正常安装的埋件数量：数量大于10个，建议补强措施，并征得其监理及业主同意

9.3 连接件安装检查

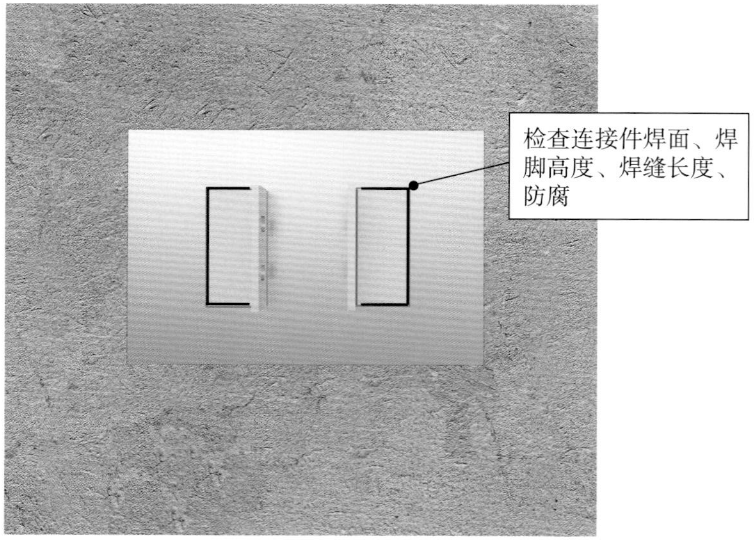

说明：

相同设计、材料、工艺和施工条件的幕墙工程每1000m²应划分为一个检验批，不足1000m²也应划分为一个检验批。

同一单位工程的不连续的幕墙工程应单独划分检验批。

对于异形或有特殊要求的幕墙，检验批的划分应根据幕墙的结构、工艺特点及幕墙工程规模，由监理单位（或建设单位）和施工单位协商确定。

检查项目		质量要求	检查数量	检查方法
钢连接件	焊面	按照图纸要求焊接（例：要求三面焊，实际两面焊，不合格）	抽检	目测
	焊脚高度	焊脚高度不得低于图纸要求	抽检	游标卡尺
	焊缝表观质量	焊缝平顺、无气孔、咬边、凹坑等缺陷	抽检	目测
	焊缝质量	焊缝不得点焊，必须按图纸要求满焊	抽检	目测
	焊缝防腐	焊缝焊接完成后要及时清渣刷防锈漆，使用设计要求的防腐漆	抽检	目测

检查项目		质量要求	检查数量	检查方法
单元板块挂座	硅胶垫片	铝合金连接件与埋板之间要安装防腐垫片	抽检	目测
	固定螺栓	埋板与挂座间的固定螺栓必须紧固到位，并与土建主体结构紧密接触，无间隙	抽检	扳手
	铝合金垫片	铝合金齿纹垫片必须与连接件齿纹咬合	抽检	目测
其他	进出位	悬挑距离超出设计范围的要按要求加固处理	全检	卷尺

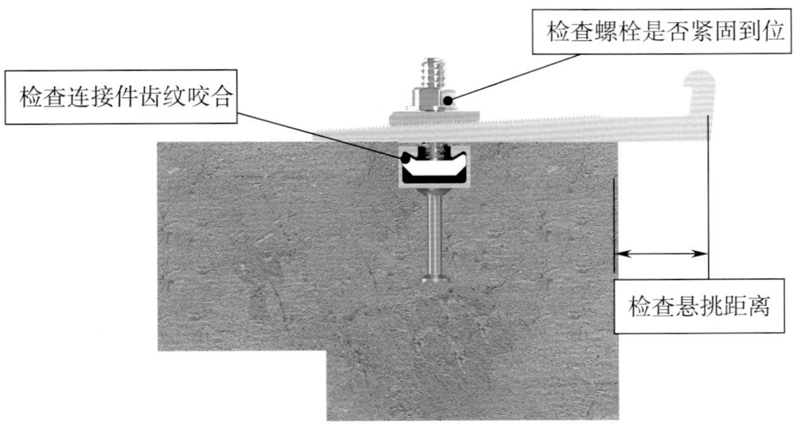
检查螺栓是否紧固到位
检查连接件齿纹咬合
检查悬挑距离

检查项目		质量要求	检查数量	检查方法
单元板块挂座	与埋件固定	T形螺栓固定的螺母要紧固到位	抽检	扳手
	挂座	挂座规格必须符合设计要求，要居中安装	抽检	目测、游标卡尺

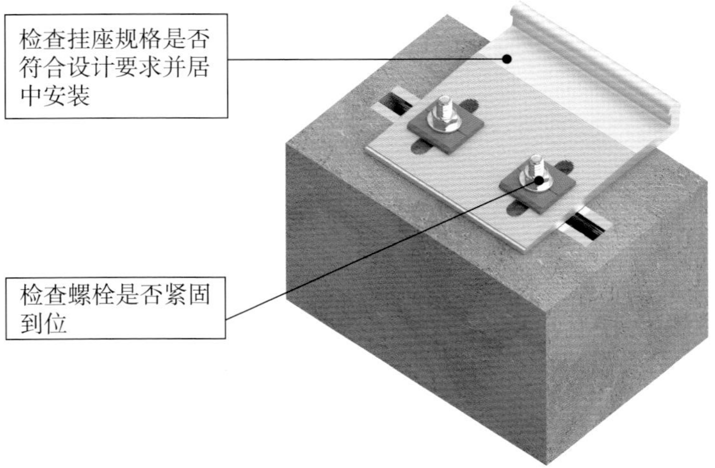
检查挂座规格是否符合设计要求并居中安装
检查螺栓是否紧固到位

9.4 钢龙骨、铝龙骨安装检查

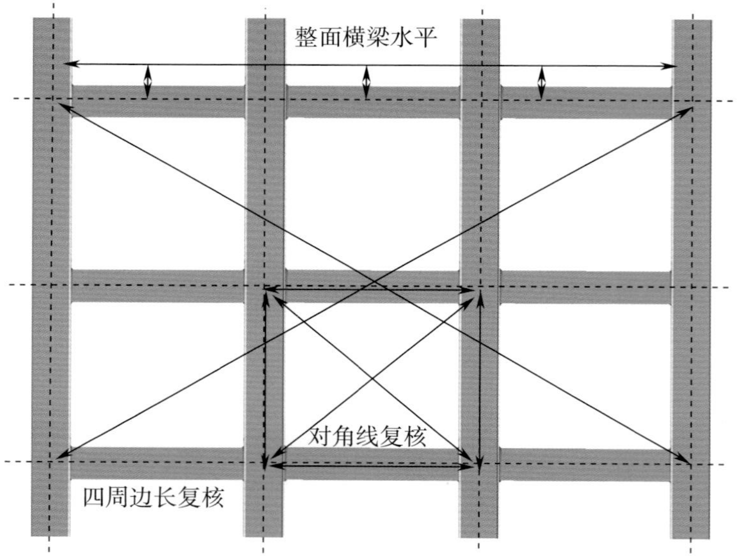

说明：

相同设计、材料、工艺和施工条件的幕墙工程每$1000m^2$应划分为一个检验批，不足$1000m^2$也应划分为一个检验批。

同一单位工程的不连续的幕墙工程应单独划分检验批。

对于异形或有特殊要求的幕墙，检验批的划分应根据幕墙的结构、工艺特点及幕墙工程规模，由监理单位（或建设单位）和施工单位协商确定。

检查项目	质量要求	检查数量	检查方法
横梁水平度	相邻两根横梁水平允许偏差±1mm	抽检	水准仪拉线
分格框	间距≤2000mm时，允许偏差±1.5mm	抽检	卷尺
	对角线≤2000mm时，允许偏差±3mm	抽检	卷尺

检查方法：
（1）水准仪引水平线
（2）由横梁两端部拉一条水平线

说明：

分格框质量要求根据：《金属与石材幕墙技术规范》JGJ 133—2001第7.3条。

检查项目		质量要求	检查数量	检查方法
钢立柱	螺栓固定	螺栓规格、型号与图纸要求一致，不得漏装，螺母紧固到位，外露螺纹不少于2扣	抽检	目测 扳手
	焊接固定	焊缝质量、焊脚高度、焊面都必须满足图纸要求	抽检	目测
	端头封堵	立柱上、下端头按要求封堵严密，无遗漏	全检	目测

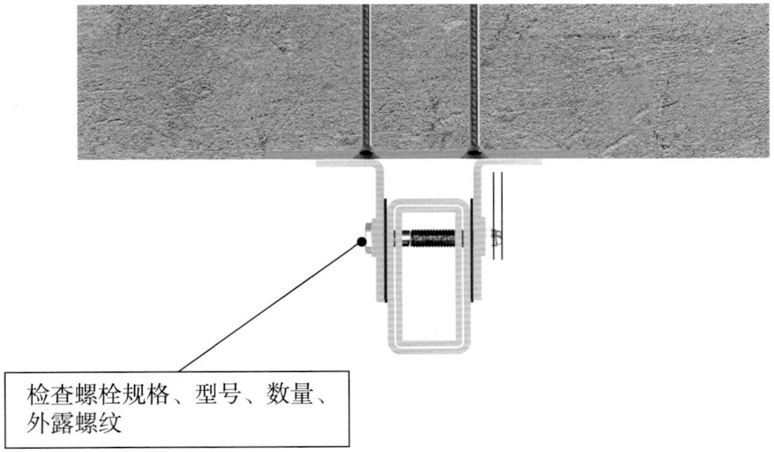
检查螺栓规格、型号、数量、外露螺纹

检查项目	质量要求	检查数量	检查方法
钢横梁固定	横梁与立柱之间的焊缝外观要平顺、无气孔、咬边、凹坑等缺陷	抽检	目测
焊缝防腐	焊缝焊接完成后要及时清渣刷防锈漆，使用设计要求的防腐漆	全检	目测
焊接固定	焊缝质量、焊脚高度、焊面都必须满足图纸要求	抽检	目测

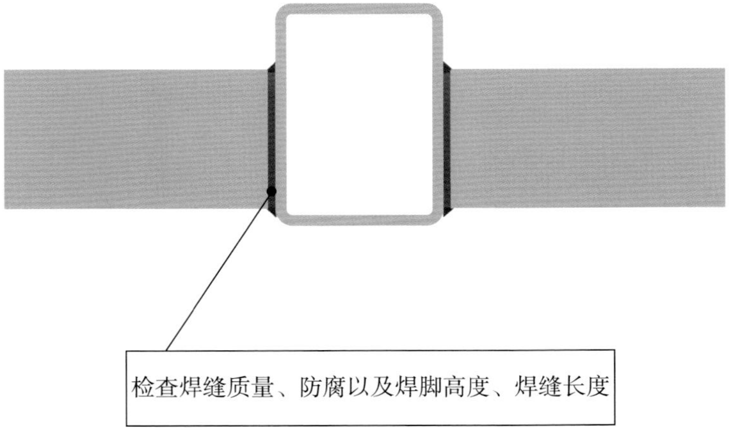
检查焊缝质量、防腐以及焊脚高度、焊缝长度

检查项目	质量要求	检查数量	检查方法
铝立柱	螺栓规格、型号与图纸要求一致，不得漏装，螺母紧固到位，外露螺纹不少于2扣	抽检	扳手
	与钢连接件间必须安装防腐垫片	抽检	目测
铝横梁	铝合金角码及固定螺钉无遗漏，横梁固定螺钉不得漏打	抽检	目测

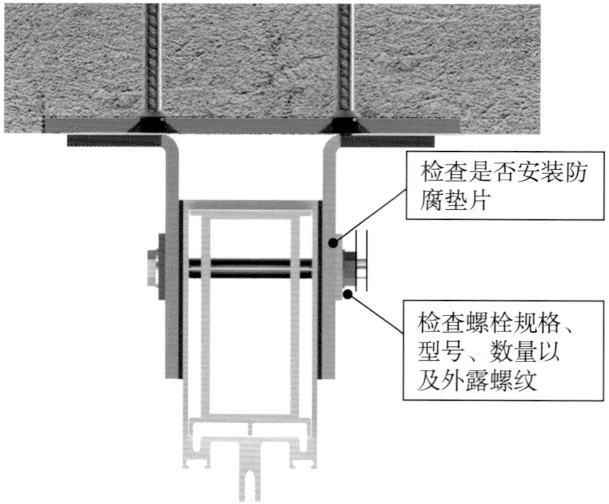

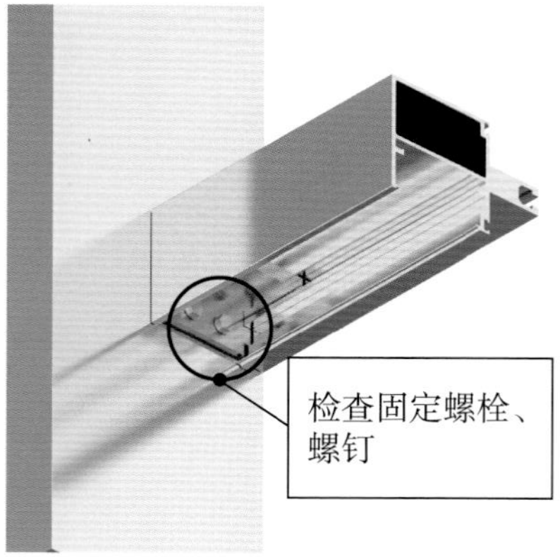

检查是否安装防腐垫片
检查螺栓规格、型号、数量以及外露螺纹

检查固定螺栓、螺钉

检查项目	质量要求	检查数量	检查方法
铝立柱插芯	插芯规格型号、孔距符合图纸要求，无漏装	抽检	目测卷尺
	插芯与上下立柱接触缝隙处必须打胶密封，严实无气孔	全检	目测

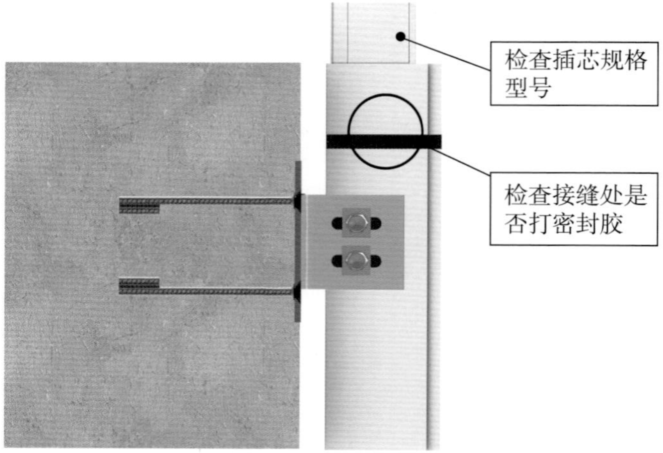

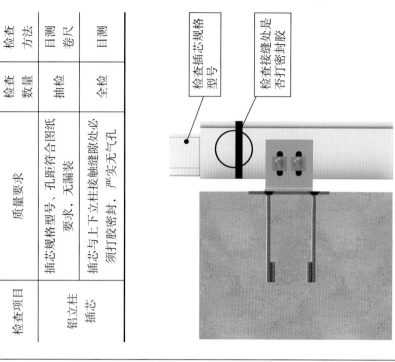

检查插芯规格型号
检查接缝处是否打密封胶

检查项目	质量要求	检查数量	检查方法
立柱垂直度	整面铝立柱垂直度允许偏差 ± 2mm	抽检	拉线
立柱进出位	整面铝立柱轴线进出位允许偏差 ± 2mm	抽检	卷尺

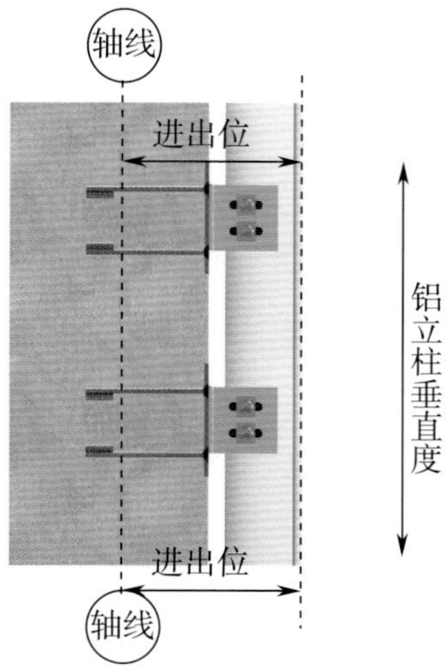

检查步骤及方法：
第一步：在立柱底部及顶部从轴线测量立柱进出位
第二步，立柱底部进出位距离与顶部距离相等，说明立柱是垂直的
第三步，由立柱顶部向立柱底部拉线，检查整面铝立柱垂直度

说明：
立柱垂直度与进出位质量要求根据：《金属与石材幕墙技术规范》JGJ 133—2001第7.3.2条。

检查项目	质量要求	检查数量	检查方法
立柱平整度	整面外表面平面度允许偏差 ± 2.5mm	抽检	拉线

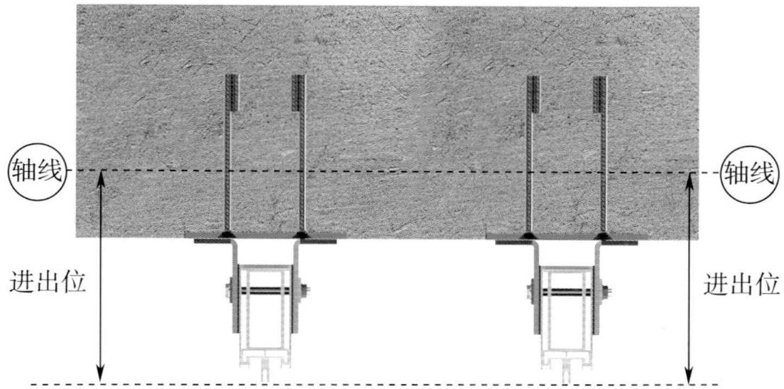

整面铝立柱平整度

检查步骤及方法：
用轴线定位、拉线的方法，检查整面立柱的平整度

检查项目	质量要求	检查数量	检查方法
外观	铝龙骨表面要有保护膜防护，不得有明显的擦伤、划伤	抽检	目测

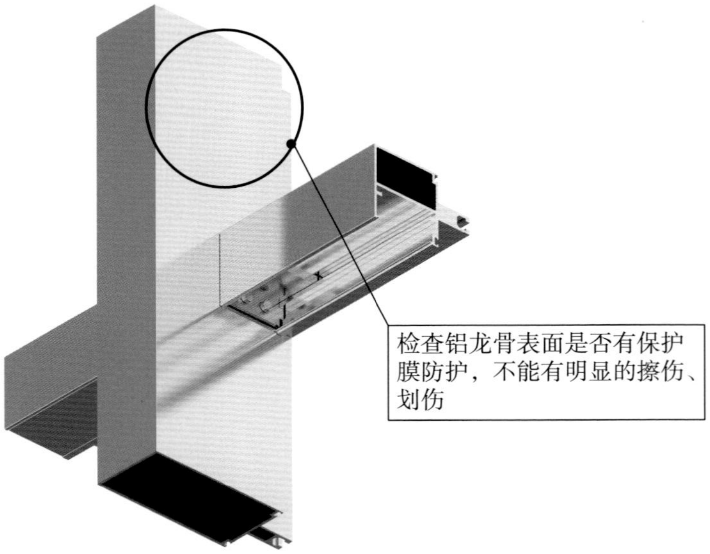
检查铝龙骨表面是否有保护膜防护，不能有明显的擦伤、划伤

检查项目	质量要求	检查数量	检查方法
外观	横梁立柱拼缝要严密，拼缝过宽的要做打胶处理，打胶须美观	全检	目测

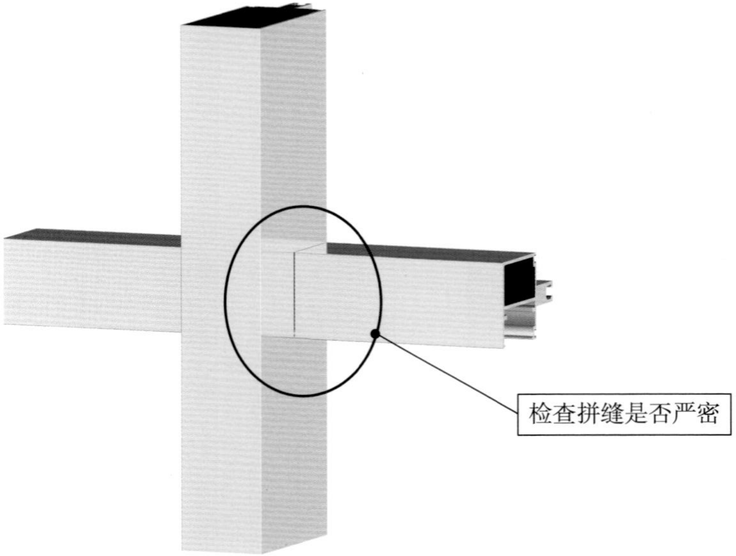
检查拼缝是否严密

9.5 防火保温安装检查

检查项目	质量要求	检查数量	检查方法
防火岩棉	图纸要求厚度200mm	抽检	卷尺
防火岩棉铺设	与层间楼板及幕墙立面封堵密实	全检	目测
	不得与幕墙玻璃直接接触	全检	目测
	铺设厚度必须满足设计要求	抽检	卷尺
镀锌钢板	镀锌钢板要按图纸要求打钉固定牢固	抽检	目测
	与土建楼板、幕墙龙骨的所有接缝均需打防火胶密封，不得使用普通密封胶替代	抽检	目测

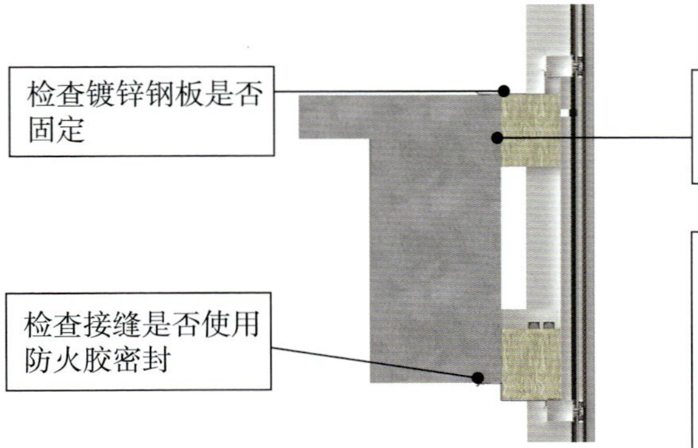
检查防火岩棉的厚度、平整度、铺设是否严密

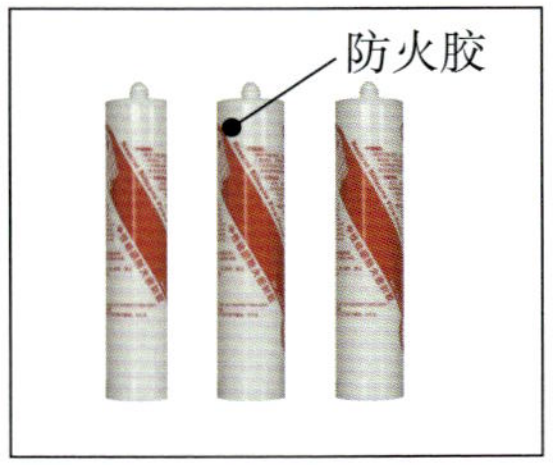

说明：

防火保温安装检查质量要求根据：《建筑防火通用规范》GB 55037—2022。

检查项目	质量要求	检查数量	检查方法
保温系统安装	依据图纸要求厚度	抽检	目测
	安装必须牢固，无松动和虚粘现象，锡箔纸完好	全检	目测
	表面平整、严实、立面垂直	全检	目测
	不得与幕墙玻璃直接接触	全检	目测
	铺设厚度必须满足设计要求	抽检	卷尺
	保温棉钉的数量、位置需满足设计要求，保温棉钉间距及距边距离≤150mm	抽检	卷尺

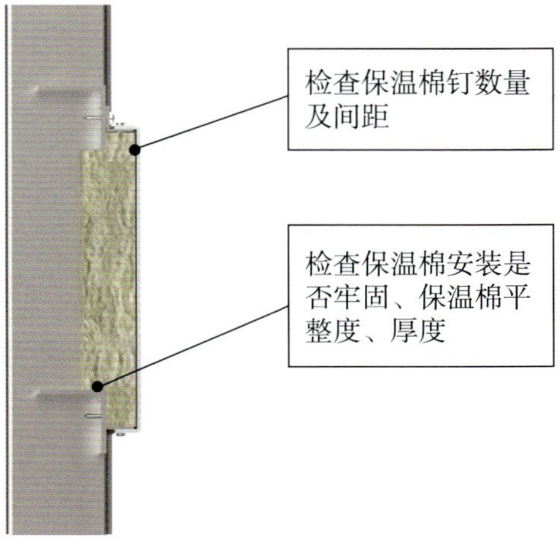

9.6　防雷系统安装检查

检查项目	质量要求	检查方法
防雷系统安装	引下线水平间距满足设计要求	卷尺
	均压环水平间距满足设计要求	卷尺
	防雷网格大小满足设计要求	卷尺

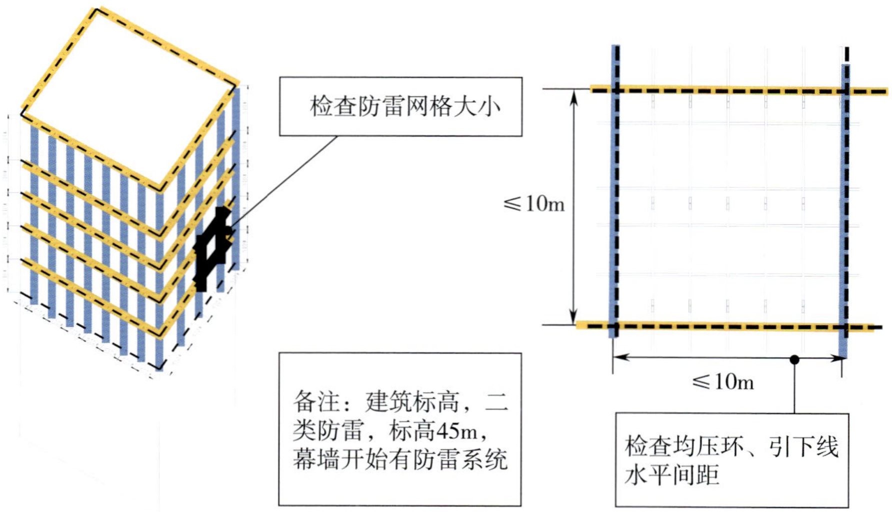
检查防雷网格大小
≤10m
≤10m
备注：建筑标高，二类防雷，标高45m，幕墙开始有防雷系统
检查均压环、引下线水平间距

检查项目	质量要求	检查方法
防雷系统安装	每层均压环必须与主体结构焊接连通，焊接长度≥100mm	目测
	铜端子接钢龙骨，铝端子接铝龙骨	目测

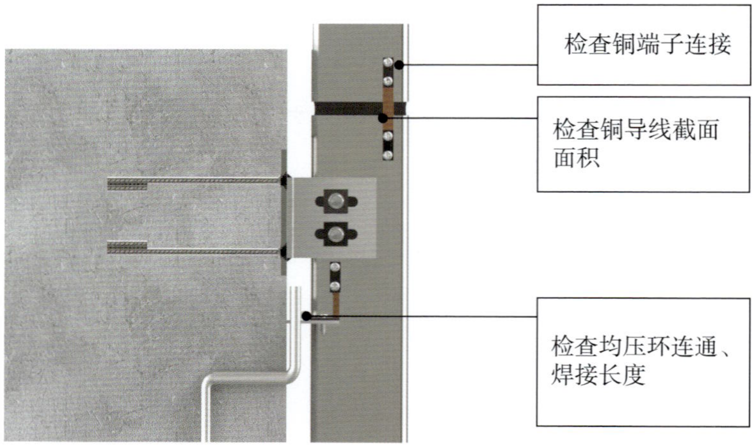
检查铜端子连接
检查铜导线截面面积
检查均压环连通、焊接长度

说明：
防雷系统安装质量要求根据：《玻璃幕墙工程技术规范》JGJ 102—2003第4.4.13条。

9.7 铝板安装检查

检查项目	质量要求	检查数量	检查方法
缝隙	铝板间缝宽度，允许偏差±2mm	抽检	直尺
	竖缝直线度允许偏差≤2.5mm	抽检	2m靠尺、钢板尺
	横缝直线度允许偏差≤2.5mm	抽检	拉线
外观	铝板表面整洁，无污染物	抽检	目测
	铝板无刮痕、破损	抽检	目测

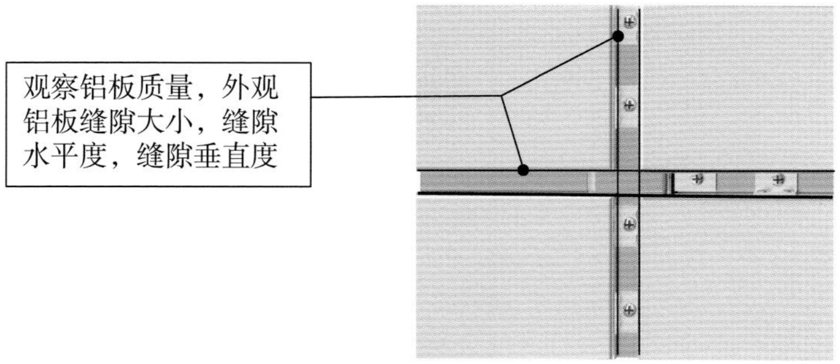
观察铝板质量，外观铝板缝隙大小，缝隙水平度，缝隙垂直度

说明：

1. 相同设计、材料、工艺和施工条件的幕墙工程每1000m^{2}应划分为一个检验批，不足1000m^{2}也应划分为一个检验批。
同一单位工程的不连续的幕墙工程应单独划分检验批。
对于异形或有特殊要求的幕墙，检验批的划分应根据幕墙的结构、工艺特点及幕墙工程规模，由监理单位（或建设单位）和施工单位协商确定。
2. 铝板质量要求根据：《金属与石材幕墙技术规范》JGJ 133—2001第7.3.7条。

检查项目	质量要求	检查数量	检查方法
角码	铝板角码间距、数量满足设计要求	抽检	目测、卷尺

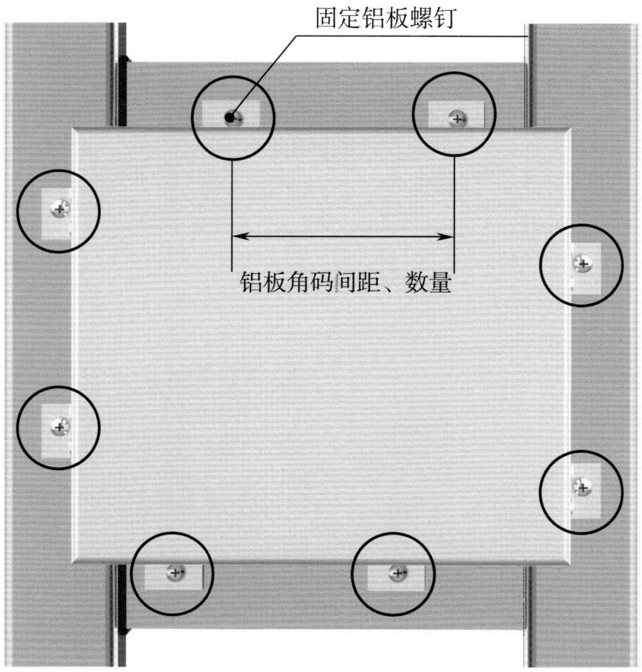
固定铝板螺钉
铝板角码间距、数量

检查项目	质量要求	检查数量	检查方法
平整度	整面外表面平整度符合要求	全检	拉线
	相邻板块高低差允许偏差 ± 1mm	抽检	直尺

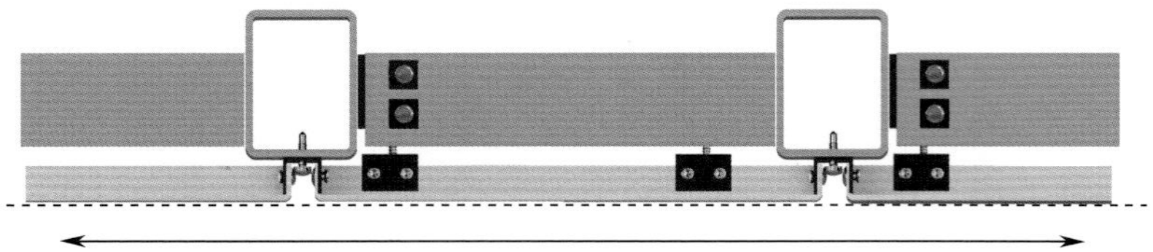

检查整面铝板表面平整度

说明：

相同设计、材料、工艺和施工条件的幕墙工程每1000m^{2}应划分为一个检验批，不足1000m^{2}也应划分为一个检验批。

同一单位工程的不连续的幕墙工程应单独划分检验批。

对于异形或有特殊要求的幕墙，检验批的划分应根据幕墙的结构、工艺特点及幕墙工程规模，由监理单位（或建设单位）和施工单位协商确定。

检查项目	质量要求	检查数量	检查方法
角码	铝板角码与钢龙骨必须有防腐垫片	抽检	目测
	固定铝板的螺钉不得漏装	抽检	目测

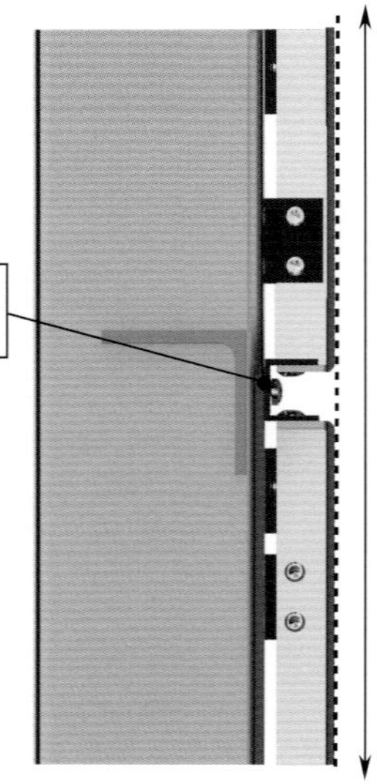

检查是否有防腐垫片

检查相邻板块高低差

9.8 玻璃安装检查

检查项目	质量要求	检查数量	检查方法
平整度	整面外表面平整度符合图纸要求	抽检	拉线

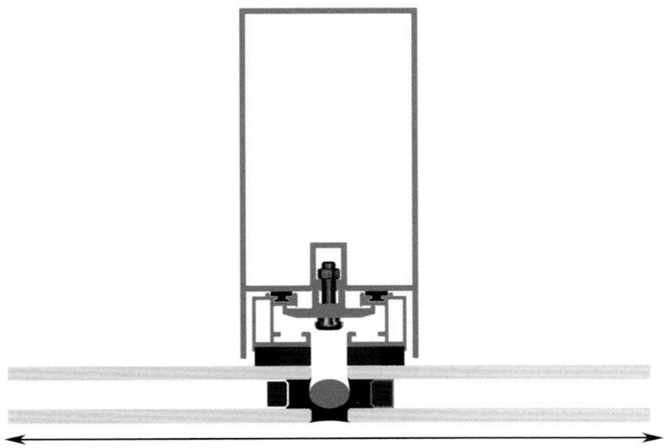
检查整面玻璃表面平整度

说明：

玻璃安装检查同一品种、类型和规格的木门窗、金属门窗、塑料门窗及门窗玻璃每100樘应划分为一个检验批，不足100樘也应划分为一个检验批。

玻璃安装检查同一品种、类型和规格的特种门每50樘应划分为一个检验批，不足50樘也应划分为一个检验批。

检查项目	质量要求	检查数量	检查方法
平整度	相邻板块高低差允许偏差 ± 1mm	抽检	直尺
防损托/垫块	托/垫块规格尺寸符合图纸要求，每块板块底边（玻璃槽）两端1/4位置安装托/垫块	抽检	目测、卷尺

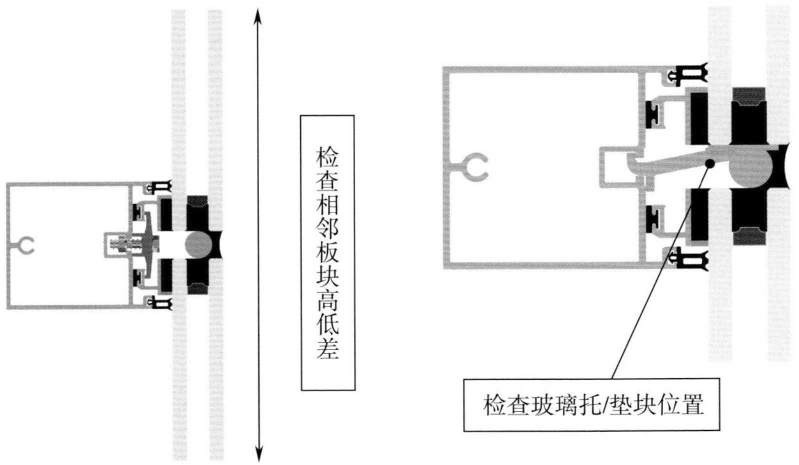
检查相邻板块高低差
检查玻璃托/垫块位置

检查项目		质量要求	检查数量	检查方法
隐框幕墙	缝隙	板块间缝允许偏差 ± 2mm	抽检	直尺
		竖缝直线度允许偏差 ± 2.5mm	抽检	拉线
		横缝直线度允许偏差 ± 2.5mm	抽检	拉线
	胶条	玻璃附框胶条应完好无脱落	抽检	目测

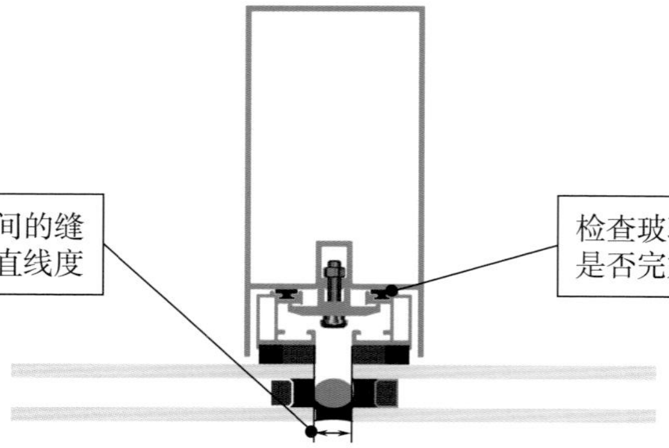
检查玻璃板块间的缝隙大小、缝隙直线度
检查玻璃附框胶条是否完好

说明：

玻璃安装检查质量要求根据：《玻璃幕墙工程技术规范》JGJ 102—2003第11.2.3条。

检查项目		质量要求	检查数量	检查方法
明框幕墙	压板	压块螺栓规格型号、间距符合图纸要求，螺母紧固到位，外露螺纹不少于2扣	抽检	目测、扳手
		压板通长布置，横平竖直、线条通顺	抽检	目测
		压板拼缝及与面板接触面必须打胶密封，美观、严实，无遗漏	抽检	目测
	压块	间距不得大于300mm，螺母紧固到位	抽检	直尺、扳手

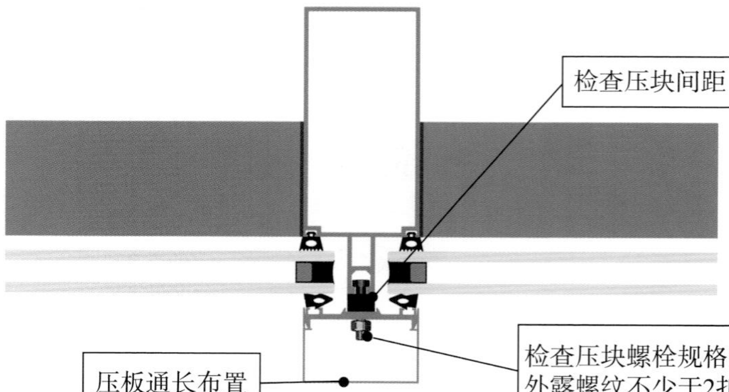
检查压块螺栓规格型号、外露螺纹不少于2扣

9.9 石材、陶土板安装检查

检查项目	质量要求	检查数量	检查方法
挂座	齿纹垫片与挂座齿纹咬合严实	抽检	目测
	挂座与连接角码螺栓紧固，外露螺纹不少于2扣	抽检	目测、扳手
挂码	挂码居中挂在挂座上，定位螺栓紧固无缺失	抽检	目测、扳手

检查挂座与连接角码螺栓紧固、外露螺纹
检查齿纹垫片与挂座齿纹咬合是否严实
检查外表面平整度、相邻两个板块间的高低差
检查挂码是否居中挂在挂座上、定位螺栓紧固无缺失

说明：

相同设计、材料、工艺和施工条件的幕墙工程每1000m^{2}应划分为一个检验批，不足1000m^{2}也应划分为一个检验批。

同一单位工程的不连续的幕墙工程应单独划分检验批。

对于异形或有特殊要求的幕墙，检验批的划分应根据幕墙的结构、工艺特点及幕墙工程规模，由监理单位（或建设单位）和施工单位协商确定。

检查项目	质量要求	检查数量	检查方法
平整度	整面外表面平整度允许偏差 ± 1.5mm	抽检	拉线
	相邻板块高低差允许偏差 ± 1.5mm	抽检	直尺
挂码	背栓紧固，外露螺纹不少于2扣	抽检	目测、扳手
外观	板块表面整洁，无污染物；无断裂、崩边、缺角等	全检	目测

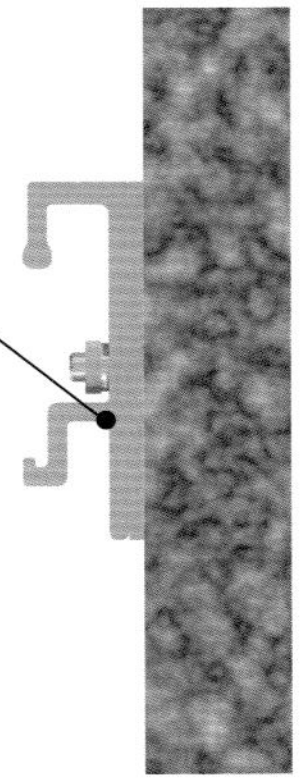

检查背栓是否紧固以及外露螺纹

说明：

石材、陶土板安装检查质量要求根据：《金属与石材幕墙工程技术规范》JGJ 133—2001第7.3条、《人造板材幕墙工程技术规范》JGJ 336—2016第10.2.19条。

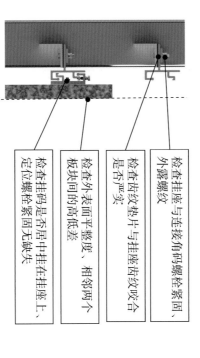

检查项目	质量要求	检查数量	检查方法
缝隙	板块间缝允许偏差 ± 2.0mm	抽检	直尺
	竖缝直线度允许偏差 ± 2.5mm	抽检	拉线
	横缝直线度允许偏差 ± 2.5mm	抽检	拉线

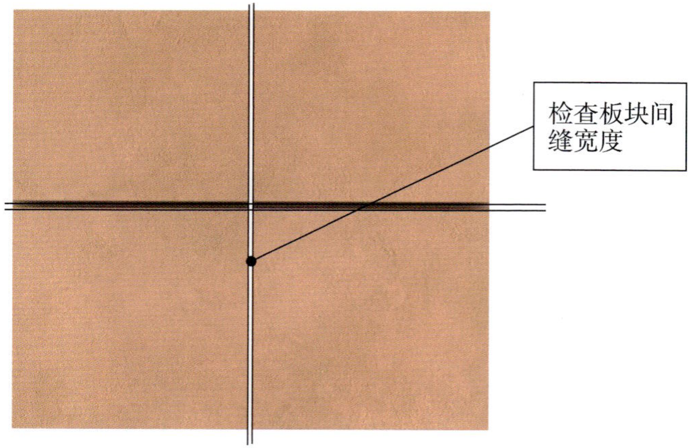
检查板块间缝宽度

说明：

石材、陶土板安装检查质量要求根据：《金属与石材幕墙工程技术规范》JGJ 133—2001第7.3条、《人造板材幕墙工程技术规范》JGJ 336—2016第10.2.19条。

检查项目	质量要求	检查数量	检查方法
防水背板（开放式）	背板安装严密，无缺失	全检	目测
	固定螺钉规格型号、间距符合图纸要求	抽检	目测、卷尺
	背板、接缝均打胶密封，严密无孔洞	抽检	目测

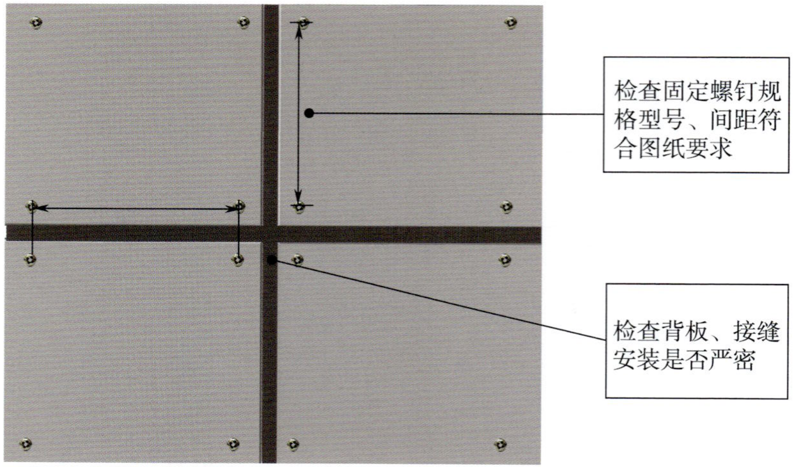
检查固定螺钉规格型号、间距符合图纸要求
检查背板、接缝安装是否严密

9.10 单元板块安装检查

检查项目	质量要求	检查数量	检查方法
对插缝	竖向接缝宽度允许偏差 ± 1.0mm	抽检	角尺
	横向接缝宽度允许偏差 ± 1.0mm	抽检	角尺
标高	确认建筑标高	抽检	水准仪

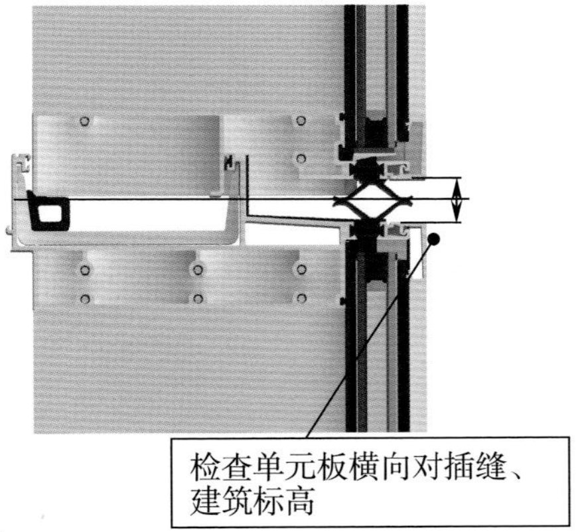

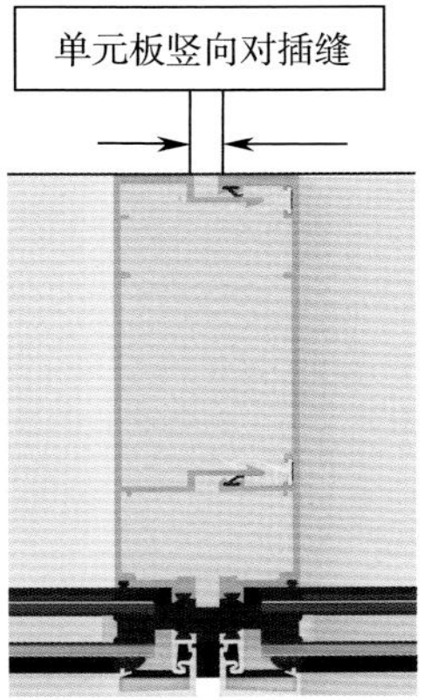

说明：

1. 相同设计、材料、工艺和施工条件的幕墙工程每1000m^2应划分为一个检验批，不足1000m^2也应划分为一个检验批。

同一单位工程的不连续的幕墙工程应单独划分检验批。

对于异形或有特殊要求的幕墙，检验批的划分应根据幕墙的结构、工艺特点及幕墙工程规模，由监理单位（或建设单位）和施工单位协商确定。

2. 单元板块安装检查质量要求根据：《玻璃幕墙工程技术规范》JGJ 102—2003第10.4.6条。

检查项目	质量要求	检查数量	检查方法
立柱密封胶条	密封胶条完好无脱落	抽检	目测

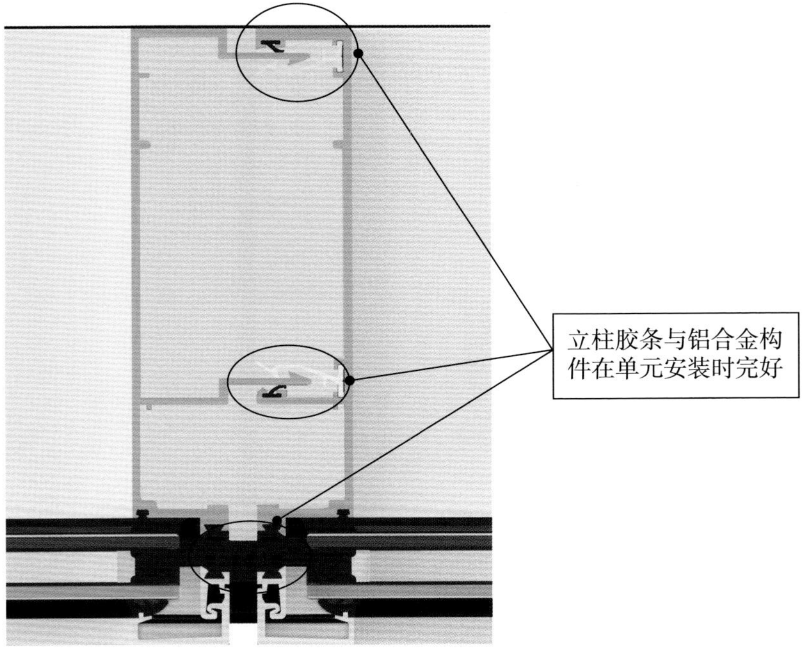

检查项目	质量要求	检查数量	检查方法
限位装置	上下、左右限位螺栓紧固到位，无松动、缺失	抽检	目测

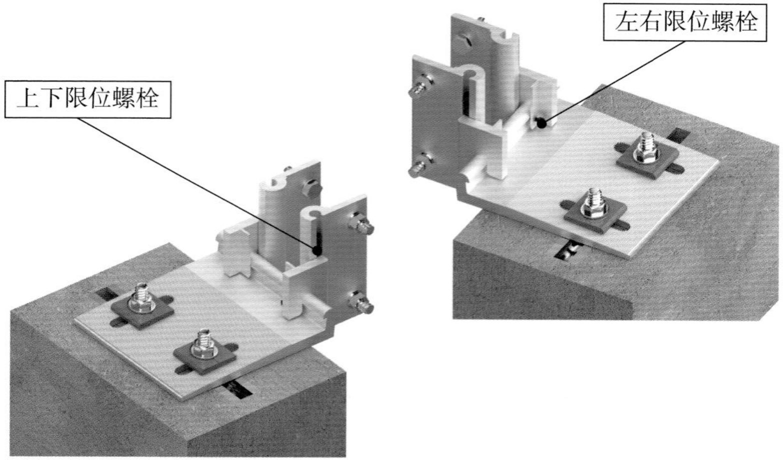
上下限位螺栓
左右限位螺栓

检查项目	质量要求	检查数量	检查方法
其他	装饰线条横平竖直	抽检	目测
平整度	整面外表面平面度允许偏差≤2.5mm	抽检	吊线锤
	相邻板块高低差允许偏差≤1.0mm	抽检	直尺

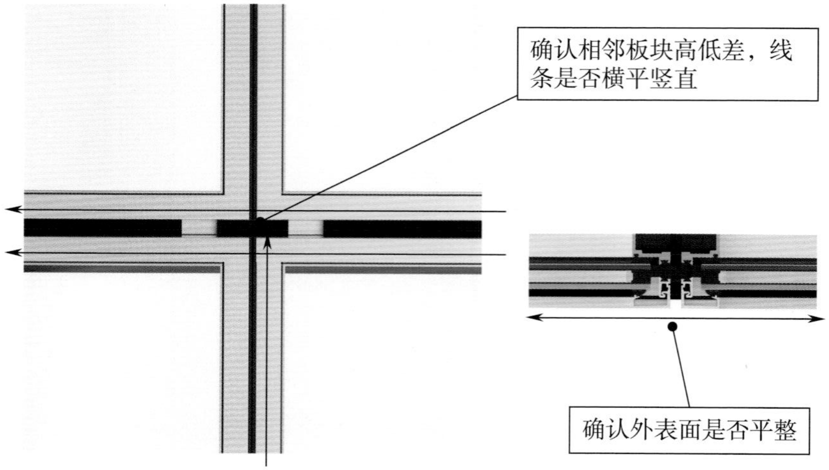
确认相邻板块高低差，线条是否横平竖直
确认外表面是否平整

说明：

单元板块安装检查质量要求根据：《玻璃幕墙工程技术规范》JGJ 102—2003第10.4.6条。

检查项目	质量要求	检查数量	检查方法
水槽	铝合金套芯规格尺寸、注胶符合要求，四周严密无气孔	抽检	目测
	铝合金套芯外侧封堵材料符合图纸要求，并注胶严密无气孔	抽检	目测
	水槽内按要求设置闭孔海绵，并用密封胶粘结固定	抽检	目测

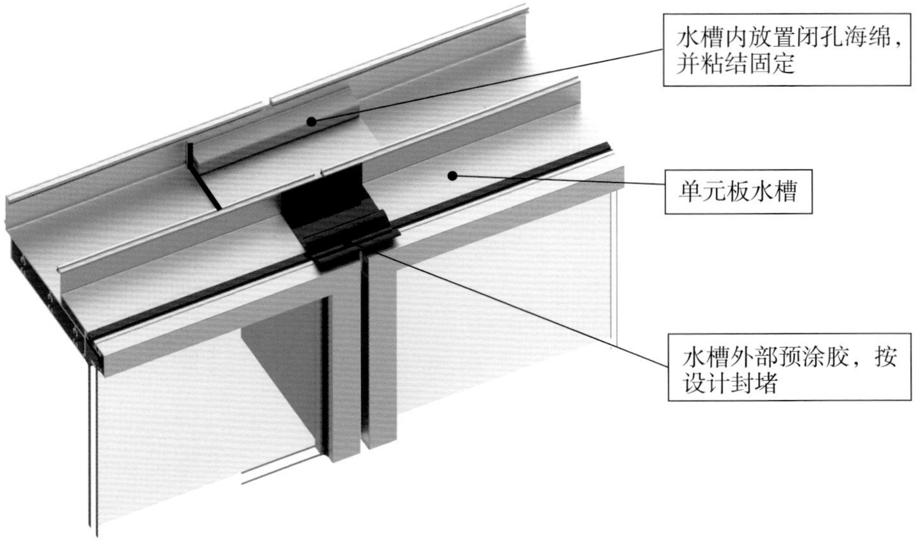

水槽内放置闭孔海绵，并粘结固定
单元板水槽
水槽外部预涂胶，按设计封堵

检查项目	质量要求	检查数量	检查方法
水槽	水槽密封胶条完好无脱落，接缝处对接齐整	抽检	目测
	水槽排水孔按要求设置疏水海绵	抽检	目测

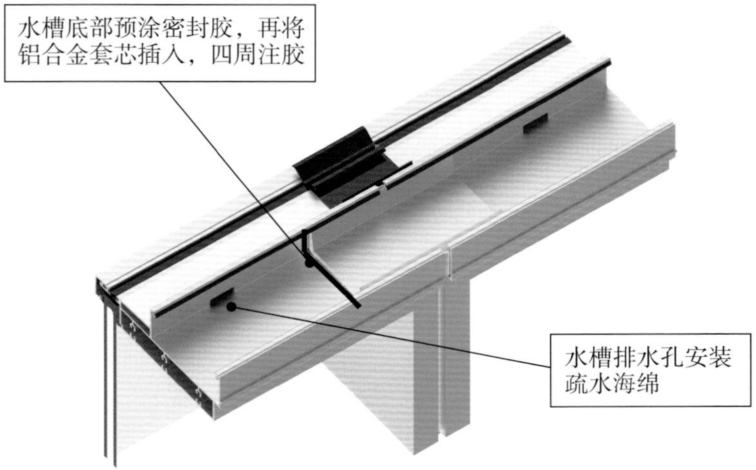

水槽底部预涂密封胶，再将铝合金套芯插入，四周注胶
水槽排水孔安装疏水海绵

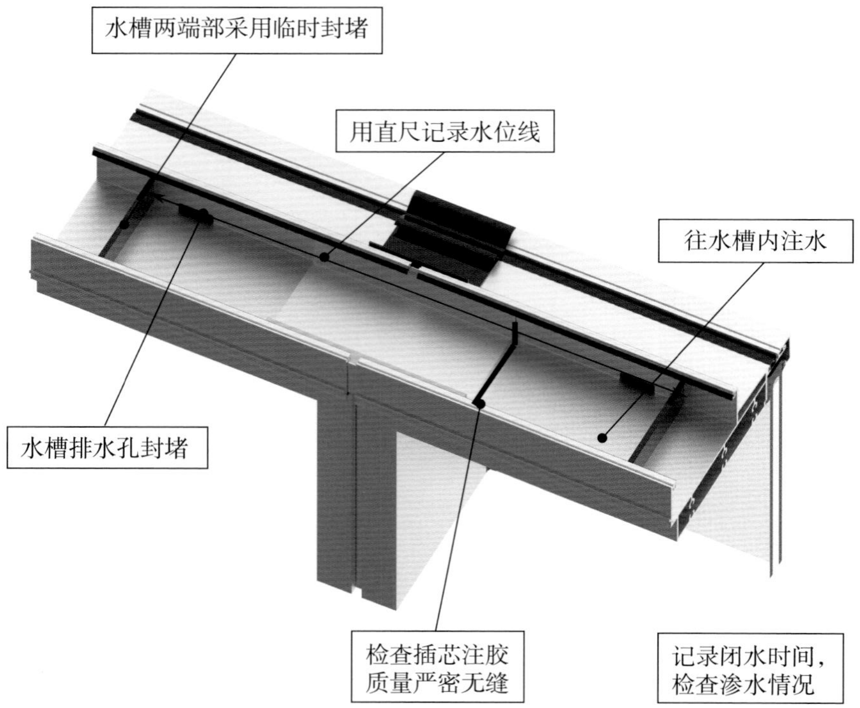
水槽两端部采用临时封堵
用直尺记录水位线
往水槽内注水
水槽排水孔封堵
检查插芯注胶
质量严密无缝
记录闭水时间，
检查渗水情况

检查项目	质量要求	检查数量	检查方法
水槽插芯	两板块间水槽插芯与水槽四周接缝均需密封	全检	目测
排水孔	闭水试验前必须将排水孔密封，检查有无漏密封的。试水完成将排水孔清开	全检	目测
水槽端头	闭水试验前检查试水段水槽两端头是否完全密封。试水完成将端头封堵清理掉	全检	目测
标记水位线	水槽注水前用直尺在两个板块的水槽上标记两条同高度水平线作为水位线	全检	目测
闭水时间	记录闭水试验开始及结束时间，闭水时间不得少于24h	全检	目测
渗漏	无渗漏（水槽水位线不变）	全检	角尺

9.11 打胶检查

检查项目	质量要求	检查数量	检查方法
胶缝	宽窄符合图纸要求	抽检	卷尺
	饱满、光滑、无气孔，横、竖缝交汇处平滑、无毛刺	抽检	目测
	整面横平竖直，无明显折线	全检	目测、拉线
其他	板材饰面无打胶残留物（残胶、美纹纸等）	全检	目测

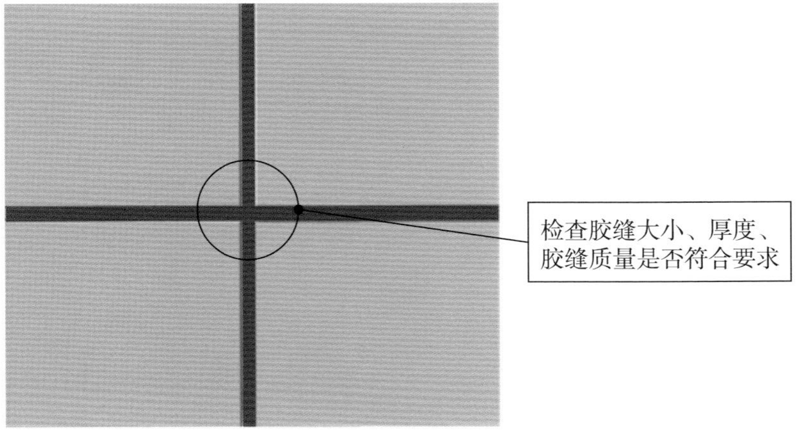
检查胶缝大小、厚度、
胶缝质量是否符合要求

检查项目	质量要求	检查数量	检查方法
胶的规格型号	打胶部位使用胶的规格型号（密封胶、结构胶、防火胶）、颜色符合图纸要求	抽检	目测
泡沫棒	胶缝填充的泡沫棒规格、大小、深度符合图纸要求；胶缝擦拭干净，无灰尘、垃圾	抽检	目测

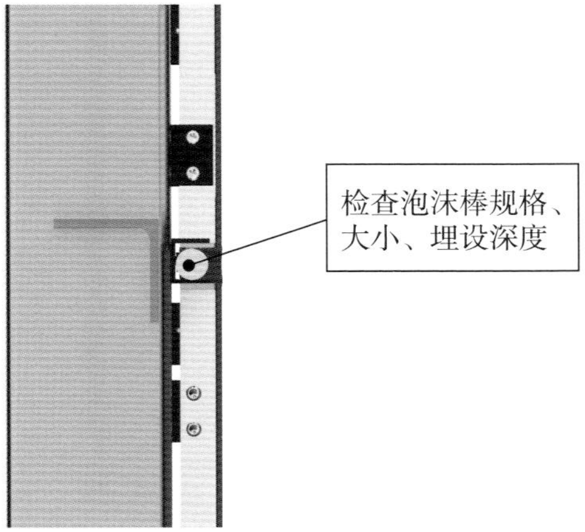
检查泡沫棒规格、
大小、埋设深度

9.12 门窗安装检查

检查项目	质量要求	检查数量	检查方法
门窗框固定	窗框固定方式、间距符合图纸要求	抽检	目测
门窗框封堵	窗框与墙体之间的塞缝必须饱满无空鼓，并按图纸要求防水处理	全检	目测、试水
胶条	所有门窗框、扇胶条无遗漏、脱落	抽检	目测

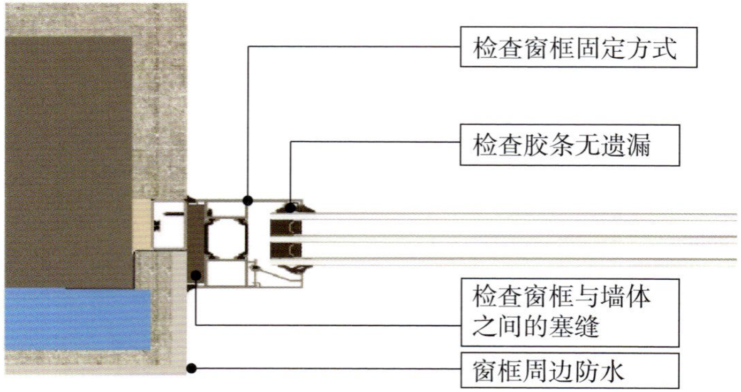
检查窗框固定方式
检查胶条无遗漏
检查窗框与墙体之间的塞缝
窗框周边防水

说明：
玻璃安装检查同一品种、类型和规格的木门窗、金属门窗、塑料门窗及门窗玻璃每100 樘应划分为一个检验批，不足100樘也应划分为一个检验批。
玻璃安装检查同一品种、类型和规格的特种门每50樘应划分为一个检验批，不足50樘也应划分为一个检验批。

注释：本图册中涉及的数据尺寸仅供参考，请以现行规范与设计图纸为准。

检查项目	质量要求	检查数量	检查方法
门窗配件	执手、把手安装端正紧固	全检	目测
	风撑、铰链、锁座等位置正确、无遗漏；固定螺栓紧固，并涂胶防水处理	抽检	目测、螺钉旋具
限位装置	防脱落限位装置按图纸要求设置，无遗漏	全检	目测
开启关闭	开启关闭灵活，关闭严密	全检	手动开启
其他	门扇与门框及地面间隙符合图纸要求	抽检	目测、角尺

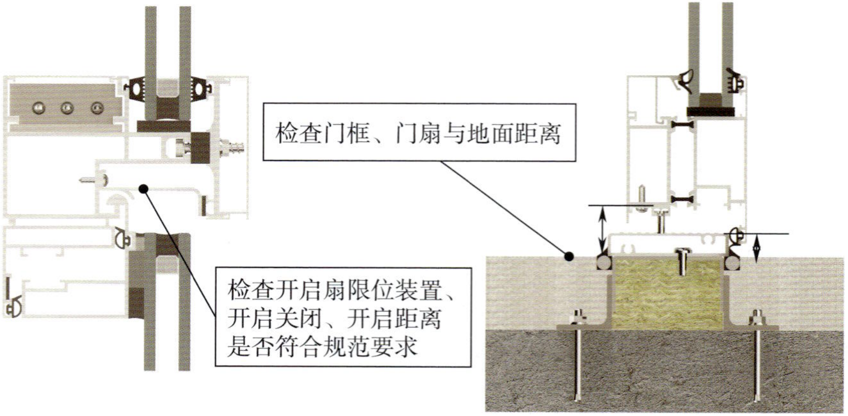
检查门框、门扇与地面距离
检查开启扇限位装置、开启关闭、开启距离是否符合规范要求

说明：
门窗安装检查质量要求根据：《建筑装饰装修工程质量验收标准》GB 50210—2018第6.3条。

参考文献

[1] 中华人民共和国国家质量监督检验检疫总局、中国国家标准化管理委员会. 建筑幕墙：GB/T 21086—2007 [S]. 北京：中国标准出版社，2007.
[2] 中华人民共和国建设部. 金属与石材幕墙工程技术规范：JGJ 133—2001 [S]. 北京：中国建筑工业出版社，2001.
[3] 中华人民共和国建设部. 玻璃幕墙工程技术规范：JGJ 102—2003 [S]. 北京：中国建筑工业出版社，2003.
[4] 中华人民共和国住房和城乡建设部. 人造板材幕墙工程技术规范：JGJ 336—2016 [S]. 北京：中国建筑工业出版社，2016.
[5] 中华人民共和国住房和城乡建设部. 混凝土结构后锚固技术规程：JGJ 145—2013 [S]. 北京：中国建筑工业出版社，2013.
[6] 中国工程建设标准化协会建筑环境与节能专业委员会. 装配式幕墙工程技术规程：T/CECS 745—2020 [S]. 北京：中国计划出版社，2020.
[7] 中华人民共和国住房和城乡建设部、国家质量监督检验检疫总局. 建筑装饰装修工程质量验收标准：GB 50210—2018 [S]. 北京：中国建筑工业出版社，2018.
[8] 中华人民共和国住房和城乡建设部、国家质量监督检验检疫总局. 混凝土结构加固设计规范：GB 50367—2013 [S]. 北京：中国建筑工业出版社，2013.
[9] 中华人民共和国住房和城乡建设部、 国家市场监督管理总局、国家质量监督检验检疫总局. 建筑结构荷载规范. GB 50009—2012 [S]. 北京：中国建筑工业出版社，2012.
[10] 中华人民共和国住房和城乡建设部、国家质量监督检验检疫总局. 建筑设计防火规范：GB 50016—2014 [S]. 北京：中国建筑工业出版社，2014.
[11] 中华人民共和国住房和城乡建设部、国家质量监督检验检疫总局. 建筑物防雷设计规范：GB 50057—2010 [S]. 北京：中国建筑工业出版社，2010.
[12] 中华人民共和国住房和城乡建设部、国家质量监督检验检疫总局. 建筑结构可靠性设计统一标准：GB 50068—2018 [S]. 北京：中国建筑工业出版社，2018.
[13] 中华人民共和国住房和城乡建设部. 民用建筑热工设计规范：GB 50176—2016 [S]. 北京：中国建筑工业出版社，2016.
[14] 中华人民共和国住房和城乡建设部、国家质量监督检验检疫总局. 公共建筑节能设计标准：GB 50189—2015 [S]. 北京：中国建筑工业出版社，2015.
[15] 国家质量监督检验检疫总局、中国国家标准化管理委员会. 建筑幕墙气密、水密、抗风压性能检测方法：GB/T 15227—2019 [S]. 北京：中国标准出版社，2019.
[16] 阎玉芹. 建筑幕墙技术 [M]. 北京：化学工业出版社，2019.